普通高等教育"十二五"高职高专规划教材

无机与分析化学

主　编　徐春霞
副主编　张海莲　孟庆红
参　编　万玉美　伊丽丽　王　莹
　　　　郭晓宇　董亚荣

西安交通大学出版社
XI'AN JIAOTONG UNIVERSITY PRESS

内容简介

本书在尊重传统教材知识体系的基础上,充分考虑学生的知识结构、专业需求以及与后续课程的对接,本着"实用、够用、能用"的原则对教学内容进行了优化。全书分为无机化学基础、定量分析方法和定量分析技术三个模块,每个模块内知识点之间的联系更加紧密,每个模块之间的逻辑关系更加清晰,不仅便于学生建立完整的知识体系,也有利于学生理解基础理论与应用技术之间相互、相得益彰的关系;本教材也借鉴了国内其它同类教材的优点,力求更加充分地体现高职高专《无机与分析化学》的基础性、实用性和职业性,为相关专业高职高专的课程建设、学科发展和人才培养做出有益的探索。

图书在版编目(CIP)数据

无机与分析化学/徐春霞主编.—西安:西安交通大学出版社,2014.8(2022.7重印)
ISBN 978-7-5605-6578-1

Ⅰ.①无… Ⅱ.①徐… Ⅲ.①无机化学-高等职业教育-教材②分析化学-高等职业教育-教材 Ⅳ.①O61②O65

中国版本图书馆 CIP 数据核字(2014)第 189428 号

书　　名	无机与分析化学
主　　编	徐春霞
副 主 编	张海莲　孟庆红
责任编辑	曹　昳　毛　帆
出版发行	西安交通大学出版社 (西安市兴庆南路1号　邮政编码 710048)
网　　址	http://www.xjtupress.com
电　　话	(029)82668357　82667874(市场营销中心) (029)82668315(总编办)
传　　真	(029)82668280
印　　刷	西安日报社印务中心
开　　本	787mm×1 092mm　1/16　印张 16.25　字数 396千字
版次印次	2014年9月第1版　2022年7月第5次印刷
书　　号	ISBN 978-7-5605-6578-1
定　　价	48.00元

如发现印装质量问题,请与本社市场营销中心联系。
订购热线:(029)82665248　(029)82667874
投稿热线:(029)82668577　QQ:354528639
读者信箱:lg_book@163.com

版权所有　侵权必究

前言 FOREWORD

近年来,随着我国高等职业技术教育的发展以及各行业对应用型人才的需求,高职高专课程改革和教材改革均面临着许多新的课题,"无机与分析化学"作为相关专业基础课程,也迫切需要优化教学内容,突出教学特色。本教材经中国高等教育学会"十二五"规划教材遴选,按照该学会教材建设目标编写,适用于环保类、海洋类、水产类、农林类、化工类、建材类等相关专业高职高专学生使用。

本书在尊重传统教材知识体系的基础上,充分考虑学生的知识结构、专业需求以及与后续课程的对接,本着"实用、够用、能用"的原则对教学内容进行了优化。全书分为无机化学基础、定量分析方法和定量分析技术三个模块,每个模块内知识点之间的联系更加紧密,每个模块之间的逻辑关系也更加清晰,不仅便于学生建立完整的知识体系,也有利于学生理解基础理论与应用技术之间,相得益彰的关系;本教材也借鉴了国内其他同类教材的优点,力求更加充分地体现高职高专《无机与分析化学》的基础性、实用性和职业性,为相关专业高职高专的课程建设、学科发展和人才培养做出有益的探索。

农业大学海洋学院、中国环境管理干部学院、河北建材职业技术学院三所学校"无机与分析化学"课程组的教师参加了该书的编写。河北农业大学海洋学院徐春霞编写了模块一的第二单元、第三单元和模块二的第五单元;中国环境管理干部学院郭晓宇编写了模块一的第一单元;农业大学海洋学院张海莲编写了模块二的第一单元和第二单元;河北建材职业技术学院孟庆红编写了模块二的第三单元、模块三中第二单元的实验五、实验六和

无机与分析化学

实验十五;河北建材职业技术学院王莹编写了模块二的第四单元;中国环境管理干部学院董亚荣编写了模块二的第六单元;中国环境管理干部学院伊丽丽编写了模块二的第七单元;农业大学海洋学院万玉美编写了模块三(除第二单元的实验五、实验六和实验十五)的全部内容。徐春霞教授对全书进行了统稿。

该书稿完成于万物以荣的春季,凝结了参编学校课程组教师们多年的教学成果与辛勤劳动,在此表示诚挚的谢意。诚望各位专家与同仁对本书的疏漏或不妥之处提出批评指正。

编者

2014 年 8 月于秦皇岛

模块一　无机化学基础

第一单元　化学反应速率和化学平衡　/001
第二单元　溶液　/013
第三单元　溶液中的化学平衡　/030

模块二　定量分析法

第一单元　定量分析基础　/056
第二单元　酸碱滴定法　/076
第三单元　配位滴定法　/092
第四单元　氧化还原滴定法　/112
第五单元　沉淀滴定法　/129
第六单元　分光光度法　/137
第七单元　现代分析方法简介　/158

模块三　定量分析技术

第一单元　常用定量分析仪器　/175
第二单元　滴定分析技术　/195
　　实验一　酸碱标准溶液的配制和标定　/195
　　实验二　食醋总酸量测定　/198
　　实验三　混合碱的测定　/199
　　实验四　铵盐中含氮量测定　/202
　　实验五　水泥生料中碳酸钙滴定值的测定　/203

无机与分析化学

  实验六 离子交换法测定水泥中三氧化二硫的含量 /206
  实验七 EDTA标准溶液的配制与标定 /210
  实验八 水的总硬度及钙、镁含量测定 /212
  实验九 高锰酸钾标准溶液配制与标定 /214
  实验十 双氧水中过氧化氢含量测定 /216
  实验十一 碘和硫代硫酸钠标准溶液的配制与标定 /217
  实验十二 维生素C含量测定 /220
  实验十三 葡萄糖含量测定 /221
  实验十四 重铬酸钾法测定亚铁盐中铁的含量 /223
  实验十五 重铬酸钾法测定三氧化二铁的含量 /225
  实验十六 水中化学耗氧量COD测定 /227
  实验十七 海水中氯化物含量的测定 /229
第三单元 光度分析技术 /231
  实验一 有色溶液吸收曲线的测定 /231
  实验二 钼酸铵法测定水中的磷 /232
  实验三 邻二氮菲法测定水中的铁 /234
  实验四 高碘酸钾分光光度法测定水中的锰 /236
  实验五 纳氏试剂法测定水中的氨氮 /238
附 录 /241
  附录一 国际原子量表 /241
  附录二 一些化合物的相对分子量 /242
  附录三 我国化学试剂等级区分表 /244
  附录四 常用酸碱试剂的密度和浓度 /244
  附录五 弱酸、弱碱在水溶液中的电离常数表 /245
  附录六 常用缓冲溶液的配制 /246
  附录七 部分金属-EDTA配位化合物的稳定性常数($lgK_{稳}$) /247
  附录八 难溶化合物的溶度积常数 /248
  附录九 标准电极电位表 /251

模块一 无机化学基础

第一单元 化学反应速率和化学平衡

▶ **教学目标**

1. 掌握化学反应速率及影响因素
2. 掌握化学平衡及影响平衡移动的因素
3. 掌握溶液的概念及浓度表示
4. 掌握水溶液中的酸碱平衡、配位平衡、氧化还原平衡及沉淀溶解平衡

▶ **知识导入**

在化学反应中，不仅涉及物质间的质量和能量关系，而且还涉及反应进行的快慢和完全程度即化学反应速率和化学平衡。这两方面的问题不仅是今后学习化学的基础理论，也是有研究实际生产过程中选择适宜条件时需要掌握的化学变化规律，它直接关系中产品的质量、产量和原料的转化率。

一、化学反应速率

化学反应速率和我们通常所说的速率含义相通，实际是为了考量化学反应的快慢，不同化学反应的速率差异很大。例如，溶液中的酸碱反应可以瞬间完成，而有的反应却需要较长的时间才能完成。即使是同一反应，由于反应条件的改变，反应速率也会有很大的变化。

（一）化学反应速率的表示方法

化学反应速率定义为：在一定条件下，化学反应由反应物转变成生成物的快慢程度。常以单位时间内反应物的浓度（或分压）的减少，或生成物的浓度（或分压）的增加来表化学反应速率，称为平均速率。化学反应平均速率的定义式为：

$$\bar{v} = v_B^{-1} \frac{\Delta c}{\Delta t} \qquad (1-1-1)$$

其中，$\bar{v}$ 的单位一般为 mol/(L·s)或 mol/(L·min)。

例如，在某给定条件下，氮气与氢气在密闭容器中合成氨，其化学平衡式为：

$$N_2 + 3H_2 \rightleftharpoons 2NH_3$$

经测定,各物质浓度与时间关系见表 1-1-1。

表 1-1-1 各物质浓度与时间关系

t/s	$c(N_2)/(mol \cdot cm^{-3})$	$c(H_2)/(mol \cdot cm^{-3})$	$c(NH_3)/(mol \cdot cm^{-3})$
0	1.0	3.0	0
2	0.8	2.4	0.4

所以,该反应在这 2 s 内的平均反应速率为:

$$\overline{v} = \frac{v_{N_2}^{-1} \Delta c(N_2)}{\Delta t} = \frac{(-1)^{-1}(0.8-1.0)\,\text{mol}/\,\text{cm}^3}{2\,\text{s}} = 0.1\,\text{mol}/(\text{cm}^3 \cdot \text{s})$$

可以看出,同一时段内的平均反应速率可以用任意一个反应物或生成物的浓度增量来计算,所得结果相同。

(二)反应速率理论

1. 碰撞理论

该理论认为,碰撞是发生化学反应发生的前提,而且只有有效碰撞才能发生化学反应,碰撞频率越高,反应速率越快。其中,碰撞理论认为只有那些具有足够能量的反应物分子(或原子)的碰撞才有可能发生反应,并把能够导致反应发生的碰撞称为有效碰撞。

例如,在气相反应中,气体分子以极大的速率(约 10^5 cm/s)向各个方向运动,分子间在不断地碰撞,但大多数碰撞并不能发生反应,只有少数的分子在碰撞后才能发生反应,这就是有效碰撞。分子间要发生有效碰撞,必须满足两个条件:

①反应物分子要以适当的空间取向才能发生有效碰撞;

②反应物分子必须具有足够大的能量,只有能量足够大的分子在碰撞时才能以足够大的动能克服电性排斥力,以改组化学键。这种具有足够能量的、能够发生有效碰撞的分子被称为活化分子。

根据气体分子运动论,在任何给定的温度下,分子的运动速度不同,也就是其具有的能量不同,但它们的平均能量是一定的。如图 1-1-1 所示,E_a 为分子的平均能量,E_c 为活化分子所具有的最低能量,$\overline{E_c}$ 为活化分子的平均能量。将活化分子的平均能量与反应物分子的平均能量之差称为活化能 ΔE,公式为:

$$\Delta E = \overline{E_c} - E_a \qquad (1-1-2)$$

活化能是具有平均能量的分子变为活化分子是所吸收的最低能量。其单位是 kJ/mol。不同反应的活化能是不同的。对某个具体反应而言,其活化能可是为一个定值。一般化学反应的活化能在 42~420 kJ/mol,多数在 63~250 kJ/mol。

图 1-1-1 中阴影部分的面积表示活化分子所占的百分数。如果反应的活化能越小,活化分子百分数越大,反应进行得越快;反之,反应进行得越慢。反应活化能的大小决定于反应本身的特性。

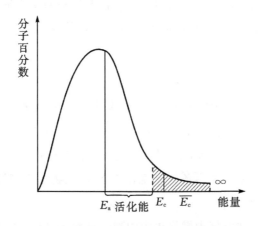

图 1-1-1 给定温度下的分子能量分布图

当反应体系的温度升高时,体系的能量升高,能量分布发生变化,有较多的分子获得能量而成为活化分子,有效碰撞次数增多,反应速率大大加快。

2.过渡状态理论

过渡状态理论是在量子力学和统计学基础上提出来的。该理论认为化学反应不是只通过简单碰撞就生成产物,而是要经过一个高能量的过渡状态,再转化为生成物。在反应过程中有化学键的重新排布和能量的重新分配。

对于反应 A+BC ⟶ AB+C 其实际过程是:

$$A+BC \rightleftharpoons [A\cdots B\cdots C] \longrightarrow AB+C$$

A 与 BC 反应时,A 与 B 接近并产生一定的作用力,同时 B 与 C 之间的键减弱,生成不稳定的[A⋯B⋯C],称为过渡状态。由图 1-1-2 可见,反应物 A+BC 和生成物 AB+C 均处于能量低的稳定状态,过渡状态是能量高的不稳定状态。在反应物和生成物之间,存在一个能量高峰,过渡状态就是反应过程中能量最高的点。

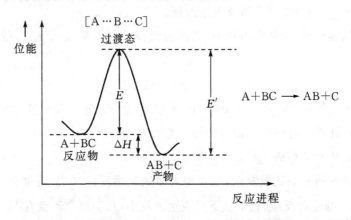

图 1-1-2 反应过程中势能变化示意图

反应物吸收能量进入过渡状态。反应物的活化能就是翻越能量高点所需的能量。正反应的活化能与逆反应的活化能之差,可认为是反应的热效应 ΔH。过渡状态极不稳定,很快就分解为生成物 AB+C。

(三)影响化学反应速率的主要因素

化学反应速率的大小,首先取决于反应物的本性。例如,无机物之间的反应一般比有机物之间的快得多;对于无机物之间的反应来说,分子间进行的反应一般较慢,而溶液中离子之间进行的反应一般较快。除了反应物的本性外,当外界条件改变时,化学反应速率也会随之改变。影响化学反应速率的外界条件主要有三个:反应物浓度、反应温度和催化剂。

1.浓度对反应速率的影响

物质在纯氧中燃烧比在空气中燃烧更为剧烈。显然,反应物浓度越大,活化分子浓度也越大,反应速率越大。实验表明,在一定温度下,对于一步完成的简单反应(基元反应),化学反应速率与各反应物浓度系数此房的乘积成正比,这一规律成为质量作用定律。

对于任一基元反应 $mA+nB \Longrightarrow C$,其反应速率为:

$$v = kc_A^m \cdot c_B^n$$

上式就是质量作用定律的数学表达式,也称为基元反应的速率方程式。式中 c_A 和 c_B 分别为反应物 A 和 B 的瞬时浓度,单位通常用 mol/L 表示;v 为反应的瞬时速率,k 为用浓度表示的反应速率常数,一般由实验测得。当 $c_A=c_B=1$ mol/L 时,在数值上 $v=k$。k 的物理意义是,单位浓度时的反应速率。

对于某一化学反应的速率常数 k 有以下性质:

①速率常数 k 取决于反应本身的性质,其他条件相同时,快反应通常有较大的 k 值,k 值小的反应在相同条件下反应速率较慢。

②速率常数 k 与浓度无关。

③速率常数 k 随温度而变化,温度升高,速率常数 k 通常增大。

④使用催化剂,也会是速率常数 k 发生改版。

如果反应为气体反应,因体积恒定时,各组分气体分压与浓度成正比,故速率方程也可表示为:

$$v = k' p_A^m \cdot p_B^n$$

式中,p_A 和 p_B 分别为反应物 A 和 B 的分压,k' 为用分压表示的反应速率常数。已知某温度时的反应速率可计算 k;已知 k,也可计算任意浓度时的反应速率。

2.温度对反应速率的影响

温度对反应速率的影响比较复杂,但对绝大多数化学反应来说,温度升高,反应速率增大。例如 H_2 和 O_2 的化合反应,在常温下反应速率较小,几乎察觉不到有 H_2O 生产,但当温度升高到 873 K 时,反应速率急剧增大,以致发生爆炸。

实验证明,温度每升高 10 K,反应速率增大到原来的 2~4 倍。如反应
$$H_2O_2 + 2HI \rightleftharpoons I_2 + 2H_2O$$
当 $c(H_2O_2) = c(HI) = 1.0$ mol/L,在 273 K 时,$v = a$;则当 T 升高到 283 K 时,$v' = 2a$。

研究表明,升高温度不仅能使分子碰撞次数增多,更重要的是更多的分子获得能量转化为活化分子。温度对反应速率的影响,主要体现在温度对速率常数的影响上。温度升高时,吸热反应的速率增长的倍数较大,放热反应的速率增长的倍数较小。

3. 催化剂对反应速率的影响

如上所述,为了有效地提高反应速率,可以用升高温度的方法。但是,对于某些化学反应,即使在高温下,反应速率仍较小;另外,对于某些反应,升高温度常常会引起某些副反应的发生或加速副反应的进行,尤其对于有机反应更为突出,也可能会是放热的主要反应进行的程度降低。因此,在这些情况下,采用升高温度的方法以加大反应速率,就受到了限制。如果采用催化剂,则可以有效地增大反应速率。

化学反应速率除了受浓度和温度影响以外,催化剂的影响是最大的,也是至关重要的。催化剂是一种能显著地改变反应速率,而本身的组成、质量和化学性质在反应前后基本保持不变的物质。其中,能加快反应速率的称为正催化剂;能减慢反应速率的称为负催化剂。例如,合成氨生产中使用的铁,硫酸生产中使用的 V_2O_5 以及促进生物体化学反应的各种酶均为正催化剂;减慢金属腐蚀的缓腐剂,防止橡胶、塑料老化的防老剂等均为负催化剂。不过,通常所说的催化剂一般指正催化剂。

催化剂之所以能显著地增大化学反应速率,是由于催化剂的加入,与反应物之间形成一种势能较低的活化配合物,改变了反应的历程,所需的活化能显著地降低。例如,某反映的非催化历程为:
$$A + B \longrightarrow AB$$
而催化反应历程为:
$$A + B + K \rightleftharpoons [A \cdots K \cdots B] \longrightarrow AB + K$$
式中,K 为催化剂。图 1-1-3 表示上述两种历程中的能量变化,在非催化历程中能峰较高,活化能为 E_a,而在催化反应中能峰较低,催化能为 E_1、E_2,由于均小于 E_a,所以反应速率明显加快。

例如反应 $N_2O \longrightarrow N_2 + \frac{1}{2}O_2$,非催化历程中的活化能为 250 kJ/mol,用 Au 粉做催化剂时,活化能降为 120 kJ/mol。

除上述因素外,还有一些因素也影响化学反应速率。如有固体物质参加的反应,反应速率与固体粒子直径成反比。对于互不相容的液体间的反应,可采用搅拌的方法以增大接触面积和机会,从而加快反应速率。另外,光、射线、激光和电磁波等对化学反应速率也有影响。

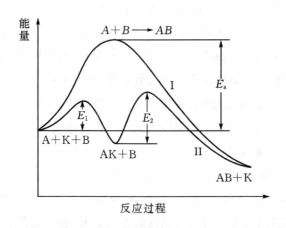

图 1-1-3 反应过程中势能变化示意图

二、化学平衡

对于化学反应,我们不仅需要知道反应在给定条件下的产物,而且还需要知道在该条件下反应可以进行到什么程度,所得到的产物最多有多少,如何进一步提高某一物质的产率,采取哪些措施等等,这些问题都需要利用化学平衡理论来解决。化学平衡理论是化学的重要理论之一。

(一)可逆反应与化学平衡

迄今所知,在化学反应中仅有少数的化学反应其反应物能全部转变为生成物,亦即反应能进行到底,这类反应称为不可逆反应。

例如:

$$HCl + NaOH \longrightarrow NaCl + H_2O$$

$$2KClO_3 \xrightarrow[\triangle]{MnO_3} 2KCl + 3O_2$$

但绝大多数的化学反应中的反应物只能部分变为产物,即在同一条件下,反应既能由反应物生成产物,也能由产物转化为反应物,这类化学反应称为可逆反应。通常将由反应物生成产物为正反应方向进行,由产物转化为反应物为逆反应方向,那么,可逆反应就是在同一条件下,既能向正反应方向又能向逆反应方向进行的化学反应称。例如,在一定条件下,SO_2 和 O_2 转化为 SO_3 的反应。无论经过多长时间,只要外界条件不变,SO_2 和 O_2 不可能全部转化为 SO_3。这是因为在 SO_2 和 O_2 生成 SO_3 的同时,部分 SO_3 在相同条件下又分解为 SO_2 和 O_2。通常用"$\rightleftharpoons$"表示可逆反应。如

$$2SO_2(g) + O_2(g) \xrightleftharpoons{V_2O_5} 2SO_3(g)$$

可逆反应进行到一定程度,便会建立起平衡。例如,在一定温度下,将一定的 CO 和

$H_2O(g)$ 加入到一个密闭容器中,会发生如下反应：

$$CO + H_2O(g) \rightleftharpoons CO_2 + H_2$$

反应开始时,CO 和 $H_2O(g)$ 的浓度较大,正反应速率较大。一旦有 CO_2 和 H_2 生成,就产生逆反应。如图 1-1-4 所示,开始时逆反应速率较小,随着反应进行,反应物的浓度逐渐减小,生成物的浓度逐渐增大。正反应速率逐渐减小,逆反应速率逐渐增大。当正、逆反应速率相等时,即达到了平衡状态。我们把正、逆反应速率相等时的状态称为化学平衡。

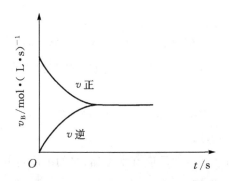

图 1-1-4 可逆反应的反应速率变化示意图

当化学反应达到平衡时,具有以下特征：

①只有在恒温条件下,封闭体系中进行的可逆反应,才能建立化学平衡,这是建立化学平衡的前提；

②化学平衡状态最主要的特征是可逆反应的正、逆反应速率相等($v_正 = v_逆$)。因此可逆反应达到平衡后,只要外界条件不变,反应体系中各物质的量将不随时间而变。

③化学平衡是一种动态平衡。反应体系达到平衡后,反应似乎是"终止"了,但实际上正反应和逆反应式中都在进行着,只是由于 $v_正 = v_逆$,单位时间内各物质(生成物或反应物)的生成量和消耗量相等,所以,总的结果是各物质的浓度都保持不变,反应物与生成物处于动态平衡。

④化学平衡是有条件的。化学平衡只能在一定的外界条件下才能保持,当外界条件改变时,原平衡就会被破坏,随后在新的条件下建立起新的平衡。

(二)化学平衡常数

对于任一可逆反应,无论初始浓度(分压)如何,也不管反应时从正向还是从逆向开始,最后都能建立平衡。平衡时,反应物和产物的浓度(分压)都相对稳定,不随时间变化。这时,反应物和产物的浓度(分压)之间存在着某种关系。

大量实验和理论推导证明,对于一般可逆反应

$$aA + bB \rightleftharpoons dD + eE$$

在一定温度下,反应达到平衡时,各物质平衡浓度之间都有如下关系：

$$K = \frac{[D]^d \cdot [E]^e}{[A]^a \cdot [B]^b}$$

K 称为化学平衡常数。它的含义是,在一定温度下,当可逆反应达到平衡时,各生成物平衡浓度幂的乘积与反应物平衡浓度幂的乘积之比为一个常数。式中,各物质浓度以 mol/L 为单位,其指数均为化学方程式中相应物质化学计量数。K 与物质的起始浓度无关,与反应从正向还是逆向开始也无关系。若平衡体系中组分是气体时,上式中不使用浓度而用分压表示。

书写化学平衡常数时应注意以下几点:

①化学平衡常数表示式中,各组分的浓度或分压为平衡时的浓度或分压。

②反应中有固体或纯液体物质时,它们的浓度或分压视为常数,在标准平衡常数中不予写出。如反应

$$CaCO_3(s) \rightleftharpoons CaO(s) + CO_2(g)$$

其化学平衡常数为 $K = p(CO_2)$。

对于在稀溶液中进行的反应,如反应有水参加,水的浓度可视为常数,合并入平衡常数,不必出现在平衡关系式中。例如:

$$Cr_2O_7^{2-}(aq) + H_2O(l) \rightleftharpoons 2CrO_4^{2-}(aq) + 2H^+(aq)$$

其化学平衡常数为:

$$K = \frac{[CrO_4^{2-}]^2 \cdot [H^+]^2}{[Cr_2O_7^{2-}]}$$

又如反应

$$Zn(s) + 2H^+(aq) \rightleftharpoons H_2(g) + Zn^{2+}(aq)$$

其化学平衡常数为:

$$K = \frac{[Zn^{2+}] \cdot p(H_2)}{[H^+]^2}$$

对于非水溶液中的反应,若有水参加,H_2O 的浓度不视为常数,应书写在化学平衡常数的表达式中。如反应

$$C_2H_5OH(l) + CH_3COOH(l) \rightleftharpoons CH_3COOC_2H_5(l) + H_2O(l)$$

其化学平衡常数为:

$$K = \frac{[CH_3COOC_2H_5] \cdot [H_2O]}{[C_2H_5OH] \cdot [CH_3COOH]}$$

③化学平衡常数表示式必须与计量方程式相对应。同一化学反应以不同计量方程式表示时,平衡常数表示式不同,其数值也不同。例如:

$$2SO_2 + O_2 \rightleftharpoons 2SO_3$$

其化学平衡常数为:

$$K_1 = \frac{p^2(SO_3)}{p^2(SO_2) \cdot p(O_2)}$$

如将反应方程式改写为：

$$SO_2 + \frac{1}{2}O_2 \rightleftharpoons SO_3$$

其化学平衡常数为：

$$K_2 = \frac{p(SO_3)}{p(SO_2) \cdot p^{\frac{1}{2}}(O_2)}$$

K_1 和 K_2 的数值显然不同，两者之间存在以下关系

$$K_1 = K_2^2 \quad \text{或} \quad K_1 = \sqrt{K_2}$$

因此，在使用平衡常数的数据时，必须注意它所对应的反应方程式。

（三）影响平衡移动的因素

一切平衡都是相对的和暂时的，在一定条件下建立起来的平衡，当外界条件变化时，体系的状态就会改变，原来的平衡就会被破坏，体系中各物质的浓度就要发生变化，直到在新的条件下建立起新的平衡，化学反应体系的这种变化过程称为化学平衡的移动。浓度、温度和压强都能使平衡移动。

1. 浓度对化学平衡的影响

实验证明，在其他条件不变时，增大反应物浓度或减小生成物浓度，平衡向正反应方向移动。例如对于已达平衡的反应：

$$FeCl_3 + 3KSCN \rightleftharpoons 3KCl + Fe(SCN)_3$$

溶液呈现浅血红色，当向溶液中加入少量 $FeCl_3$ 或 KSCN 时，溶液颜色明显加深。

大量实验也证明，减小反应物浓度或增大生成物浓度，平衡向逆反应方向移动。

2. 压强对化学平衡的影响

对于有气体参加的反应，若反应前后气体分子数有变化，在其他条件不变时，压强的变化将导致体积变化，从而引起浓度变化。增大压强，平衡向气体体积减小方向移动；减小压强，平衡向气体体积增大的方向移动。例如：

$$N_2O_4(g) \rightleftharpoons 2NO_2(g)$$

若开始时 N_2O_4 的浓度为 1 mol/L，NO_2 的浓度为 2 mol/L，化学平衡常数 $K = 2^2/1 = 4$；体积减半（压强变为原来的 2 倍）后，N_2O_4 的浓度变为 2 mol/L，NO_2 的浓度变为 4 mol/L，化学平衡常数 K 变为 $4^2/2 = 8$，化学平衡常数 K 增大了，所以就要向减少反应产物（NO_2）的方向反应，即有更多的 NO_2 反应为 N_2O_4，减少了气体体积，压强渐渐与初始状态接近。

3. 温度对化学平衡的影响

温度改变，对于反应前后有热量变化的反应产生影响。在其他条件不变时，升高温度平衡向吸热反应方向移动，降低温度平衡向放热方向移动。例如：

$$2SO_2(g) + O_2(g) \rightleftharpoons 2SO_3(g) \quad -196.6 \text{ kJ/mol}$$

升高温度，反应向生成三氧化硫的方向移动。

以上三种因素对化学平衡的影响可以归纳成化学平衡移动原理：即如果改变影响平衡的一个条件（如浓度、压强、温度），平衡就向能够减弱这种改变的方向移动。此原理也称为吕·查德里原理（Le Chatelier's principle）。

催化剂能同等程度地改变正反应速率和逆反应速率，可以加快达成化学平衡的时间，但不能影响化学平衡的移动。

1. 在 $N_2 + 3H_2 \rightleftharpoons 2NH_3$ 反应中，自反应开始至 2 s 末，氨的浓度由 0 变为 0.4 mol/L，则以氢气的浓度变化表示该反应在 2 s 内的平均反应速率是（　　）。

　　A. $0.3 \text{ mol} \cdot L^{-1} \cdot s^{-1}$　　　　　　B. $0.4 \text{ mol} \cdot L^{-1} \cdot s^{-1}$

　　C. $0.6 \text{ mol} \cdot L^{-1} \cdot s^{-1}$　　　　　　D. $0.8 \text{ mol} \cdot L^{-1} \cdot s^{-1}$

2. 把稀硫酸倒在亚硫酸钠粉末上，能使反应的最初速率加快的是（　　）。

　　A. 增大亚硫酸钠粉末的量

　　B. 硫酸浓度增大一倍，用量减少到原来的 1/2

　　C. 硫酸浓度不变，用量增大一倍

　　D. 使反应在较高温度下进行

3. 一定条件下反应 $N_2(g) + 3H_2(g) \rightleftharpoons 2NH_3(g)$ 在 10 L 的密闭容器中进行，测得 2 min 内，N_2 的物质的量由 20 mol 减小到 8 mol，则 2 min 内 N_2 的反应速率为（　　）。

　　A. $1.2 \text{ mol} \cdot L^{-1} \cdot \min^{-1}$　　　　　B. $1 \text{ mol} \cdot L^{-1} \cdot \min^{-1}$

　　C. $0.6 \text{ mol} \cdot L^{-1} \cdot \min^{-1}$　　　　　D. $0.4 \text{ mol} \cdot L^{-1} \cdot \min^{-1}$

4. 在 $2A + B \rightleftharpoons 3C + 4D$ 中，表示该反应速率最快的是（　　）。

　　A. $v(A) = 0.5 \text{ mol} \cdot L^{-1} \cdot s^{-1}$　　　B. $v(B) = 0.3 \text{ mol} \cdot L^{-1} \cdot s^{-1}$

　　C. $v(C) = 0.8 \text{ mol} \cdot L^{-1} \cdot s^{-1}$　　　D. $v(D) = 1 \text{ mol} \cdot L^{-1} \cdot s^{-1}$

5. 已知 $4NH_3(g) + 5O_2(g) \rightleftharpoons 4NO(g) + 6H_2O(g)$，若反应速率分别用 $v(NH_3)$、$v(O_2)$、$v(NO)$、$v(H_2O)$ 表示，则正确的关系是（　　）。

　　A. $4v(NH_3) = 5v(O_2)$　　　　　B. $5v(O_2) = 6v(H_2O)$

　　C. $2v(NH_3) = 3v(H_2O)$　　　　D. $4v(O_2) = 5v(NO)$

6. 把铝条放入盛有过量稀盐酸的试管中，不影响氢气产生速率的因素是（　　）。

　　A. 盐酸的浓度　　　　　　　　　B. 铝条的表面积

　　C. 溶液的温度　　　　　　　　　D. 加少量 Na_2SO_4

7. 某温度时，在 3 L 密闭容器中，X、Y、Z 三种物质的物质的量随时间变化的曲线如图所示。由图中数据分析：

　　(1) 该反应的化学方程式：_____；

(2)反应开始至 2 min 末，X 的反应速率为_____；

(3)该反应是由_____开始反应的。(①正反应；②逆反应；③正逆反应同时。)

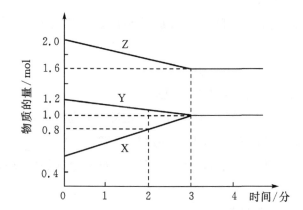

8.对于反应 $2SO_2(g)+O_2(g) \rightleftharpoons 2SO_3(g)$，一次只改变一个条件，能增大逆反应速率的措施是(　　)。

　　A.通入大量氧气　　　　　　　　B.增大容器体积

　　C.移去部分二氧化硫　　　　　　D.降低体系温度

9.在某温度时，将 2 mol A 和 1 mol B 两种气体通入容积为 2 L 的密闭容器中，发生反应：$2A(g)+B(g) \rightleftharpoons xC(g)$，2 min 时反应达到平衡状态，经测定 B 的物质的量为 0.4 mol，C 的反应速率为 0.45 mol/(L·min)。下列各项能表示该反应达到平衡的是(　　)。

　　A.$v_{A正}:v_{B逆}=1:2$

　　B.混合气体的密度不再变化

　　C.混合气体的压强不再变化

　　D.A 的转化率不再变化

10.下列说法正确的是(　　)。

　　A.可逆反应的特征是正反应速率和逆反应速率相等

　　B.在其他条件不变时，升高温度可以使化学平衡向放热反应方向移动

　　C.在其他条件不变时，增大压强会破坏有气体参加反应的平衡状态

　　D.在其他条件不变时，使用催化剂可以改变应速率，但不能改变化学平衡状态

11.增大压强，对已达到平衡状态的反应 $2X(g)+2Y(g) \rightleftharpoons 3Z(g)+R(s)$ 产生的影响是(　　)。

　　A.正反应速率增大，逆反应速率减小，平衡向正反应方向移动

　　B.正反应速率减小，逆反应速率增大，平衡向逆反应方向移动

　　C.正、逆反应速率都增大，平衡向正反应方向移动

　　D.正、逆反应速率都增大，平衡不发生移动

12. 已知 450 ℃时，反应 $H_2(g)+I_2(g) \rightleftharpoons 2HI(g)$ 的 $K=50$，由此推测在 450 ℃时，反应 $2HI(g) \rightleftharpoons H_2(g)+I_2(g)$ 的化学平衡常数为(　　)。

　　A. 50　　　　　B. 0.02　　　　　C. 100　　　　　D. 无法确定

13. 下列反应达到平衡后，降低温度或减小压强都能使平衡向逆反应方向移动的是(　　)。

　　A. $3O_2 \rightleftharpoons 2O_3$　（正反应为吸热反应）

　　B. $2NO_2 \rightleftharpoons N_2O_4$　（正反应为放热反应）

　　C. $NH_4HCO_3 \rightleftharpoons NH_3+CO_2+H_2O(g)$　（正反应为吸热反应）

　　D. $H_2(g)+I_2(g) \rightleftharpoons 2HI(g)$（正反应为放热反应）

14. 对达到平衡的反应：$N_2+3H_2 \rightleftharpoons 2NH_3$（正反应为放热反应），下列叙述中正确的是(　　)。

　　A. 反应物和生成物的浓度相等

　　B. 反应物和生成物的浓度不再发生变化

　　C. 降低温度，平衡混合物里 NH_3 的浓度减小

　　D. 增大压强，不利于氨的合成

15. 在下列平衡体系中，保持温度一定时，改变某物质的浓度，混合气体的颜色会改变；改变压强时，颜色也会改变，但平衡并不移动，这个反应(　　)。

　　A. $2NO+O_2 \rightleftharpoons 2NO_2$　　　　　　B. $N_2O_4 \rightleftharpoons 2NO_2$

　　C. $Br_2(g)+H_2 \rightleftharpoons 2HBr$　　　　　D. $6NO+4NH_3 \rightleftharpoons 5N_2+3H_2O$

第二单元 溶 液

▶ **教学目标**

1. 掌握电解质在溶液中的电离
2. 掌握溶液浓度的表示方法
3. 了解稀溶液的依数性
4. 了解胶体溶液的性质

▶ **知识导入**

溶液是物质存在的一种形式,在自然界中广泛存在,并与人类的生存与生产密切相关。例如,人类的饮用水是含有一定矿物质的溶液,医疗上使用的生理盐水也是溶液。绝大多数化学反应需要在溶液体系中进行,例如工业生产中的电解、电镀过程,农业生产中农药的施用等。生物体内的各种生理、生化反应也通常以溶液为介质,例如植物对土壤养分的吸收,人体的消化、代谢过程等,都需要借助溶液体系进行。

一、溶液概述

(一)分散系

自然界中以气态、液态或固态状态存在的物质,其组成上可以是单独一种成分,也可以某种成分以细小的粒子分散在另一种物质中。例如,奶油分散在水中成为牛奶,乙醇分子分散在水中成为乙醇溶液,粘土微粒分散在水中成为泥浆等。通常将一种或几种物质以细小的粒子分散在另一种物质里所形成的体系称分散系。被分散的物质称为分散质或溶质,能容纳分散质的物质称为分散剂或溶剂。分散质和分散剂可以是固体、液体或气体。在多相分散体系中,分散质处于不连续的粒子状态,分散剂处于连续状态,将溶液中相与相之间存在的界面,称为表面。按照分散剂和分散质的聚集状态,可以将分散体系分为以下9种类型,见表1-2-1。

表1-2-1 不同聚集状态的分散系

分散剂	分散质	实例	分散剂	分散质	实例
气态	气态	空气、家用煤气	液态	固态	食盐水、泥浆、油漆
气态	液态	云、雾	固态	气态	泡沫塑料、活性炭
气态	固态	烟、灰尘、霾	固态	液态	珍珠(包藏着水的碳酸钙、硅胶)
液态	气态	泡沫、汽水	固态	固态	有色玻璃、合金、红宝石
液态	液态	牛奶、豆浆、酒精溶液			

分散度常可以用来衡量分散系的状态,分散质粒子越大分散度越小,反之,分散质粒子

越小,分散度越高。根据分散系中分散质的大小可以将分散系分为三种类型,即粗分散系、胶体分散系和溶液体系,见表1-2-2。

表1-2-2 按分散质粒子大小划分的分散系

分散系名称	粗分散系	胶体分散系	分子、离子分散系
	浊液	胶体	溶液
分散质粒子(直径)	>100 nm	1~100 nm	<1 nm
分散质组成	悬浊液同固体小颗粒组成,乳浊液由液体小珠滴组成	胶粒(高分子或是分子、原子、离子聚集体)	分子、离子
主要性质	不透明、不均匀、体系不稳定。一般显微镜可见分散质粒子 不能透过紧密滤纸和半透膜	不均匀、相对稳定、超显微镜可见分散质粒子,能透过滤纸但不能透过半透膜	均匀、稳定、透明、能透过半透膜
实例	泥浆、牛奶	AgI溶胶、$Fe(OH)_3$溶胶	葡萄糖溶液、食盐溶液

(二)溶液

分散质粒子<10 nm的体系,溶质的粒子均匀地分散在溶剂中,形成均匀稳定的体系,称其为真溶液体系,简称溶液。在自然界和人们的日常生活及生产中,水是最常见的溶剂,因此也将水溶液简称溶液。不指明溶剂的溶液一般指水溶液。

1.饱和溶液与不饱和溶液

按照溶剂对溶质的溶解状态,可以将溶液分为饱和溶液和不饱和溶液。在一定温度下,向一定量溶剂里加入某种溶质,当溶剂尚具备对溶质的溶解能力,加入溶质可继续溶解,这时的溶液状态称为不饱和溶液。继续加入溶质,当溶剂的溶解能力达到极限,溶质不能继续溶解时,所得的溶液叫做这种溶质在该条件下的饱和溶液。溶质在溶剂中的溶解过程,首先是溶质在溶剂中的扩散作用,在溶质表面的分子或离子开始溶解,进而扩散到溶剂中。被溶解了的分子或离子在溶液中不断地运动,当它们和固体表面碰撞时,就有停留在表面上的可能,这种淀积作用是溶解的逆过程。当固体溶质继续溶解,溶液浓度不断增大到某个数值时,淀积和溶解两种作用达成动态平衡状态,即在单位时间内溶解在溶剂中的分子或离子数,和淀积到溶质表面上的分子或离子数相等时,溶解和淀积虽仍在不断地进行,但如果温度不改变,则溶液的浓度已经达到稳定状态,这样的溶液称为饱和溶液,其中所含溶质的量,即该溶质在该温度下的溶解度。例如:如20 ℃时,食盐的溶解度是36 g,氯化钾的溶解度是34 g。这些数据可以说明20 ℃时,食盐和氯化钾在100 g水里最大的溶解量分别为36 g和34 g;也说明在此温度下,食盐在水中比氯化钾的溶解能力强。在饱和溶液中,溶质的溶解速率与它从溶液中淀积的速率相等,处于动态平衡状态。

2.电解质溶液和非电解质溶液

按照溶质粒子在溶液中的存在形式,可将溶液分为电解质溶液和非电解质溶液。非电解质溶液是指溶质溶解于溶剂后以分子状态存在,在水溶液中不发生电离反应的溶液。如蔗糖、甘油、乙醇等在水中均属于非电解质,非电解质大多是以典型的共价键结合的化合物,大多数有机化合物都是非电解质。

溶质溶解于溶剂后完全或部分解离为离子的溶液属于电解质溶液。酸、碱、盐都是电解质,它们在水溶液(或熔融状态)下能电离出自由移动的离子。电解质水溶液中离解成自由移动离子的过程称为电解质的电离。电解质溶液虽然都能导电,但是不同的电解质在相同的条件下,导电能力是不同的,依据其在水溶液中电离的程度,将电解质溶液分为强电解质溶液和弱电解质溶液。

(1)强电解质溶液

强电解质在水溶液中全部电离成自由移动离子。强酸、强碱、大部分盐类的溶液都属于强电解质溶液。强电解质的电离方程式可表示为:

$$NaCl = Na^+ + Cl^-$$

$$HCl = H^+ + Cl^-$$

$$Na_2CO_3 = 2Na^+ + CO_3^{2-}$$

强电解质由于完全电离,电离方程式用等号表示。在强电解质溶液中,已知溶液浓度,便可知其溶液中离子的浓度。例如 1 mol/L 的 NaCl 溶液,由于 NaCl 完全电离,溶液中 Na^+ 或 Cl^- 的浓度相等,且等于 NaCl 的浓度为 1 mol/L。0.5 mol/L 的 H_2SO_4 溶液,H^+ 浓度为 1 mol/L,SO_4^{2-} 浓度为 0.5 mol/L。

(2)弱电解质溶液

弱电解质在水溶液中只有部分电离成自由移动离子。水、弱酸(如 HAc)、弱碱(如 $NH_3 \cdot H_2O$)及少数盐类(如 $HgCl_2$)的溶液属于是弱电解质溶液。

弱电解质在溶液中是部分电离的,其在溶液中的活动存在两个相反的过程,即弱电解质分子电离成离子的过程和离子重新结合成分子的过程。以 HAc 和 $NH_3 \cdot H_2O$ 为例,电离方程式表示为:

$$HAc \rightleftharpoons H^+ + Ac^-$$

$$NH_3 \cdot H_2O \longrightarrow NH_4^+ + OH^-$$

由于弱电解质只是电离,溶液中存在着离解和结合的可逆过程,电离方程式用可逆号表示。在一定条件下,当弱电解质的电离速率与离子结合成分子的速率相等时,体系中未电离的弱电解质分子浓度和已电离出的阴、阳离子浓度均不再发生变化,溶液中达到了动态平衡。这种由弱电解质在电离过程中建立的化学平衡,称为电离平衡。

电离度:在一定条件下,当弱电解质达到电离平衡时,已电离的电解质分子数占原来电解质分子总数的百分率,称为电离度,用 α 表示:

$$电离度(\alpha) = \frac{已电离的弱电解质分子数}{溶液中弱电解质分子总数} \times 100\%$$

在相同条件下,不同弱电解的电离度不同,电解质越弱,电离度越小,所以,电离度的大小能表示弱电解质的相对强弱。电离度除与电解质的性质有关外,还与弱电解质的浓度有关,溶液越稀,电离度越大。

二、溶液的浓度表示

溶液浓度是指溶液中溶质和溶剂的相对含量。溶液浓度有多种表示方法,常用的有物质的量浓度、质量分数和质量体积分数。

(一)物质的量浓度 c_B

以单位体积的溶液中所含溶质 B 的物质的量来表示溶液组成的物理量,叫做溶质 B 的物质的量浓度,可表示为:

$$c_B = \frac{n_B}{V}$$

式中,c_B 为物质的量浓度,单位为摩尔/升(mol/L);n_B 为溶质的物质的量,单位摩尔(mol);V 为溶液的体积,单位为升(L)。

物质的量浓度单位一般用 $mol \cdot L^{-1}$ 表示,使用该浓度表示时,必须指明溶质 B 为何种物质单元。例如,在 2 L 溶液中含有 1 mol H_2SO_4 时,H_2SO_4 的物质的量浓度为 0.5 mol/L,而 H^+ 浓度则为:

$$c_{H^+} = \frac{nH^+}{V} = \frac{2 \text{ mol}}{2 \text{ L}} = 1 \text{ mol/L}$$

用物质的量浓度表示溶液的组成时,由于溶液的体积与温度有关,所以同一水溶液在不同的温度下物质的量浓度会发生变化。实际工作中,由于温度变化范围较小,水溶液体积变化甚微,故也将因此引起的浓度变化忽略不计。

(二)质量分数

溶质 B 的质量与溶液的质量之比称为溶质 B 的质量分数,即

$$w_B = \frac{m_B}{m} \times 100\%$$

式中,w_B 为溶质 B 的质量分数;m_B 为溶质 B 的质量;m 为溶液的质量。

用质量分数表示溶液的组成比较简单,在工农业生产和日常生活中经常使用。例如 10 g NaCl 溶于 100 g 水中,该溶质的质量分数为:

$$w_{NaCl} = \frac{10 \text{ g}}{100 \text{ g} + 10 \text{ g}} \times 100\% = 9.1\%$$

(三)质量体积分数

用单位体积溶液中所含溶质 B 的质量表示溶液的浓度叫质量体积分数。质量体积分数用数学式表示为

$$\rho_B = \frac{m_B}{V}$$

式中,ρ_B 为溶质 B 的质量体积分数;m_B 为溶质的质量;V 为溶液的体积。质量体积分数常用单位为 g·L^{-1},或 mg·L^{-1}。溶质质量体积分数在临床生物化学检测和环境检测中应用广泛。如生理盐水的浓度为 9 g·L^{-1},人体空腹血糖浓度为 7 028~1 098 mg·L^{-1},我国地表水环境质量标准中三类水质允许最高浓度汞为 0.000 1 mg·L^{-1}、总铅为 0.05 mg·L^{-1}、硫化物为 0.2 mg·L^{-1}。

(四)有关溶液浓度的计算

溶液浓度的表示方法很多,在实际工作中应根据需要采用不同的浓度表示方法。各种浓度表示之间存在一定的关系,它们之间可以进行换算。

例 1-2-1 临床上纠正酸中毒常使用乳酸钠($NaC_3H_5O_3$)注射液,其规格是每支 20 mL 注射液含乳酸钠 2.24 g,求该溶液中乳酸钠的物质的量浓度。

解:因为 $M_{NaC_3H_5O_3} = 112$ g·mol^{-1}

$$n_{NaC_3H_5O_3} = \frac{m_{NaC_3H_5O_3}}{M_{NaC_3H_5O_3}} = \frac{2.24}{112} = 0.02 \text{ mol}$$

溶液物质的量浓度为:

$$c_{NaC_3H_5O_3} = \frac{n_{NaC_3H_5O_3}}{V} = \frac{0.02 \text{ mol}}{0.02 \text{ L}} = 1 \text{ mol/L}$$

答:该溶液中乳酸钠的浓度为 1 mol·L^{-1}。

例 1-2-2 配制 250 mL 浓度为 0.2 mol·L^{-1} 的 NaOH 溶液,问需 0.5 mol·L^{-1} 多少毫升?

解:设需要 0.5 mol/L NaOH 溶液 V_1。由于稀释前后溶质的物质的量不变,即

$$C_1V_1 = C_2V_2$$

据题意,已知 $C_1 = 0.5$ mol/L;$C_2 = 0.2$ mol/L;$V_2 = 250$ mL

$$V_1 = \frac{C_2V_2}{C_1} = \frac{0.2 \text{ mol/L} \times 250 \text{ mL}}{0.5 \text{ mol/L}} = 100 \text{ mL}$$

答:需要 0.5 mol·L^{-1} 的 NaOH 溶液 100 mL。

例 1-2-3 市售质量分数为 98% 的浓 H_2SO_4(密度为 1.84 g·mL^{-1}),试计算该硫酸溶液物质的量浓度。

解:设 98% 的浓 H_2SO_4 的体积为 1 L,则 1 L 溶液中所含 H_2SO_4 的物质的量 n 为:

$$n = \frac{1.84 \text{ g/mL} \times 1000 \text{ mL} \times 98\%}{98 \text{ g/mol}} = 18.4 \text{ mol}$$

$$c_{H_2SO_4} = \frac{n}{V} = \frac{18.4 \text{ mol}}{1 \text{ L}} = 18.4 \text{ mol/L}$$

答:质量分数为 98% 硫酸溶液的物质的量浓度为 18.4 mol·L^{-1}。

三、稀溶液的依数性

溶液的有些性质是由溶液的性质决定的,如溶液的颜色、密度等,但有些性质与溶液的本性无关,只与溶液中所含溶质的微粒数有关,即只与溶液的浓度有关,这类性质称为稀溶液的依数性,主要包括溶液的蒸气压下降、沸点升高、凝固点降低等。

1.溶液的蒸气压下降

将纯水放在密闭的容器中时,水面上一部分水分子从水中逸出,扩散到容器的空间中成为水蒸气,该过程称为蒸发。在水分子不断蒸发的同时,有一些水蒸气分子碰撞到水面又重新成为液态水,这一过程称为凝聚。当单位时间内液面蒸发的分子数和气体回到液体中的分子数相等,即蒸发与凝聚的速度相等时,液面上蒸汽浓度不再发生变化。此时水面上的蒸气压称为该温度下的饱和蒸气压,简称蒸气压。因为蒸发要吸热,所以温度升高时,将使液体和它的蒸汽之间的平衡向生成蒸汽的方向移动,单位时间内蒸汽分子数量增加,因此液体的蒸气压随温度的升高而增大。不同温度时水的蒸气压见表1-2-3。

表1-2-3 不同温度时水的蒸气压

温度/℃	0	20	40	60	80	100	120
蒸气压/kPa	0.61	2.33	7.37	19.92	47.34	101.33	202.65

如果在纯水中加入一些难挥发的溶质,溶液的蒸气压就会下降,即在一定温度下,溶液的蒸气压总是低于纯溶剂的蒸气压,这种现象称为溶液的蒸气压下降。法国物理学家拉乌尔(Raoult)根据实验得出如下结论:在一定温度下,难挥发非电解质稀溶液的蒸气压下降与溶解在溶剂中的溶质的摩尔分数成正比,而与溶质的本性无关。由于是稀溶液,乌拉尔定律可近似地用数学式表示为:

$$\Delta P \approx Km$$

式中,ΔP为溶液的蒸气压下降数值;m为质量摩尔浓度,单位 mol/kg;K为与温度有关的常数。

蒸气压下降的原因是由于加入溶质后,溶液的表面被部分溶质分子占据,单位时间内逸出液面的水分子数相应减少,溶质分子和溶剂分子的相互作用,也可能阻碍溶剂的蒸发。溶液浓度越大,溶液的蒸气压下降就越多。植物的抗干旱能力与蒸气压下降规律有关,当植物所处的环境中土壤水份减少,土壤溶液的浓度增加时,植物细胞液浓度增加,细胞液的蒸气压下降,使得细胞的水份蒸发减少,温度较高时,植物仍能保持水分而表现出抗干旱能力。

2.溶液的沸点升高

当某一液体的蒸气压等于外界压力时,液体就开始沸腾,这时的温度就是该液体的沸点。沸点与外界压力有关,通常所指的沸点,是指外界压力为101.325 kPa下的沸点,称为正常沸点。例如,水的蒸气压达到101.325 kPa时的温度为100 ℃,即水的正常沸点为

100 ℃。当外压降低时，水的沸点降低，如高原地区由于空气稀薄，气压较低，所以水的沸点低于 100 ℃。在一定压强下，液体的沸点是固定的。

如果在水中加入难挥发的溶质，由于溶液的蒸气压下降，在 100 ℃ 时其蒸气压小于 101.325 kPa 因此，在 100 ℃ 时溶液不会沸腾。只有将温度升高，使溶液的蒸气压达到 101.325 kPa 时，溶液才会沸腾。所以由难挥发溶质形成的溶液的沸点总是高于纯溶剂的沸点。这种现象称为溶液的沸点升高。溶液沸点升高如图 1-2-1 所示。

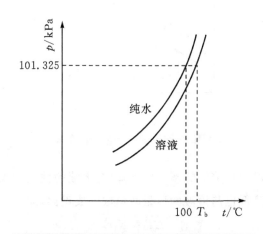

图 1-2-1 溶液的沸点升高

溶液沸点升高的根本原因在于溶液的蒸气压下降，而蒸气压下降的数值只与溶液的浓度有关。因此，溶液沸点升高的数值也只由溶液的浓度决定，而与溶质的本性无关。根据实验得知，难挥发非电解质稀溶液的沸点升高近似地与溶液的质量摩尔浓度成正比。其数学表达式为：

$$\Delta T_b \approx K_b m$$

式中，ΔT_b 为沸点升高度数；m 为质量摩尔浓度，单位 mol/L；K_b 为沸点升高常数。

沸点升高常数 K_b 数值上等于质量摩尔浓度为 1 mol/L 时，沸点升高的度数。沸点升高常数可由实验测定。与纯液体不同，溶液的沸点不是恒定的数值。当将溶液加热沸腾时，随着溶剂的蒸发，溶液的浓度会不断升高，沸点也会随着升高。溶液的沸点一般指溶液刚沸腾时的温度。

3. 溶液的凝固点降低

物质的凝固点是指该物质的液相蒸气压与固相蒸气压相等，液相与固相平衡共存时的温度。如 0 ℃ 时，水和冰的蒸气压相等，均为 0.61 kPa，此时水和冰共存。常压下，水的凝固点是 0 ℃，又叫水的冰点。

如果在 0 ℃ 的冰水共存系统中加入难挥发的溶质，溶液的蒸气压会下降。溶质溶于水后，只影响溶液的蒸气压，而对固相冰的蒸气压无影响。由于溶液的蒸气压下降，0 ℃ 时溶液的蒸气压低于冰的蒸气压,此时溶液和冰就不能共存,只有在更低的温度下溶液的蒸气压才会与冰的蒸气压相等,此温度即为溶液的凝固点。因此,溶液的凝固点总是低于纯溶剂的凝固点,这种现象称为溶液的凝固点降低。溶液的凝固点降低如图1-2-2所示。

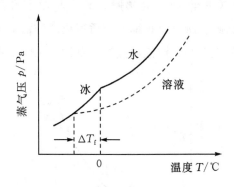

图1-2-2 溶液的凝固点降低

溶液凝固点降低的原因是溶液的蒸气压下降,与溶液的性质无关。实验表明,难挥发非电解质稀溶液的凝固点降低也与溶液的质量摩尔浓度成正比,即

$$\Delta T_f = K_f m$$

式中:ΔT_f 为溶液凝固点下降值。m 为溶质的质量摩尔浓度,单位是 mol/kg。K_f 为溶剂的凝固点下降常数,单位为 K·kg/mol。K_f 大小与溶剂本性有关。与沸点升高常数相同,溶液的凝固点降低常数也可以通过实验确定。

溶液的凝固点降低这一性质在实践中得到了广泛应用。例如,冬天向汽车水箱里加入甘油、乙二醇等,混合液的凝固点降低,可防止水结冰,汽车防冻液也正是利用了凝固点降低的原理。冰和盐的混合物常用作制冷剂,冰的表面总附有少量水,撒上盐后,盐溶解于水形成溶液,由于溶液的蒸气压下降,使其低于冰的蒸气压,冰就要融化。随着冰的融化,要吸收大量的热,于是冰盐混合物温度就会降低。食盐与冰的混合物温度可低至-22 ℃,$CaCl_2$ 和冰混合温度可达到-55 ℃的低温。植物的抗寒能力与溶液凝固点降低的规律有关,当植物所处的环境温度发生较大改变时,植物细胞中的有机体就会产生大量的可溶性的碳水化合物来提高细胞液的浓度,细胞液浓度越大,其凝固点降低越多,使细胞液能在较低的温度环境中不冻结,从而表现出一定的抗寒冷能力。

4. 溶液的渗透压

溶质在溶剂中溶解的过程是由于溶质粒子的扩散运动,扩散运动使得溶质粒子从高浓度自发地向低浓度迁移。如果在蔗糖溶液的液面上小心地加一层纯水,即使在静止的情况下,由于分子热运动的结果,蔗糖分子不断从下层进入纯水中,同时上层的水分子进入到蔗糖溶液中,过一段时间溶液仍会变成均匀的蔗糖溶液。在任何纯溶剂与溶液之间,或两种不同浓度的溶液之间,都有扩散现象发生。

如果选用某种可以阻止溶质粒子通过的半透膜将两种溶液隔开,在两溶液间会出现什么现象呢?半透膜是一种多孔性薄膜,它只允许一些物质通过而不允许另一些物质通过。动植物的细胞膜、肠衣、毛细血管壁以及人工制造的火棉胶、羊皮纸等都是半透膜。以蔗糖溶液和纯水为例,设置如图 1-2-3(a)的联通装置,用半透膜把纯水和蔗糖溶液隔开,半透膜只允许有水分子通过,而蔗糖分子不能通过。由于在单位体积内,纯水比蔗糖溶液中的水分子数目多,纯水分子将自发地向蔗糖溶液方向扩散,水不断透过半透膜进入蔗糖溶液,蔗糖溶液的液面明显升高,如图 1-2-3(b)。溶剂分子通过半透膜自动扩散的过程称为渗透。用半透膜把两种浓度不同的溶液隔开时也能发生渗透现象,这时水从稀溶液渗入浓溶液中去。

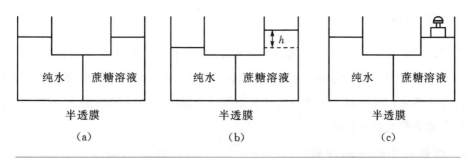

图 1-2-3 渗透和渗透压示意图

随着渗透作用的进行,容器中溶液的液面逐渐升高,两侧液面产生液位差,容器内液柱的压力使溶液的水分子向外扩散的速率逐渐加快,也使纯水中的水分子从外进入溶液的速度减慢。当容器中的液面上升到一定高度时,水分子向两个方向的扩散速度相等,即单位时间内水分子从纯水中进入溶液的数目与从溶液进入纯水的数目相等,这时液面的高度不再变化,体系建立起一个动态平衡,称为渗透平衡。平衡时由液面上升产生的压力称为渗透压,它的大小由两液面的高度差衡量。如果开始将蔗糖溶液施加与液面差所产生的压力相同的压力,渗透现象就不会发生。因此,渗透压也可以定义为:将溶液和纯溶剂用半透膜隔开,为阻止渗透现象发生必须施加于溶液液面上的压力。

渗透压与溶液浓度有关,溶液浓度越高,其渗透压就越大,溶液浓度越小,渗透压就越小。位于半透膜两侧不同浓度的溶液,浓度高的称为高渗溶液,浓度低的称为低渗溶液,浓度相同的称为等渗溶液。溶液都有渗透压,但只有在半透膜存在时才能表现出来。

渗透压在生物学中具有重要意义,动植物体的细胞膜多半具有半透膜的性能,水分、养料在动植物体内循环都是通过渗透作用来实现的。当水渗入植物细胞中后,会产生很大的压力,可从根部输送到高达数十米的顶端。植物的生长发育和土壤溶液的渗透压有关,只有土壤溶液的渗透压低于细胞液的渗透压时,植物才能不断从土壤中吸收水分和养分进行正常的生长发育;反之,土壤溶液的渗透压高于植物细胞液的渗透压时,植物细胞内的水分就会向外渗透导致植物枯萎。给作物喷药或施肥时,溶液的浓度过大会引起水分从植物体会向外渗透,导致烧苗现象。人体血液平均的渗透压约为 780 kPa,在作静脉输液时,应该使用渗透压与其相同的等渗溶液。例如:临床上使用质量分数为 0.9% 的生理盐水和质量分数为 5% 的葡萄糖溶液就是等渗溶液。如果静脉输液时溶液的渗透压小于血浆的渗透压,水就会通过血红细胞膜向细胞内渗透,导致细胞肿胀破裂,医学上称之为溶血。如果静脉输液时溶液的渗透压大于血浆的渗透压,血红细胞内的水会通过细胞膜渗透出来,导致血红细胞的皱缩,并从悬浮状态中沉降下来,这种现象医学上称胞浆分离。眼药水必须和眼球组织中的液体具有相同的渗透压,否则会引起疼痛。淡水鱼不能生活在海水中,海水鱼不能生活在河水中,因为河水和海水的渗透压不同,相差较大时会导致鱼体细胞的剧烈膨胀或皱缩。

四、胶体溶液

分散质粒子直径在 1~100 nm 之间的分散系,叫做胶体分散系。分散质粒子若为小分子聚集体,如 $Fe(OH)_3$、As_2S_3 等,称为胶体溶液或溶胶,分散质粒子若为高分子化合物,则称其为高分子溶液。一般胶体溶液特指分散质粒子为固体,分散剂为液体的体系,分散质的小分子聚集体也称胶粒或胶团。

(一)胶体粒子的表面作用

胶体粒子由许许多多小分子聚集而成,有较大的总表面积,胶体粒子在溶剂中的分散度很高,具有很大的比表面积,因此在胶粒和溶剂之间存在明显的界面。处在胶粒表面的粒子与其内部粒子不同,表面粒子由于受力作用不均衡,具有较高的能量,即表面能。胶体溶液中胶团的表面能主要通过吸附作用体现出来,即胶粒表面吸附溶胶中其他的粒子,胶粒的表面积越大,表面分子越多,表面能越高,吸附作用也越强。

胶体在溶液中的吸附主要是离子吸附,按其吸附机理可分为离子选择型吸附和离子交换型吸附。

1. 离子选择型吸附

胶体粒子从溶液中选择性地吸附某种离子的现象。实验表明,胶粒在溶液中优先选择吸附与它组成相关的离子。例如,用 $AgNO_3$ 和 KI 制备 AgI 溶胶,当 $AgNO_3$ 足量时,溶液中离子主要是 Ag^+ 和 NO_3^-,AgI 胶粒优先吸附与其组成相关的 Ag^+,NO_3^- 聚集在 AgI 表面附近的溶液中;当 KI 过量时,溶液中离子主要是 K^+ 和 I^-,AgI 胶粒优先吸附与其组成相关的 I^-,K^+ 聚集在 AgI 表面附近的溶液中。

2. 离子交换型吸附

胶体粒子从溶液中吸附某种或几种离子的同时,将本身存在的另外带相同电荷的离子释放到溶液中的过程称为离子交换吸附。离子交换吸附是可逆过程。例如,土壤中使用氨态氮肥时(如 NH_4Cl 和 NH_4SO_4 等),NH_4^+ 与土壤溶液中的可交换阳离子(如 Ca^{2+}、K^+、

Na$^+$等)进行交换,NH$_4^+$被吸附在土壤胶体离子上蓄积起来。土壤溶液中进行着大量的离子交换过程,离子交换吸附于土壤中养分的保持与释放密切相关。

(二)胶团的结构

溶胶的形成过程中,首先是许多中性分子相互聚集,形成成直径为 1~10 nm 的粒子,这是溶胶粒子的核心,称为胶核,胶核呈电中性。胶核表面上的离子存在吸附作用,吸附与其组成相关的离子,使胶体粒子表面带上电荷(所带电荷取决于被吸附的离子),带电的胶粒通过静电引力作用吸引溶液中带相反电荷的离子,形成溶胶的双电层结构。AgI 溶胶的双电层结构如图 1-2-4 所示。

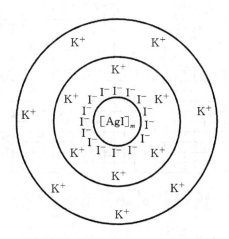

图 1-2-4 AgI 胶团结构示意图

中心小圆圈表示胶核,m 表示胶核中所含 AgI 的分子数。由于 KI 是过量的,溶液存在有 K$^+$、NO$_3^-$、I$^-$ 等离子,其中 I$^-$ 是 AgI 的组成离子,AgI 胶核具有选择性地吸附与其组成有关离子的倾向,所以 I$^-$ 在其表面优先被吸附,使胶核带上负电荷。这种使胶核带有电荷的离子称为电位离子。溶液中与电位离子电荷相反的离子称为反离子。AgI 胶团中 I$^-$ 是电位离子,K$^+$ 为反离子。胶核吸附 I$^-$ 使其带有负电荷,它必然吸引部分反离子。这样一部分反离子也被吸附在胶核表面而形成吸附层,以图中的中圆圈表示。胶核和吸附层构成胶粒,在溶胶中胶粒是独立运动的单位。在吸附层外面,还有部分反离子松散地分布在胶粒周围形成扩散层。胶粒和扩散层称为胶团。以上的胶团结构也可以用以下简式表示:

$$\underbrace{\underbrace{\underbrace{[(AgI)_m \cdot nI^- \cdot (n-x)K^+]^{x-}}_{\text{胶核}} \cdot xK^+}_{\text{胶粒}}}_{\text{胶团}}$$

(三)胶体溶液的性质

1.动力性质——布朗运动

英国植物学家罗伯特·布朗(Robert Brown)最先用显微镜观察到悬浮在液面上的花粉

颗粒不断地作无规则运动,将此称为布朗运动。用显微镜观察到溶胶中胶粒的运动与此极为相似,胶体粒子在做无休止的、无规律的运动。布朗运动是由于不断热运动的液体介质分子对胶粒撞击的结果。对许多胶粒来说,由于不断地受到不同方向、不同速度的溶剂分子的撞击,受到的力是不平衡的,所以它们时刻以不同的方向、不同的速度作无规则运动。布朗运动是胶体分散系的特征之一。布朗运动使胶粒不致因重力作用而迅速下沉,有利于保持溶胶的稳定。胶粒的布朗运动路线示意如图1-2-5所示。

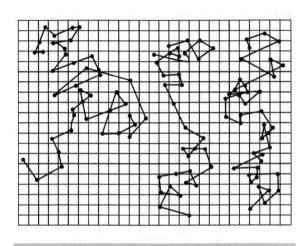

图1-2-5　胶体粒子布朗运动示意图

2. 光学性质——丁达尔效应

英国物理学家丁达尔(Tyndall J)发现,若使一束光通过溶胶,从入射光垂直方向可以看到一条明亮的"光路",这种现象称为丁达尔效应。丁达尔现象是胶体粒子对光散射的结果,根据光学原理,当光线照射到分散质粒子时,如果粒子直径远远大于入射光的波长,则主要产生光的反射;如果粒子直径小于入射光的波长,则主要发生光的散射。胶体溶液中,胶粒直径介于1~100 nm,小于可见光的波长,有入射光通过时,光波绕过粒子向各个方向散射出去,这时胶粒好像一个发光体,无数发光体散射的结果,就形成了光的通路。丁达尔现象是溶胶特有的现象。溶胶的丁达尔效应如图1-2-6所示。

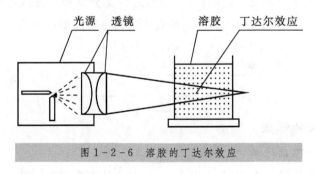

图1-2-6　溶胶的丁达尔效应

3. 电学性质——电泳

实验表明,将胶体溶液置于在外加电场中,胶体粒子会发生定向迁移。在电场中胶体粒子在分散介质中的定向移动称为电泳。例如,在 U 形管中,装入红褐色氢氧化铁溶胶,U 形管的两端各插入一根电极,通电观察到阳极附近溶胶颜色逐渐变浅,阴极附近的溶胶颜色逐渐变深。如图 1-2-7 所示。

从实验现象可以判断,$Fe(OH)_3$ 胶体粒子带正电荷,在电场作用下向阴极移动。如果用过量 KI 与 $AgNO_3$ 制得的 AgI 溶胶做相同的实验,会得到相反的结果。电泳实验可以充分说明溶胶粒子带电荷,根据电泳中胶粒移动的方向可以判断溶胶粒子的电性,胶体粒子带正电荷的溶胶称为正溶胶,带负电荷的溶胶称为负溶胶。

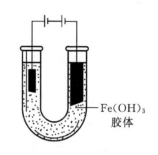

图 1-2-7 电泳现象

五、溶胶的稳定性和凝聚作用

1. 溶胶的稳定性

胶体溶液相当稳定,如果条件不变,可以放置长时间也不沉淀。胶体溶液的稳定性可理解为动力学稳定性和聚结稳定性两个层面。其动力学稳定性是指胶体粒子不会因重力作用溶剂中分离出来。胶体粒子虽然受自身的重力作用不容忽视,但高度分散的胶体溶液中胶粒的不断的、无规律的布朗运动使胶粒不易沉淀;胶体的聚结稳定性是指胶体溶液在放置过程中分散质粒子不容易发生相互聚结。这主要是由于胶粒带电和溶剂化作用两个因素造成:胶粒带有电荷,相同电荷的胶粒相斥,使胶粒不能接近凝聚成较大的颗粒而沉淀;溶剂化作用使胶粒的电位离子和反离子都能与水结合成水合离子,从而胶粒周围形成一层水化膜,水化膜使胶粒难以直接接触,难结合成较大的颗粒而沉淀。

2. 胶体的凝聚

胶体溶液的稳定性是相对的,如果破坏使胶体溶液稳定的因素,胶粒会相互凝聚成较大的颗粒而沉淀,这一过程称为胶体的凝聚。以下因素均可以促使胶体粒子凝聚:

①加入电解质溶液。在胶体溶液中加入电解质后,增加了溶液中离子的总浓度,胶粒吸附了更多的反离子,使得扩散层变薄,而且中和了胶粒所带的电荷,胶粒间斥力减小,更容易碰撞后结合成大的颗粒而凝聚。

②加入带相反电荷的胶体溶液。将两种电性相反的溶胶混合,会发生凝聚作用。明矾净水恰好可以说明这一现象,明矾$[KAl(SO_4)_2] \cdot 12H_2O$ 溶于水后形成带正电荷的 $Al(OH)_3$ 溶胶,与天然水中悬浮的带负电荷的溶胶相互作用,发生聚集沉淀,使水净化。

③加热。加热使胶粒的运动速率加快,胶粒碰撞机会增加,同时也降低了胶核对电位离子的吸附作用,减少了胶粒所带电荷,促使溶胶凝聚。

 习题

一、选择题

1. 物质的量浓度相同的稀蔗糖溶液与葡萄糖溶液,其蒸气压(　　)。

　A. 前者大于后者　　　　　　　　B. 两者相同

　C. 后者大于前者　　　　　　　　D. 无法判定相对大小

2. 在压力为 101.3 kPa 时,水中加入难挥发的溶质后,溶液的沸点为(　　)。

　A. 100℃　　　　　　　　　　　B. 大于 100℃

　C. 小于 100℃　　　　　　　　　D. 无法确定

3. 将相同质量的乙醇和甘油加入一定量的水中,两种溶液凝固点的关系为(　　)。

　A. 乙醇溶液低于甘油溶液　　　　B. 乙醇溶液高于甘油溶液

　C. 两种溶液相等　　　　　　　　D. 无法确定

4. 将一块冰放在 273 K 的食盐水中,则(　　)。

　A. 冰的质量增加　　　　　　　　B. 无变化

　C. 冰逐渐熔化　　　　　　　　　D. 溶液温度升高

5. 与纯溶剂相比,溶液的蒸汽压(　　)。

　A. 一定降低

　B. 一定升高

　C. 不变

　D. 需根据实际情况做出判断,若溶质是挥发性很大的化合物就不一定降低

6. 下列对于渗透压叙述正确的是(　　)。

　A. 渗透压是将溶液与纯溶剂用半透膜隔开时,为阻止纯溶剂向溶液中渗透需向溶液施加的压力

　B. 溶液只有在半透膜存在时才产生渗透压

　C. 溶液越浓渗透压越小

　D. 以上都对

7. 施肥产生"烧苗"现象的原因是(　　)。

　A. 肥料溶液过浓,渗透压高于植物细胞液的渗透压

　B. 肥料溶液过稀,渗透压高于植物细胞液的渗透压

　C. 肥料溶液过稀,植物无法吸收

　D. 肥料溶液过稀,渗透压低于植物细胞液的渗透压

8. 海水鱼类不能在淡水中生活的主要原因是(　　)。

A. 淡水中的氧气不足

B. 淡水中的营养成分不能满足鱼的需要

C. 淡水与海水的渗透压不同

D. 以上都对

9. 胶体不具有的性质是(　　)。

A. 布朗运动　　　　　　　　B. 粘稠

C. 丁达尔效应　　　　　　　D. 电泳

10. 使胶体溶液稳定存在的主要因素是(　　)。

A. 胶体粒子带有电荷、胶粒形成水化膜

B. 胶团不带电

C. 胶体溶液粘稠

D. 以上都对

11. 将 0.90 mol/L 的 KNO_3 溶液 100 mL 与 0.10 mol/L 的 KNO_3 溶液 300 mL 混合，所得 KNO_3 溶液的浓度为(　　)。

A. 0.50 mol·L^{-1}　　　　　　B. 0.40 mol·L^{-1}

C. 0.30 mol·L^{-1}　　　　　　D. 0.20 mol·L^{-1}

12. 硫酸瓶上的标记是：H_2SO_4 80.0 ％(质量分数)；密度 1.727 g·mL^{-1}；相对分子质量 98.0，该硫酸物质的量浓度是(　　)。

A. 10.2 mol·L^{-1}　　　　　　B. 14.1 mol·L^{-1}

C. 14.1 mol·L^{-1}　　　　　　D. 16.6 mol·L^{-1}

13. 用 18 mol/L 的浓硫酸 3.5 mL 配成 350 mL 的溶液，该溶液的物质的量浓度为(　　)。

A. 0.25 mol·L^{-1}　　　　　　B. 0.28 mol·L^{-1}

C. 0.18 mol·L^{-1}　　　　　　D. 0.35 mol·L^{-1}

二、填空题

1. 根据分散质粒子的大小，可将分散系分为_____、_____和_____三种。溶液是一种物质以_____或_____状态分散于另一种物质中所构成的均匀而稳定的体系。

2. 稀溶液的依数性是指那些与_____无关，而只与溶液中溶质的_____有关的稀溶液通性。

3. 稀溶液的依数性主要有四种：_____、_____、_____和_____。

4. 凝固点是指固液相共存时的温度，即固相与液相_____相等时的温度。

5. 分散系是一种或几种物质以较小的颗粒分散在另一种物质中所形成的体系。分散系中被分散的物质叫_____,分散其他物质的物质叫_____。

6.胶体溶液具有稳定性的原因是_____、_____。

7.当半透膜内外溶液浓度不同时,溶剂分子会自动通过半透膜由_____溶液一方向_____溶液一方扩散。

8.质量分数相同的蔗糖溶液和葡萄糖溶液,较易沸腾的是_____,较易结冰的是_____。

9.用溶质质量分数为96%的硝酸(密度为 1.5 g·mL^{-1})_____ mL 与_____ mL 水混合,可配成800 mL 含硝酸63%(密度为 1.4 g·mL^{-1})的溶液,所配得的溶液物质的量浓度是_____。

三、判断题

1.渗透压是任何溶液都具有的特征。( )
2.稀溶液的依数性规律是由溶液的沸点升高引起的。( )
3.电解质溶液的蒸气压也要降低,但降低的数值不与溶液的质量摩尔浓度成正比。
( )
4.相同质量的碘,分别溶于 100 g CCl_4 和苯中,两种溶液具有相同的凝固点。( )
5.1000 g 溶液中含有 1 mol 溶质 B,则溶质 B 的质量摩尔浓度为 1 mol/kg。( )
6.把 0 ℃ 的冰放在 0 ℃ 的 NaCl 溶液中,因为它们处于相同的温度下,所以冰水两相共存。
( )
7.酒精水溶液的沸点比纯水高。( )
8.溶液的蒸气压总是低于纯溶剂的蒸气压。( )
9.胶体溶液中的胶粒是电中性的。( )
10.导致难挥发非电解质的稀溶液凝固点下降的根本原因是溶液的蒸气压下降。
( )

四、简答题

1.乙二醇的沸点是 197.9 ℃ ,乙醇的沸点是 78.3 ℃。用作汽车散热器水箱中的防冻剂,哪一种物质较好?请简述理由。
2.把一块冰放在 273 K 的水中,另一块冰放在 273 K 的盐水中,各有什么现象?
3.登山队员在高山顶上打开军用水壶时,为什么壶里的水会冒气泡?
4.如何用渗透现象解释盐碱地难以生长农作物?
5.实验室如何正确配制 $FeCl_3$ 溶液?

五、计算题

1.0.5 mol/L 盐酸是实验室常用试剂,配制这种试剂 250 mL,需取质量分数为 36% 的盐酸溶液(密度为 1.18 g/mL)多少毫升?

2. 在 100 mL 水中,慢慢加入 20 mL 密度为 1.84 g·mL^{-1} 质量分数为 98% 的硫酸,得到稀硫酸溶液的密度为 1.2 g/cm^3,求稀硫酸溶液的质量分数和物质的量浓度。

3. 把 30.3 g 乙醇(C_2H_5OH)溶于 50.0 g CCl_4 所配成溶液的密度为 1.28 g·mL^{-1}。计算:

(1)乙醇溶液的质量分数;

(2)乙醇溶液的质量摩尔浓度;

(3)乙醇溶液物质的量浓度(mol·L^{-1})。

第三单元 溶液中的化学平衡

▶ **教学目标**

1. 掌握水的电离及水的离子积常数
2. 掌握酸碱溶液中氢离子浓度及 pH 值计算
3. 掌握配位化合物及稳定性常数
4. 掌握氧化还原反应及电极电位
5. 掌握沉淀溶解平衡及溶度积常数

▶ **知识导入**

水是最重要的溶剂，无机化学反应大多数在水溶液中进行，物质在溶液中的存在形态也取决于溶液中的化学平衡。例如，天然水体是一个含有多种物质成分的复杂溶液体系，既有以分子、离子状态存在的可溶性物质，也有各种成分的胶体粒子及气体等，各种物质的存在形态取决于水体中的酸碱平衡、配位平衡、氧化还原平衡、沉淀溶解平衡等条件。本单元讨论水溶液中的化学反应及化学平衡。

一、酸碱平衡

（一）水的电离和溶液的酸碱性

1. 水的解离

用精密的电导仪测定纯水，发现其具有微弱的导电能力，可见水是极弱的电解质，其原因是水有微弱的电离。水的电离如图 1-3-1 所示。

$$H_2O + H_2O \rightleftharpoons H_3O^+ + OH^-$$

图 1-3-1 水分子电离示意图

水分子的电离过程是可逆的，即纯水体系中同时存在着水分子电离成 H^+ 和 OH^- 与 H^+ 和 OH^- 结合成水分子两个完全相反的过程。当体系达平衡时，其平衡常数表示式为：

$$K_w = c_{OH^-} \cdot c_{H^+}$$

在一定温度下，当电离达到平衡时，水中离子浓度乘积是一定值。将 K_w 称为水的离子积常数，简称水的离子积。纯水电离出的 H^+ 与 OH^- 的数目相等。在 25 ℃时，纯水中 $[H^+] = [OH^-] = 10^{-7}$ mol·L^{-1}，则 $K_w = c_{OH^-} \cdot c_{H^+} = 1 \times 10^{-14}$。

2. 溶液的酸碱性

溶液的酸碱性主要由溶液中 c_{H^+} 和 c_{OH^-} 的相对大小来决定,向纯水中加入少量酸或碱,都会改变溶液中 OH^- 与 H^+ 浓度,使溶液显示酸碱性。加入少量酸性物质,增加了溶液中 c_{H^+},减小了 c_{OH^-},使溶液显酸性;加入少量碱性物质,增加了溶液中 c_{OH^-},减小了 c_{H^+},使溶液显酸性。

酸性溶液 $c_{H^+} > 1 \times 10^{-7}$ mol/L $> c_{OH^-}$

中性溶液 $c_{H^+} = 1 \times 10^{-7}$ mol/L $= c_{OH^-}$

碱性溶液 $c_{OH^-} > 1 \times 10^{-7}$ mol/L $> c_{H^+}$

用 c_{H^+} 来表示溶液的酸碱性是通常的表示方法。但是对于经常用到的稀溶液来说,由于 c_{H^+} 很小,必须表示成 10 的负指数形式,使用起来不方便,所以,也常采用 c_{H^+} 的负对数来表示溶液的酸碱性,称为溶液的 pH 值,数学表达式为:

$$pH = -\lg c_{H^+}$$

pH 值为 H^+ 浓度的负对数,溶液 H^+ 浓度越大,pH 值越小,反之溶液 H^+ 浓度越小,pH 值越大。中性溶液的 pH 值等于 7,酸性溶液的 pH 值小于 7,碱性溶液的 pH 值大于 7。pH 值一般使用数值范围为 0~14。pH 值小于 0 的酸性溶液或 pH 值大于 14 的碱性溶液直接用 H^+ 或 OH^- 浓度表示溶液的酸碱性。同样,c_{OH^-} 的负对数也可以用来表示溶液的酸碱性,称为溶液的 pOH 值,数学表达式为:

$$pOH = -\lg c_{OH^-}$$

由于 $K_w = c_{OH^-} \cdot c_{H^+}$,因此 $pH = K_w - pOH$。在 25 ℃时,$K_w = 10^{-14}$,因此 $pH = 14 - pOH$。

溶液的酸碱性及表示方法见表 1-3-1。

表 1-3-1 溶液的酸碱性及表示方法

溶液性质	c_{H^+}	c_{OH^-}	pH	pOH
酸性	$>10^{-7}$ mol/L$> c_{OH^-}$	$<10^{-7}$ mol/L$< c_{H^+}$	<7	>7
中性	$=10^{-7}$ mol/L$= c_{OH^-}$	10^{-7} mol/L$= c_{H^+}$	$=7$	$=7$
碱性	$<10^{-7}$ mol/L$< c_{OH^-}$	$>10^{-7}$ mol/L$> c_{H^+}$	>7	<7

根据溶液中 c_{H^+} 和 c_{OH^-} 的关系,可以进行溶液的 pH 值计算。

例 1-3-1 25 ℃时,在 0.1 mol·L^{-1} 氨水溶液中,$c_{OH^-} = 1.33 \times 10^{-3}$ mol·L^{-1},求溶液的 pH 值。

解:水的离子积 $K_w = c_{H^+} \times c_{OH^-} = 1 \times 10^{-14}$

$$c_{H^+} = \frac{K_w}{c_{OH^-}} = \frac{1 \times 10^{-14}}{1.33 \times 10^{-3}} = 7.5 \times 10^{-12}$$

$$pH = -\lg c_{H^+} = -\lg 7.5 \times 10^{-12} = 11.13$$

答:0.1 mol·L^{-1}氨水溶液的pH值为11.12。

pH值可以通过计算得出,也可以通过实际测定,测定溶液pH值的方法很多,在农业生产和科研工作中,通常采用酸碱指示剂、广泛pH试纸、精密pH试纸等粗略测溶液的pH值,精确测定时用酸度计。溶液的pH值与人类的生产和生活密切相关,人体血液正常pH值为7.35~7.45,各种农作物生长有适宜的pH值范围,小麦适宜的pH值范围为6.2~7.5,玉米适宜的pH值范围为6.5~7.5,柑橘适宜的pH值范围为5.0~6.5,大葱适宜的pH值范围为7.0~7.4,因此需要根据土壤的酸碱性选择合适的种植品种。在大气环境中,当雨水的pH值<5.6时,就成为酸雨,酸雨的形成对生态环境造成危害。

(二)弱酸弱碱的电离平衡

1. 弱酸的电离平衡

弱酸的种类很多,常用的弱酸有HAc、HCOOH、H_3PO_4、H_2CO_3、H_2S、$H_2C_2O_4$等。其中HAc、HCOOH称为一元弱酸,H_3PO_4、H_2CO_3、H_2S、$H_2C_2O_4$称为多元弱酸。弱酸溶液中存在弱酸分子电离成离子的过程和离子重新结合成分子的过程,在一定条件下达到平衡,其平衡常数用K_a表示。例如,醋酸的电离方程式及平衡表示式如下:

$$HAc \rightleftharpoons H^+ + Ac^-$$

$$K_a = \frac{c_{H^+} \cdot c_{Ac^-}}{c_{HAc}}$$

在一定的温度下,对某一弱酸,电离平衡常数K_a是确定的值,其大小可以代表酸的强弱。例如,25℃时,HAc的K_a为1.8×10^{-5},HCOOH的K_a为1.8×10^{-4},因此HCOOH的酸性强于HAc。应用K_a可以计算弱酸溶液中c_{H^+}和溶液的pH,以HAc为例推导如下:

$$HAc \rightleftharpoons H^+ + Ac^-$$

设HAc的起始浓度为c,则起始浓度 c 0 0

平衡浓度 $c - c_{H^+}$ c_{H^+} c_{Ac^-}

$$K_a = \frac{c_{H^+} \cdot c_{Ac^-}}{c_{HAc}}$$

因为$c_{H^+} = c_{Ac^-}$,上式变为:$K_a = (c_{H^+})^2/(c - c_{H^+})$。当弱酸的电离度较小($\alpha \leqslant 5\%$),且$c/K_a \geqslant 400$时,可作近似计算$c - c_{H^+} \approx c$,上式变为:$K_a = (c_{H^+})^2/c$,则,$c_{H^+} = \sqrt{K_a c}$,pH$= -\lg \sqrt{K_a c}$。

例1-3-2 298.15 K时,HAc的电离平衡常数为1.8×10^{-5},计算0.1 mol·L^{-1}的HAc溶液的c_{H^+}、pH值及电离度。

解:因为$c/K_a \geqslant 400$,溶液中氢离子浓度可按近似式计算。

$$c_{H^+} = \sqrt{K_a c} = \sqrt{1.8 \times 10^{-5} \times 0.1} = 1.3 \times 10^{-3} (mol/L)$$

$$pH = -\lg \sqrt{K_a c} = -\lg(1.3 \times 10^{-3}) = 2.87$$

$$\alpha = c_{H^+}/c \times 100\% = 1.3\times 10^{-3}/0.1\times 100\% = 1.3\%$$

当弱酸溶液中 $c/K_a < 400$ 时,需要解一元二次方程求出氢离子浓度。

多元弱酸在溶液中是分级电离的,碳酸的电离平衡如下:

$$H_2CO_3 \rightleftharpoons H^+ + HCO_3^- \qquad K_{a_1} = \frac{c(HCO_3^-)c(H^+)}{c(H_2CO_3)} = 4.2\times 10^{-7}$$

$$HCO_3^- \rightleftharpoons H^+ + CO_3^{2-} \qquad K_{a_2} = \frac{c(CO_3^{2-})c(H^+)^2}{c(HCO_3^-)} = 5.6\times 10^{-11}$$

多元弱酸的电离平衡常数逐级减小,$K_{a_2} \ll K_{a_1}$,因为带有较多负电荷的酸根,比之低价负电荷的酸根对 H^+ 具有更强的静电引力作用,同时,一级电离产生的 H^+ 对二级电离也有一定的抑制作用,多以二级电离比一级电离困难得多。多元多元弱酸中 H^+ 主要由一级电离决定,因此计算时可按一元弱酸处理。几种常用弱酸的电离平衡常数见表 1-3-2。

表 1-3-2 几种常用弱酸的电离平衡常数

CH_3COOH	$CH_3COOH \rightleftharpoons CH_3COO^- + H^+$	1.76×10^{-5}
H_2CO_3	$H_2CO_3 \rightleftharpoons H^+ + HCO_3^-$ $HCO_3^- \rightleftharpoons H^+ + CO_3^{2-}$	$K_1 = 4.31\times 10^{-7}$ $K_2 = 5.61\times 10^{-11}$
H_3PO_4	$H_3PO_4 \rightleftharpoons H^+ + H_2PO_4^-$ $H_3PO_4^- \rightleftharpoons H^+ + HPO_4^{2-}$ $H_3PO_4^{2-} \rightleftharpoons H^+ + PO_4^{3-}$	$K_1 = 7.1\times 10^{-3}$ $K_2 = 6.3\times 10^{-8}$ $K_3 = 4.2\times 10^{-13}$

2. 弱碱的电离平衡

氨水是最常用的弱碱,$NH_3 \cdot H_2O$ 的电离平衡方程式可表示为:

$$NH_3 \cdot H_2O \rightleftharpoons NH_4^+ + OH^-$$

弱碱的电离平衡常数用 K_b 表示

$$K_b = \frac{c_{NH_4^+} \cdot c_{OH^-}}{c_{NH_3 \cdot H_2O}}$$

K_b 数值的大小也可以用来衡量弱碱的强弱,K_b 数值越大,碱性越强,K_b 数值越小,碱性越弱。已知弱碱的浓度和 K_b 值,同样可以计算溶液中离子浓度及溶液的酸碱性。

例 1-3-3 298.15 K 时,$NH_3 \cdot H_2O$ 的电离平衡常数为 1.8×10^{-5},计算 0.1 mol/L 的 $NH_3 \cdot H_2O$ 溶液的 c_{OH^-}、pH 值及电离度。

解:$NH_3 \cdot H_2O$ 的电离平衡 $\qquad NH_3 \cdot H_2O \rightleftharpoons NH_4^+ + OH^-$

设 $NH_3 \cdot H_2O$ 的起始浓度为 C,则起始浓度: $\qquad c \qquad\qquad 0 \qquad 0$

平衡浓度 $\qquad c - c_{OH^-} \qquad c_{NH_4^+} \qquad c_{OH^-}$

$$K_b = \frac{c_{NH_4^+} \cdot c_{OH^-}}{c_{NH_3 \cdot H_2O}}$$

因为 $\qquad c_{NH_4^+} = c_{OH^-}$,上式变为:$K_b = (c_{OH^-})^2/(c - c_{OH^-})$。同弱酸类似,当弱碱的电离度

较小（$\alpha \leqslant 5\%$），且 $c/K_b \geqslant 400$ 时，可作近似计算 $c - c_{OH^-} \approx c$，上式变为：$K_b = (c_{OH^-})^2/c$，则，$c_{OH^-} = \sqrt{K_b c}$，$pOH = -\lg \sqrt{K_b c}$。

代入数值，$c_{OH^-} = \sqrt{K_b c} = (0.1 \times 1.8 \times 10^{-5} = 1.3 \times 10^{-3}$ (mol/L)

$$pOH = -\lg \sqrt{K_b c} = -\lg (1.3 \times 10^{-3}) = 2.87 \qquad pH = 14 - pOH = 11.13$$

$$\alpha = c_{OH^-}/c \times 100\% = 1.3 \times 10^{-3}/0.1 \times 100\% = 1.3\%$$

3. 同离子效应和盐效应

弱酸弱碱溶液的电离平衡体系是动态平衡，当外界条件改变时，平衡发生移动，使弱酸弱碱的电离度发生变化。向弱酸弱碱溶液中加入少量与之含有相同离子的强电解质，促使平衡向生成分子的方向移动，使弱酸弱碱电离度减小的效应称为同离子效应。例如，向醋酸溶液中加入强电解质 NaAc：

$$HAc \rightleftharpoons H^+ + Ac^-$$
$$NaAc \rightleftharpoons Na^+ + Ac^-$$

由于 NaAc 完全电离，溶液中 Ac^- 离子的浓度会大大增加，使溶液中 HAc 的电离平衡向左移动，因而降低了 HAc 的电离度。同样，向氨水中加入强电解质 NH_4Cl：

$$NH_3 \cdot H_2O \rightleftharpoons NH_4^+ + OH^-$$
$$NH_4Cl \rightleftharpoons NH_4^+ + Cl^-$$

NH_4Cl 的加入，使溶液中 NH_4^+ 数量增加，促使溶液中 NH_4^+ 和 OH^- 结合，使溶液中的电离平衡向左移动，因而降低了 $NH_3 \cdot H_2O$ 的电离度。

向弱酸弱碱溶液中加入少量其他强电解质，这些强电解质与元弱酸弱碱不含有相同离子，则会促使平衡向电离的方向移动，使弱酸弱碱电离度增加，这种效应称为盐效应。例如，向醋酸溶液中加入强电解质 NaCl：

$$HAc \rightleftharpoons H^+ + Ac^-$$
$$NaCl \rightleftharpoons Na^+ + Cl^-$$

NaCl 的加入，使溶液中离子的种类和数量大大增加，增加了离子间的相互作用，使溶液中 H^+ 和 Ac^- 的有效浓度降低，促使溶液中 HAc 的电离平衡向右移动，因而增加了 HAc 的电离度。同样，向氨水中加入强电解质 KCl：

$$NH_3 \cdot H_2O \rightleftharpoons NH_4^+ + OH^-$$
$$KCl \rightleftharpoons K^+ + Cl^-$$

KCl 的加入，使溶液中离子的种类和数量大大增加，增加了离子间的相互作用，促使溶液中 NH_4^+ 和 OH^- 的有效浓度降低，使溶液中的电离平衡向右移动，因而增加了 $NH_3 \cdot H_2O$ 的电离度。

（三）盐的水解平衡

溶液的酸碱性取决于溶液中 H^+ 浓度和 OH^- 浓度的相对大小。可溶性盐溶液可能是酸性、碱性或中性,如 NH_4Cl 溶液 pH 值小于 7,显酸性;Na_2CO_3 溶液 pH 值大于 7,显碱性;$NaCl$ 溶液 pH 值等于 7,显中性等,这和组成盐的离子的性质有关。盐溶于水中电离出的离子与水电离出来的 H^+ 或 OH^- 作用生成弱酸或弱碱,破坏了水的电离平衡,使溶液显示酸碱性的反应,称为盐的水解反应,简称盐的水解。

1. 强酸弱碱盐的水解

NH_4Cl 可以看作是由强酸(HCl)和弱碱($NH_3 \cdot H_2O$)中和所生成的盐,类似的还有 $(NH_4)_2SO_4$、$Al(OH)_3$ 等,这类盐在水中完全电离,可与水微弱电离产生的 OH^- 结合成弱电解质,改变了水的电离平衡,使溶液中$[H^+] > [OH^-]$,这类盐的溶液显酸性。

NH_4Cl 水解反应如下:

$$NH_4Cl \Longrightarrow NH_4^+ + Cl^-$$
$$+$$
$$H_2O \Longrightarrow OH^- + H^+$$
$$\Updownarrow$$
$$NH_3 \cdot H_2O$$

由于 NH_4^+ 与水电离出的 OH^- 结合生成弱电解质 $NH_3 \cdot H_2O$,消耗了溶液中的 OH^-,使溶液中$[H^+] > [OH^-]$,因此 NH_4Cl 溶液显酸性。NH_4Cl 的水解方程式表示为:

$$NH_4^+ + H_2O \Longrightarrow NH_3 H_2O + H^+$$

水解平衡常数:

$$K_h = \frac{c_{NH_3 \cdot H_2O} \cdot c_{H^+}}{c_{NH_4^+}} = \frac{K_w}{K_b}$$

可见 NH_4Cl 的水解是一个与 $NH_3 \cdot H_2O$ 的电离常数有关的量,一定温度下,弱碱的 K_b 越大,其相应盐的 K_h 越小,水解程度越小。利用水解平衡常数 K_h 及平衡关系可以计算溶液的$[H^+]$ 及 pH 值。

例 1-3-4 计算 $0.1\ mol \cdot L^{-1}$ 的 $NH_3 \cdot H_2O$ 溶液的 c_{H^+} 及 pH 值。298.15 K 时,$NH_3 \cdot H_2O$ 的电离平衡常数为 1.8×10^{-5}。

解:已知 $NH_3 \cdot H_2O$ 溶液的初始浓度 $c = 0.1\ mol \cdot L^{-1}$,$NH_3 \cdot H_2O$ 的 $K_b = 1.8 \times 10^{-5}$,则

$$K_h = K_w/K_b = 10^{-14}/1.8 \times 10^{-5}\ 5.56 \times 10^{-10}$$

$$NH_4^+ + H_2O \Longrightarrow NH_3 H_2O + H^+$$

起始浓度: c 0   0

平衡浓度:$c - c_{H^+}$ $c_{NH_3 \cdot H_2O}$ c_{H^+}

$$K_h = \frac{c_{NH_3 \cdot H_2O} \cdot c_{H^+}}{c_{NH_4^+}} = \frac{K_w}{K_b}$$

忽略水的电离,则平衡体系中 $c_{NH_3 \cdot H_2O} = c_{H^+}$;$NH_4^+$ 的水解度很小,可近似计算为:$c - c_{H^+} \approx c$,则解常数表示式简化为:$K_h = c_{H^+}^2 / C$,即

$$C_{H^+} = \sqrt{K_h \cdot c} = \sqrt{\frac{K_w}{K_b} \cdot c} = \sqrt{\frac{10^{-4}}{1.8 \times 10^{-5}} \times 10^{-1}}$$

$$= 2.36 \times 10^{-5}$$

$$pH = -\lg 2.36 \times 10^{-5} = 4.69$$

2. 强碱弱酸盐的水解

NaAc 可以看成是由强碱(NaOH)和弱酸(HAc)反应所生成的盐,类似的还有 K_2CO_3、Na_2S 等,这类盐在水中完全电离,可与水微弱电离产生的 H^+ 结合成弱电解质,改变了水的电离平衡,使溶液中$[OH^-] > [H^+]$,这类盐的溶液显碱性。NaAc 的水解反应如下:

$$NaAc \Longrightarrow Na^+ + Ac^-$$
$$+$$
$$H_2O \Longleftrightarrow OH^- + H^+$$
$$\Downarrow$$
$$HAC$$

NaAc 在水中完全电离成 Na^+ 和 Ac^-,Ac^- 与水电离出的 H^+ 结合生成弱电解质 HAc,破坏了水的电离平衡,使溶液中$[OH^-] > [H^+]$,溶液显碱性。可以推导,NaAc 的水解常数也是一个与其相应弱酸(HAc)的 K_b 值有关的量,$K_h = K_w / K_a$,弱酸的 K_a 越小,其相应的盐水解能力越强。利用水解平衡常数 K_h 及平衡关系可以计算溶液的$[OH^-]$及 pH 值。

例 1-3-5 计算 $0.1 \text{ mol} \cdot L^{-1}$ NaAc 溶液的 c_{H^+} 及 pH 值。298.15 K 时,HAc 的电离平衡常数为 1.8×10^{-5}。

解:已知 NaAc 溶液的初始浓度 $c = 0.1 \text{ mol} \cdot L^{-1}$,HAc 的 $K_b = 1.8 \times 10^{-5}$,则

$$K_h = K_w / K_a = 10^{-14} / 1.8 \times 10^{-5} = 5.56 \times 10^{-10}$$

$$Ac^- + H_2O \Longleftrightarrow HAc + OH^-$$

起始浓度: c 0   0

平衡浓度: $c - c_{OH^-}$ c_{HAc} c_{OH^-}

忽略水的电离,则平衡体系中 $c_{HAc} = c_{OH^-}$,NaAc 的水解度很小,可近似计算为:$c - c_{OH^-} \approx c$,则电离常数表示式简化为:$K_h = c_{OH^-}^2 / c$,即

$$c_{OH^-} = \sqrt{K_h \cdot c} = \sqrt{5.56 \times 10^{-10} \times 10^{-1}} = 2.36 \times 10^{-5}$$

$$pOH = -\lg 2.36 \times 10^{-5} = 4.69 \quad pH = 14 - pOH = 9.31$$

3. 弱酸弱碱盐的水解

NH_4Ac、$NHHCO_3$ 等可以看做是弱酸和弱碱组成的盐,这类盐溶于水完全电离,生成的阳离子与水中 OH^- 结合成弱电解质,生成的阴离子与水中的 H^+ 结合生成弱电解质,这类

盐属于双水解，对水的电离平衡影响很大。例如 NH_4Ac 在水溶液中完全电离成 NH_4^+ 和 Ac^-，NH_4^+ 可与水电离出的 OH^- 结合生成弱电解质 $NH_3 \cdot H_2O$，Ac^- 与水中的 H^+ 结合生成弱电解质 HAc，NH_4Ac 水解的离子方程式为：

$$NH_4^+ + Ac^- + H_2O \rightleftharpoons NH_3 \cdot H_2O + HAc$$

弱酸弱碱盐水溶液的酸碱性，主要由水解产生的弱酸和弱碱的相对强度决定，溶液可能显酸性、碱性或中性。

强酸和强碱生成的盐在水中电离出来的阴、阳离子都不能与水电离出来的 H^+ 或 OH^- 结合生成弱电解质，因此，强酸强碱盐不水解，溶液显中性。

（四）缓冲溶液

纯水的 $pH=7$，若向其中加入少量的酸或碱，纯水的 pH 值会变化很大。例如，在 1 L 纯水中加入 1 滴（0.04 mL）1 mol·L^{-1} 的 HCl，溶液的 H^+ 浓度变为 $c_{H^+}=0.04 \times 1 \times 10^{-3}=4 \times 10^{-5}$ mol·L^{-1}，pH 值降低为 4.4；若加入 1 滴（0.04 mL）1 mol·L^{-1} 的 NaOH，溶液的 $c_{OH^-}=0.04 \times 1 \times 10^{-3}=4 \times 10^{-5}$ mol·L^{-1}，pH 值增加为 9.6。可见，少量的外来酸碱对溶液的酸碱性影响很大。而有些溶液体系，加入少量酸碱，对其 pH 值影响不大。做如下的对比实验：

实验 1-3-1 三支试管中各加入 10 mL 水及两滴混合指示剂，向第一支试管中加入 1 滴 1 mol·L^{-1} 的 HCl，向第二支试管中加入 1 滴 1 mol·L^{-1} 的 NaOH，比较三支试管中指示剂的颜色变化。

实验 1-3-2 配制 0.5 mol·L^{-1} 的 HAc 和 0.5 mol·L^{-1} 的 NaAc 混合液 30 mL，平分于三只试管中，各加两滴混合指示剂，向第一支试管中加入 1 滴 1 mol·L^{-1} 的 HCl，向第二支试管中加入 1 滴 1 mol·L^{-1} 的 NaOH，比较三支试管中指示剂的颜色变化。

通过以上两个对比实验可以观察到，由 HAc 和 NaAc 组成的混合溶液体系，加入少量的酸或碱，对其影响不大。将这种具有抵抗少量外来酸碱作用或稀释作用，维持溶液的 pH 值稳定不变的溶液体系称为缓冲溶液。缓冲溶液稳定体系 pH 值的作用称为缓冲作用。缓冲溶液体系中存在着抗酸成分和抗碱成分，通常将这两种成分称为缓冲对，常见的缓冲对有三种类型，即：弱酸-弱酸盐、弱碱-弱碱盐、多元酸盐-其次级盐。

1. 弱酸-弱酸盐缓冲溶液

在弱酸-弱酸盐存在的溶液体系中，弱酸是抗碱成分，弱酸盐是抗酸成分，以 HAc-NaAc 组成的缓冲溶液为例：HAc 是弱电解质，溶液中仅有小部分电离，大部分以 HAc 存在，NaAc 是强电解质，在水溶液中全部电离生成 Na^+ 和 Ac^-：

$$HAc \rightleftharpoons H^+ + Ac^-$$

$$NaAc \longrightarrow Na^+ + Ac^-$$

NaAc 电离出的 Ac^- 因同离子效应会抑制 HAc 的电离，降低其电离度，因此，

HAc-NaAc组成的缓冲溶液中存在大量的Na^+、HAc、Ac^-和少量的H^+和OH^-。当向溶液中加少量酸时,酸中的H^+与Ac^-结合生成难电离的HAc。结果,溶液中的H^+浓度几乎没有增大,溶液的pH值几乎保持不变。Ac^-(NaAc)称为此缓冲溶液的抗酸成分。当向此缓冲溶液加入少量碱时,碱中的OH^-与溶液中的H^+结合成水,使HAc电离平衡向右移动,溶液中的H^+得到补充,使H^+浓度保持稳定,溶液的pH值基本保持不变。溶液中的HAc称为此缓冲溶液的抗碱成分。

HAc-NaAc缓冲溶液满足平衡:

$$HAc \rightleftharpoons H^+ + Ac^-$$

$$K_a = \frac{c_{H^+} \cdot c_{NaAc}}{c_{HAc}} \qquad c_{H^+} = K_a \frac{c_{HAc}}{c_{NaAc}}$$

$$pH = pK_a + \lg c_{NaAc} - \lg c_{HAc}$$

0.1 mol·L^{-1}的HAc和0.1 mol·L^{-1}的NaAc溶液,$c_{H^+} = K_a = 1.8 \times 10^{-5}$,pH=4.7。

向溶液中加入少量酸时,会消耗少量的Ac^-,与H^+结合成HAc,此时溶液中HAc浓度略有增加,Ac^-浓度略有减少,此时溶液中H^+为:

$$c_{H^+} = K_a \frac{c_{HAc} + \sigma}{c_{NaAc} - \sigma}$$

酸的加入对溶液pH值影响很小。

若向溶液中加入少量的碱,消耗少量的H^+与OH^-结合成H_2O,此时溶液中HAc浓度略有减少,Ac^-浓度略有增加,溶液中H^+为:

$$c_{H^+} = K_a \frac{c_{HAc} - \sigma}{c_{NaAc} + \sigma}$$

碱的加入对溶液pH值影响也很小。

2. 弱碱-弱碱盐缓冲溶液

在弱碱-弱碱盐存在的溶液体系中,弱碱是抗酸成分,弱碱盐是抗碱成分,例如$NH_3·H_2O$-NH_4Cl混合溶液体系,$NH_3·H_2O$是弱电解质,溶液中仅有小部分电离,大部分以NH_3存在,NH_4Cl是强电解质,在水溶液中全部电离生成NH_4^+和Cl^-:

$$NH_3·H_2O \rightleftharpoons NH_4^+ + OH^-$$
$$NH_4Cl \rightleftharpoons NH_4^+ + Cl^-$$

在$NH_3·H_2O$-NH_4Cl平衡体系中存在大量的NH_4^+、Cl^-和$NH_3·H_2O$及少量的H^+和OH^-。当向溶液中加少量酸时,酸中的OH^-与H^+结合生H_2O,使$NH_3·H_2O$电离平衡向右移动,溶液中的OH^-得到补充,使H^+浓度保持稳定,溶液的pH值基本保持不变。溶液中的$NH_3·H_2O$称为此缓冲溶液的抗碱成分。当向此缓冲溶液加入少量碱时,碱中的OH^-与溶液中的NH_4^+结合成$NH_3·H_2O$,NH_4^+(NH_4Cl)称为此缓冲溶液的抗酸成分。$NH_3·H_2O$-NH_4Cl缓冲溶液中OH^-及pOH计算公式为:

$$c_{OH} = K_b \frac{c_{NH_3 \cdot H_2O}}{c_{NH_4Cl}}$$

$$pOH = pK_b - \lg c_{NH_3 \cdot H_2O} + \lg c_{NH_4Cl}$$

当向溶液中加入少量酸,$NH_3 \cdot H_2O$ 浓度略有减少,NH_4Cl 浓度略有增加;向溶液中加入少量碱时,$NH_3 \cdot H_2O$ 浓度略有增加,NH_4Cl 浓度略有减少,均对体系 pH 值的影响很小。

当稀释上述溶液时,抗酸成分和抗碱成分的浓度同时减小,对体系的 pH 值仍不构成影响。

3. 多元酸盐缓冲溶液

多元酸及其多元酸盐组成的溶液体系也具有缓冲作用。例如 $NaH_2PO_4 - Na_2HPO_4$ 混合液,在此溶液中:

$$NaH_2PO_4 \Longleftrightarrow Na^+ + H_2PO_4^-$$

$$Na_2HPO_4 \Longleftrightarrow Na^+ + HPO_4^{2-}$$

此溶液体系中存在大量的 Na^+、$H_2PO_4^-$ 和 HPO_4^{2-},存在少量的 H^+ 和 OH^-,其中 $H_2PO_4^-$ 和 HPO_4^{2-} 是缓冲溶液的主要成分。

$$H_2PO_4^- \rightleftharpoons H^+ + HPO_4^{2-}$$

$$c_{H^+} = K_{a_2} \frac{c_{H_2PO_4^-}}{c_{HPO_4^{2-}}}$$

溶液中 H^+ 和 pH 值计算如下:

$$pH = pK_{a_2} - \lg c_{H_2PO_4^-} + \lg c_{NH_4Cl}$$

当向溶液中加入少量酸时,HPO_4^{2-} 会结合 H^+ 生成 $H_2PO_4^-$,$H_2PO_4^-$ 浓度略有增加,HPO_4^{2-} 浓度略有减少,溶液 pH 值不受影响;当向溶液中加入少量碱时,H^+ 会结合 OH^-,生成 H_2O,使平衡向右移动,HPO_4^{2-} 浓度略有增加,$H_2PO_4^-$ 浓度略有减少,溶液 pH 值应然不受影响;加水稀释时,抗酸成分和抗碱成分的浓度同时减小,体系的 pH 值保持。

值得注意的是,缓冲溶液的缓冲能力是有限的,如果向溶液中加入大量的强酸或强碱,将溶液中的抗酸或抗碱成分消耗殆尽,缓冲体系就失去了缓冲作用。常见缓冲溶液及缓冲范围见表 1-3-3。

表 1-3-3 常见缓冲溶液及其 pH 值范围

缓冲溶液名称	酸的存在形态	碱的存在形态	pH 值范围
氨基乙酸- HCl	$^+NH_3CH_2COOH$	$^+NH_3CH_2COO^-$	1.4 ~ 3.4
一氯乙酸- NaOH	$CH_2ClCOOH$	CH_2ClCOO^-	1.9 ~ 3.9
甲酸- NaOH	$HCOOH$	$HCOO^-$	2.8 ~ 4.8
HAc - NaAc	HAc	Ac^-	3.8 ~ 5.8
$NaH_2PO_4 - Na_2HPO_4$	$H_2PO_4^-$	HPO_4^{2-}	6.2 ~ 8.2
$Na_2B_4O_7 - HCl$	H_3BO_3	$H_2BO_3^-$	8.0 ~ 9.0
$NH_4Cl - NH_3$	NH_4^+	NH_3	8.3 ~ 10.3
氨基乙酸- NaOH	$^+NH_3CH_2COO^-$	$NH_2CH_2COO^-$	8.6 ~ 10.6
$NaHCO_3 - Na_2CO_3$	HCO_3^-	CO_3^{2-}	9.3 ~ 11.3
$Na_2HPO_4 - NaOH$	HPO_4^{2-}	PO_4^{3-}	11.3 ~ 12.0

缓冲溶液在科学研究和生产生活实际中都有重要的意义。人体血液中含有 H_2CO_3 - $NaHCO_3$ 等缓冲对,使血液维持在 pH 值为 7.35～7.45 的正常范围内;在微生物实验中,常在含有缓冲溶液的培养基中培养细菌;土壤中也存在着多种缓冲对,如碳酸和碳酸盐、磷酸和磷酸盐、腐植酸和腐植酸盐等。这些缓冲体系的存在,使土壤具有比较稳定的 pH 值,以利于土壤微生物的正常活动和作物的正常生长发育。

二、配位平衡

(一)配位化合物

配位化合物简称配合物,是一类结构比较复杂的化合物,也称为络合物。这类化合物在自然界中广泛存在,天然水体中,重金属离子主要与腐殖质形成配位化合物存在。作为现代化学关注的领域之一,配位化学现已发展成为一门内容丰富的学科,这门新兴的化学学科不仅是十分活跃的前沿学科,而且在生命科学、新材料、尖端科技领域以及国民经济和人民生活各个方面已有了广泛的应用。

1. 配位化合物的组成

配位化合物是由阳离子(或中性原子)与一定数目的中性分子(或阴离子),以配位键结合而成的化合物,如 $[Cu(NH_3)_4]SO_4$、$K_3[Fe(CN)_6]$ 等。

实验 1-3-3 取一只试管,加入 5 mL $CuSO_4$ 溶液,向该 $CuSO_4$ 溶液滴加几滴 NaOH 溶液,有蓝色的碱式硫酸铜沉淀生成。将其等分于两支试管中,第一支试管继续滴加 NaOH 溶液,沉淀增加;第二支试管中加入 $NH_3 \cdot H_2O$,当氨水过量时,则蓝色沉淀消失,变成深蓝色溶液,溶液中生成了配位化合物 $[Cu(NH_3)_4]SO_4$。

在 $[Cu(NH_3)_4]SO_4$ 溶液中,主要存在 SO_4^{2-} 和 $[Cu(NH_3)_4]^{2+}$,Cu^{2+} 离子和 NH_3 分子通过配位键形成了复杂而稳定的 $[Cu(NH_3)_4]^{2+}$ 离子,称为配离子。在 $[Cu(NH_3)_4]^{2+}$ 配离子中,Cu^{2+} 有能接受孤对电子的空轨道,NH_3 中氮原子有孤对电子,氮原子提供一对孤对电子与 Cu^{2+} 共用,像这种由一个原子提供一对孤对电子与其他原子共用形成的共价键称为配位键。Cu^{2+} 与乙二胺形成配合物的结构式为

$$\begin{array}{c} H_2C-H_2N \\ | \\ H_2C-H_2N \end{array} \searrow Cu^{2+} \swarrow \begin{array}{c} NH_2-CH_2 \\ | \\ NH_2-CH_2 \end{array}$$

配合物的结构很复杂,但在组成上一般包括两大部分,即配合物的内界和外界。大多情况下,内界以离子形式存在(即配离子),配合物的特性主要表现在内界上,书写时,用方括号把它们括起来,其余部分作为外界写在方括号之外。外界离子一般为简单离子。如 $[Cu(NH_3)_4]SO_4$,内界是配离子 $[Cu(NH_3)_4]^{2+}$,外界是硫酸根 SO_4^{2-}。内界与外界以离子键结合成电中性的配合物,在水溶液中可以离解。配合物的组成如图 1-3-2 所示。

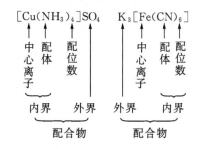

图 1-3-2 配合物的组成

配合物的内界一般也由两部分组成,即中心部分和配位体部分。

(1) 中心离子

从结构上看属于配合物的中央,又称其为配合物的形成体或中心体,一般是有空轨道的金属阳离子,如 Fe^{3+}、Cu^{2+}、Zn^{2+}、Ni^{2+} 等。有些中性原子也可以成为配合物的中心原子,一般为过渡金属原子,如 $[Ni(CO)_4]$ 中的镍原子,$[Fe(CO)_5]$ 中的铁原子,它们形成配位分子。某些高氧化态的非金属原子也可以作为中心原子,如 $[SiF_6]^{2-}$ 中的 Si 原子。

(2) 配位体

在中心离子周围按一定构型排列,并与中心离子形成配位键的分子或离子,称为配位体。配位体可以是阴离子,如 F^-、Cl^-、CN^-、OH^- 等,也可以是中性分子,如 H_2O、NH_3、乙二胺($NH_2-CH_2-CH_2-NH_2$ 简写为 en)等。配位体中能提供孤对电子形成配位键的原子称为配原子,通常是电负性较大的非金属原子,如 N、O、S、C 和卤原子等。按照每个配位体所提供配位原子的个数可将配位体分为单齿(基)配位体和多齿(基)配位体,一个配位体中只含一个配位原子的配位体叫单齿配位体,如 Cl^-、CN^-、NH_3、H_2O 等。含有 2 个以上配位原子的配位体叫多齿配位体,如乙二胺是双齿配位体,乙二胺四乙酸(简称 EDTA)是六齿配位体。

(3) 配位数

与中心离子(原子)直接形成配位键的配原子的总数称为中心离子的配位数。如 $[Cu(NH_3)_4]SO_4$ 中,Cu^{2+} 的配位数为 4,$K_3[Fe(CN)_6]$ 中 Fe^{3+} 的配位数为 6。对于单基配位体,配位数即为配位体的数目,对于多基配位体,中心离子的配位数等于配位体的数目乘以该配位体的配原子数。中心离子可容纳配位体的数目取决于中心离子的结构。常见金属离子的配位数见表 1-3-4。

(4) 配离子的电荷

配离子由中心离子和配位体组成,配离子的电荷取决于中心离子和配位体电荷的代数和。如 $[Fe(CN)_6]^{3-}$,中心离子为 Fe^{3+},电荷是 3,配位体为 CN^-、电荷是 -1,配位数为 6,$[Fe(CN)_6]^{3-}$ 的电荷是 $3+(-1)\times 6=-3$。同样 $[Cu(en)_2]^{2+}$ 电荷是 $2+0\times 2=2$。

配合物与复盐不同,复盐尽管组成复杂,如明矾 $KAl(SO_4)_2 \cdot 12H_2O$,但它们溶于水后全部离解成其组成的简单离子,而配合物则以复杂的配离子存在。

表 1-3-4　常见金属离子的配位数

一价金属离子	配位数	二价金属离子	配位数	三价金属离子	配位数
Cu^+	2、4	Ca^{2+}	6	Al^{3+}	4、6
Ag^+	2	Fe^{2+}	6	Sc^{3+}	6
Au^+	2、4	Co^{2+}	4、6	Cr^{3+}	6
		Ni^{2+}	4、6	Fe^{3+}	6
		Cu^{2+}	4、6	Co^{3+}	6
		Zn^{2+}	4、6	Au^{3+}	4

2. 配位化合物的命名

配位化合物的命名方法与一般无机化合物的命名原则相同,即先阴离子后阳离子。若外界是简单的负离子如 Cl^-、OH^- 等,称作"某化某";若外界是复杂的负离子如 SO_4^{2-}、NO_3^- 等,则称作"某酸某";若外界是正离子,配离子是负离子,则将配阴离子看成是复杂的酸根离子,称作"某酸某"。如 $K_4[Fe(CN)_6]$ 可命名为六氰合铁(Ⅱ)酸钾。

配合物内界配离子的命名方法一般依照如下次序:配位体(个数→名称)→"合"字→中心体(名称→电荷数)。配位体个数用中文数字一、二、三等表示;中心离子(或原子)的电荷数在其名称后加圆括号用罗马数字注明。若配位体不止一种,命名总原则是由简单到复杂。具体顺序是无机配位体在前,有机配位体在后;阴离子配位体在前,中性分子配位体在后;同类配位体按配位原子元素符号的英文字母顺序排列。

下面列举一些配合物的命名:

$[Cu(NH_3)_4]SO_4$	硫酸四氨合铜(Ⅱ)
$K_2[HgI_4]$	四碘合汞(Ⅱ)酸钾
$[Co(NH_3)_4Cl_2]Cl$	氯化二氯四氨合钴(Ⅲ)
$H[AuCl_4]$	四氯合金(Ⅲ)酸
$[Pt(NH_3)_2Cl_2]$	二氯二氨合铂(Ⅱ)
$[Fe(CN)_6]^{3-}$	六氰合铁(Ⅲ)配离子
$[Cu(en)_2]^{2+}$	二乙二胺合铜(Ⅱ)配离子
$[Co(NH_3)_5(H_2O)]Cl_3$	三氯化五氨一水合钴(Ⅲ)

某些常见的配合物,多用习惯命名。如 $[Cu(NH_3)_4]^{2+}$ 称铜氨配离子,$[Ag(NH_3)_2]^+$ 称银氨配离子,$K_4[Fe(CN)_6]$ 称亚铁氰化钾,$K_3[Fe(CN)_6]$ 称铁氰化钾。有时也用俗名,如 $K_3[Fe(CN)_6]$ 称赤血盐,$K_4[Fe(CN)_6]$ 称黄血盐。

3. 螯合物

螯合就是成环的意思,螯合物是由中心离子和多齿配体结合而成的具有环状结构的配合物。

在螯合物的结构中,一定有一个或多个多齿配体提供多对电子与中心体形成配位键,多齿配体像螃蟹一样用两只大钳紧紧夹住中心体,螯合物中形成的环称为螯环,形成螯合物的配体称螯合剂。常见的螯合剂如下:乙二胺(en)(二齿配位)、2,2′-联吡啶(二齿配位)、1,10-二氮菲(二齿配位)、乙二胺四乙酸(EDTA,六齿配位)。作为螯合剂一般必须具备下列两个条件:首先是配体必须含有两个或两个以上都能给出电子对的原子,主要是 O、N、S 等配位原子;二是这两个或两个以上能给出孤对电子的配位原子应该间隔两个或三个其他原子。乙二胺四乙酸与金属离子形成螯合物结构如图 1-3-3 所示。

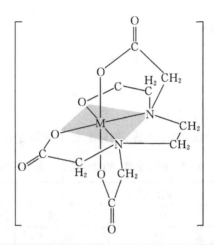

图 1-3-3　乙二胺四乙酸与金属离子形成螯合物结构示意图

(二)配位离解平衡

1. 平衡的建立

如实验 1-3-3 显示,在硫酸铜溶液中加入过量的氨水,就会得到深蓝色透明的溶液,生成了四氨合铜(Ⅱ)配离子,此反应为配合反应:

$$Cu^{2+} + 4NH_3 \rightleftharpoons [Cu(NH_3)_4]^{2+}$$

在 $[Cu(NH_3)_4]^{2+}$ 溶液中加入少量氢氧化钠溶液不会生成氢氧化铜沉淀,这说明 $[Cu(NH_3)_4]^{2+}$ 是相当稳定的。可是在此溶液中加入硫化钠溶液,却生成了溶解度比氢氧化铜小的硫化铜黑色沉淀。这又证明配离子在溶液中能发生离解,只不过离解的趋势很小而已。反应为:

$$[Cu(NH_3)_4]^{2+} \rightleftharpoons Cu^{2+} + 4NH_3$$

$$Cu^{2+} + S^{2-} \longrightarrow CuS\downarrow (沉淀)$$

当 Cu^{2+} 与 NH_3 结合生成 $[Cu(NH_3)_4]^{2+}$ 的速率与 $[Cu(NH_3)_4]^{2+}$ 离解的速率相等时,体系就处于平衡状态,这种平衡称为配位平衡。平衡表示式为:

2. 配位平衡常数

配位平衡是化学平衡的一种表现形式,平衡时各物质浓度之间关系可以用常数表示,通常将配离子的生成常数称为配合物的稳定性常数用 $K_{稳}$ 或 K_f 表示,例如:

$$Cu^{2+} + 4NH_3 \underset{离解}{\overset{配合}{\rightleftharpoons}} [Cu(NH_3)_4]^{2+}$$

$$K_f = \frac{c_{[Ca(NH_3)_4]^{2+}}}{c_{Cu^{2+}} \cdot c_{NH_3}^4}$$

把配离子的离解常数称为不稳定性常数,用 $K_{不稳}$ 表示。

$$K_{不稳} = \frac{c_{Cu^{2+}} \cdot c_{NH_3}^4}{c_{[Cu(NH_3)_4]^{2+}}}$$

显然 $K_{稳}$ 和 $K_{不稳}$ 互为倒数关系。

$$K_{稳} = \frac{1}{K_{不稳}}$$

或

$$\lg K_{稳} = pK_{不稳}$$

稳定常数 K_f 越大,配合物越稳定。

不同的配合物具有不同的稳定性常数,常见配离子的稳定性常数见表 1-3-5。

表 1-3-5 部分金属-EDTA 配位化合物的 $\lg K_{稳}$

阳离子	$\lg K_{MY}$	阳离子	$\lg K_{MY}$	阳离子	$\lg K_{MY}$
Na^+	1.66	Ce^{4+}	15.98	Cu^{2+}	18.80
Li^+	2.79	Al^{3+}	16.3	Ga^{2+}	20.3
Ag^+	7.32	Co^{2+}	16.31	Ti^{3+}	21.3
Ba^{2+}	7.86	Pt^{2+}	16.31	Hg^{2+}	21.8
Mg^{2+}	8.69	Cd^{2+}	16.49	Sn^{2+}	22.1
Sr^{2+}	8.73	Zn^{2+}	16.50	Th^{4+}	23.2
Be^{2+}	9.20	Pb^{2+}	18.04	Cr^{3+}	23.4
Ca^{2+}	10.69	Y^{3+}	18.09	Fe^{3+}	25.1
Mn^{2+}	13.87	VO^+	18.1	U^{4+}	25.8
Fe^{2+}	14.33	Ni^{2+}	18.60	Bi^{3+}	27.94
La^{3+}	15.50	VO^{2+}	18.8	Co^{3+}	36.0

配位平衡是建立在一定条件下的动态平衡,根据化学平衡原理,体系中任一组分浓度的改变,都会使配位平衡发生移动,在新的条件下建立新的平衡。

三、氧化还原平衡

(一)氧化还原反应

氧化还原反应是反应过程中有电子的得失或共用电子对偏移的反应。例如,金属钠与氯气的化合反应：

$$2\overset{\curvearrowright{2e}}{Na+Cl_2}=\!=\!=2Na^++2Cl^-$$

氯酸钾与盐酸的作用：

$$KClO_3+6HCl=\!=\!=3Cl_2\uparrow+KCl+3H_2O$$
（失 $6\times e^-$，得 $6e^-$）

与酸碱反应和配位反应不同，氧化还原反应的机理较为复杂，涉及到电子在不同物之间的转移或偏移，体现在化学反应式中是元素的氧化数发生了变化。

1. 元素的氧化数

氧化数也称为氧化态，可用来表征元素在化合状态时所体现的表观电荷数（形式电荷数）。氧化数可这样定义：在单质或化合物中，假设把每个化学键中的电子指定给所连接的两原子中电负性较大的一个原子，这样所得的某元素一个原子的电荷数就是该元素的氧化数。常用元素的氧化数有下列规定：

① 在单质中元素的氧化数皆为零。

② 除了在过氧化物中，如 H_2O_2 和 Na_2O_2 等，氧的氧化数为 -1，以及在氟化氧中的氧为正氧化数外，氧在其他化合物中的氧化数皆为 -2。

③ 除了在金属氢化物中 H 为 -1 外，氢在其他化合物中的氧化数皆为 $+1$。

④ 碱金属的氧化数是 $+1$，碱土金属的氧化数为 $+2$，氟是电负性最大的元素，在它的全部化合物中都具有 -1 的氧化数，其他卤素，除了与电负性更大的卤素结合时（如 ClF、ICl_3）或与氧结合时具有正的氧化数外，氧化数都为 -1。

根据氧化数规则和常见元素的氧化数，可以方便地计算其他元素的氧化数。

例 1-3-6 计算 Fe_3O_4 和 Fe_2O_3 中 Fe 的氧化数。

解：设 Fe_3O_4 和 Fe_2O_3 中 Fe 的氧化数为 x。已知氧的氧化数为 -2，根据氧化数代数和为零得：

Fe_3O_4 中 Fe 的氧化数为 $\quad 3x+4\times(-2)=0 \quad x=+8/3$

Fe_2O_3 中 Fe 的氧化数为 $\quad 2x+3\times(-2)=0 \quad x=+3$

例 1-3-7 计算 $S_4O_6^{2-}$ 中 S 的氧化数。

解：设 $S_4O_6^{2-}$ 中 S 的氧化数为 x，则

$4x+6\times(-2)=-2 \quad x=+5/2$

氧化数是按一定的规则人为指定的形式电荷的数值，所以氧化数可以为正值、负值，也可以为分数值。在实际使用中，元素的氧化数数值可以用阿拉伯数字标在元素的上方，也可以加括号用罗马数字标于元素后。在较复杂的氧化还原反应中，电子得失数不易计算，但氧

化数的数值很容易得到,所以可以用元素氧化数的变化判断氧化还原反应。

2. 氧化反应和还原反应

氧化还原反应是反应过程中有电子的得失或共用电子对偏移的反应,一个氧化还原反应由氧化反应和还原反应两个半反应组成,其中获得电子(或电子对偏向)的物质,所发生的反应为还原反应,在还原反应过程中,元素的氧化数降低,该物质被称为氧化剂;失去电子(或电子对偏离)的物质,所发生的反应为氧化反应,在氧化反应过程中,元素的氧化数升高,该物质被称为还原剂。氧化反应和还原反应这两个相反的过程同时发生,且还原剂元素氧化数升高的总数必定等于氧化剂元素的氧化数降低的总数。

例如:$H_2SO_3 + 2H_2S \Longrightarrow 3S\downarrow + 3H_2O$

氧化反应:$H_2S - 2e \longrightarrow S + 2H^+$

H_2S 中元素 S 的氧化数由 -2 升高为 0,H_2S 为还原剂。

还原反应:$H_2SO_3 + 4e + 4H^+ \longrightarrow 2S + 3H_2O$

H_2SO_3 中 S 的氧化数由 $+4$ 降低为为 0,H_2SO_3 为氧化剂。

有些氧化还原反应,氧化剂和还原剂为同一种物质,称之为自身氧化还原反应,例如,

$$2KClO_3 \Longrightarrow 2KCl + 3O_2$$

$KClO_3$ 中氯元素起氧化剂作用,被还原;氧元素起还原剂作用,被氧化。

同一物质中同种元素部分原子被氧化,部分原子被还原的反应称为歧化反应。例如,

$$4KClO_3 \Longrightarrow KCl + 3KClO_4$$

3. 氧化还原反应方程式的配平

氧化还原反应比较复杂,除氧化数发生变化的氧化剂与还原剂外,还有其他物质参加。因此,氧化还原反应方程式配平也比较复杂,氧化还原反应方程式常用氧化数法和离子电子法配平。

(1)氧化数法

在氧化还原反应中,氧化剂氧化数降低的数值与还原剂氧化数升高的数值相等,这是利用氧化数法配平氧化还原反应的依据。下面举例说明氧化数法配平氧化还原反应方程式的步骤。

①写出反应物和生成物的化学式。

$$C + HNO_3 \longrightarrow CO_2 + NO_2 + H_2O$$

②标出氧化剂和还原剂元素氧化数的数值,求出氧化数升降的数值。

$$\overset{0}{C} + H\overset{+5}{N}O_3 \longrightarrow \overset{+4}{C}O_2 + \overset{+4}{N}O_2 + H_2O$$

(4−0=4;4−5=−1)

③在氧化剂和还原剂化学式前乘以相应系数,使氧化剂氧化数降低与还原剂氧化数升

高的数值相等。

$$C + 4HNO_3 \longrightarrow CO_2 + 4NO_2 + H_2O$$

④配平氧化数未发生变化的物质的原子数,在配平时先配平其他原子数,最后配平 H、O 原子数,最后检查化学方程式两边的原子数是否相等,再将箭头改为等号。

$$C + 4HNO_3 = CO_2 + 4NO_2 + 2H_2O$$

例 1-3-8 配平高锰酸钾与过氧化氢反应的化学方程式。

①写出化学式标出氧化数。

$$\overset{+7}{K}\overset{}{Mn}O_4 + H_2\overset{-1}{O}_2 + H_2SO_4 \longrightarrow \overset{+2}{Mn}SO_4 + K_2SO_4 + \overset{0}{O}_2 + H_2O$$

②氧化剂还原剂前乘以系数。

$$2KMnO_4 + 5H_2O_2 + H_2SO_4 \longrightarrow 2MnSO_4 + K_2SO_4 + 5O_2 + H_2O$$

③配平其它物质系数。

$$2KMnO_4 + 5H_2O_2 + 3H_2SO_4 = 2MnSO_4 + K_2SO_4 + 5O_2 + 8H_2O$$

(2)离子电子法

在氧化还原反应中,还原剂失去电子发生氧化反应,氧化剂得到电子发生还原反应,一个氧化还原反应是由氧化反应和还原反应组成。可以将氧化还原反应分成氧化反应和还原反应两个半反应。例如 Zn 与 Cu^{2+} 反应两个半反应分别为:

$$Zn \longrightarrow Zn^{2+}$$
$$Cu^{2+} \longrightarrow Cu$$

在氧化还原半反应中,包括同一种元素的两种不同的氧化态,它们被称为氧化还原电对。氧化还原电对中氧化数较大的物质称为氧化型,氧化数较小的称为还原型,通常用氧化型/还原型表示氧化还原电对。上例中的氧化还原电对可表示为 Zn^{2+}/Zn 和 Cu^{2+}/Cu。一个氧化还原反应至少包含两个氧化还原电对。

离子电子法配平氧化还原反应方程式的依据是氧化剂得到电子的总数与还原剂失去电子的总数相等。下面以具体的实例说明离子电子法配平氧化还原反应方程式的步骤。

①根据实验事实写出氧化还原反应的反应物和产物。

$$MnO_4^- + SO_3^{2-} + H^+ \longrightarrow SO_4^{2-} + Mn^{2+} + H_2O$$

②将上述氧化还原反应分别写成氧化反应和还原反应两个半反应。

$$MnO_4^- \longrightarrow Mn^{2+} \text{(还原半反应)}$$
$$SO_3^{2-} \longrightarrow SO_4^{2-} \text{(氧化半反应)}$$

③分别配平氧化反应和还原反应使箭头两边原子数和电荷数相等。

$$8H^+ + MnO_4^- + 5e = Mn^{2+} + 4H_2O$$
$$SO_3^{2-} + H_2O = SO_4^{2-} + 2H^+ + 2e$$

④根据得失电子数相等的原则,将两个半反应式各乘以适当系数,然后将两个半反应式

相加,消去电子数,合并成一个配平的氧化还原反应离子方程式。

$$6H^+ + 2MnO_4^- + 5SO_3^{2-} = 2Mn^{2+} + 5SO_4^{2-} + 3H_2O$$

⑤如果需要可以将氧化还原反应离子方程式改写成化学方程式,改写时反应介质中的酸可以选为硫酸。

$$3H_2SO_4 + 2KMnO_4 + 5K_2SO_3 = 2MnSO_4 + 6K_2SO_4 + 3H_2O$$

用离子电子法配平氧化还方程式时,反应中如果有难溶解或难电离的物质应写成化学式,而不应写成离子。配平半反应时,如果反应前后氧原子数不相等,可以根据反应介质的酸碱性,分别在半反应中加 H^+ 或 OH^- 进行调整。当反应物中氧原子数多于生成物中的氧原子数时,在酸性介质中,反应物加 H^+,生成的产物为 H_2O。在中性或碱性介质中,反应物加 H_2O,相应的生成物为 OH^-;当反应物氧原子数少于产物时,在酸性介质中,反应物加 H_2O 提供氧原子相应生成 H^+,在碱性介质中反应物中加 OH^-,产物为 H_2O。

(二)氧化还原平衡

许多氧化还原反应为可逆反应,相同条件下,既可以向正反应方向进行亦可以向逆反应方向进行。氧化还原反应向进行的程度与相关氧化剂和还原剂强弱有关,氧化剂和还原剂的强弱可用其有关电对的电极电位(E)高低来衡量。若用 Ox 来表示物质的氧化态,用 Red 来代表物质的还原态,氧化态和还原态组成氧化还原电对 Ox/Red。电对的电极电位通过 Nernst 方程式计算。即:

$$E = E^0 + \frac{RT}{nF}\ln\frac{a_{Ox}}{a_{Red}}$$

式中:E——电对的电极电位(V);

E^0——电对的标准电极电位;

T——绝对温度(K);

a——物质的活度;

R——气体常数;

F——法拉第常数;

n——电子转移数。

将以上常数代入上式,将自然对数换算为常用对数,在25 ℃时得:

$$E = E^0 + \frac{0.059}{n}\lg\frac{a_{Ox}}{a_{Red}}$$

在稀溶液中,通常用物质的浓度来代替活度,上式可表示为:

$$E = E^0 + \frac{0.059}{n}\lg\frac{c_{Ox}}{c_{Red}}$$

标准电极电位是在热力学标准状态(即有关物质的浓度为 $1\ mol·L^{-1}$,有关气体的压强为 $10^5\ Pa$)下,以标准氢原子作为参比电极,(即氢的标准电极电位值定为0)某电极与氢标准电极比较的电极电位之差。部分电对的标准电极电位见表1-3-6。

表1-3-6 部分电对的标准电极电位

标准电极电位(E^0,V,20 ℃酸性溶液)

电极反应	E^0/V
最弱氧化剂 ↓ ... 最强氧化剂 　　　　最强还原剂 ↑ ... 最弱还原剂	
$K^+ + e \longrightarrow K$	−2.93
$Ba^{2+} + 2e \longrightarrow Ba$	−2.91
$Ca^{2+} + 2e \longrightarrow Ca$	−2.87
$Mg^{2+} + 2e \longrightarrow Mg$	−2.37
$Zn^{2+} + 2e \longrightarrow Zn$	−0.76
$Fe^{2+} + 2e \longrightarrow Fe$	−0.44
$2H^+ + 2e \longrightarrow H_2$	0
$Cu^{2+} + 2e \longrightarrow Cu$	+0.34
$I_2 + 2e \longrightarrow 2I^-$	+0.54
$Fe^{3+} + e \longrightarrow Fe^{2+}$	+0.77
$Br_2 + 2e \longrightarrow 2Br^-$	+1.08
$Cl_2 + 2e \longrightarrow 2Cl^-$	+1.36
$MnO_4^- + 8H^+ + 5e \longrightarrow Mn^{2+} + 4H_2O$	+1.51
$H_2O_2 + 2H^+ + 2e \longrightarrow 2H_2O$	+1.77
$F_2 + 2e \longrightarrow 2F^-$	+2.87

例如金属锌的电极反应:$Zn^{2+} + 2e \longrightarrow Zn$

其电极电位：

$$E(Zn^{2+}/Zn) = E^0(Zn^{2+}/Zn) - \frac{0.059}{2}\lg c_{Zn^{2+}}$$

高锰酸钾的电极反应：$8H^+ + MnO_4^- + 5e \Longleftrightarrow Mn^{2+} + 4H_2O$

其电极电位：

$$E(MnO_4^-/Mn^{2+}) = E^0(MnO_4^-/Mn^{2+}) = E^0(MnO_4^-/Mn^{2+}) + \frac{0.059}{2}\lg \frac{c_{MnO_4^-} \cdot c_{H^+}^8}{c_{Mn^{2+}}}$$

电对的电极电位越高，其氧化态的氧化能力越强；电对的电极电位越低，其还原态的还原能力越强。

两个相关半反应组成一个完整的氧化还原反应：

$$Ox_1 + Red_2 \Longleftrightarrow Red_1 + Ox_2$$

其电极电位差值越大，说明氧化剂的氧化能力越强，其还原态的还原能力越强，该氧化还原反应进行得越完全；反之，当两电对的电极电位相差越小，该氧化还原反应进行得越不完全。而且随着反应的进行，氧化剂的电极电位不断减小，还原剂的电极电位不断增加，当氧化剂和还原剂的电极电位的电极电位相等时，该氧化还原反应达成平衡状态。利用电对的电极电位数值，可以判断氧化还原反应进行的方向，次序和反应进行的程度。

四、沉淀溶解平衡

严格说来,绝对不溶于水的电解质是不存在的,通常所说的不溶物或沉淀,应该称为难溶物。将难溶物置于水中,会检测到这些物质的离子存在。按照溶解度的大小,可将电解质分为易溶物和难溶物两大类。通常将溶解度小于 0.01 g/100 g 的物质称为难溶物。但对于某些相对分子量较大的物质,即使其溶解度大于上述标准,其在水溶液中的离子浓度也很小,通常也认为是难溶物。

(一)难溶化合物的溶度积

1. 溶度积常数

两种电解质在溶液中生成沉淀的过程称为沉淀反应,沉淀表面的离子受到水分子作用进入溶液的过程称为溶解反应,在难溶电解质的饱和溶液中存在着固相(沉淀)与其液相离子间的平衡,称之为沉淀溶解平衡。

在难溶化合物 A_mB_n 与溶液的平衡体系中,A_mB_n 固体表面的 A^{n+} 及 B^{m-} 在水分子的作用下,一部分进入水中形成水合离子 $A^{n+}(aq)$ 和 $B^{m-}(aq)$,同时这些水合离子在运动中受到固体表面的吸附又可以重新回到固体表面,最终可达成沉淀—溶解平衡:

$$A_mB_n \rightleftharpoons mA^{n+}(aq) + nB^{m-}(aq)$$

若忽略离子强度的影响,上述平衡中离子的浓度关系表示为:

$$K_{sp}(A_mB_n) = c_{A^{n+}}^m \cdot c_{B^{m-}}^n$$

K_{sp} 是饱和溶液中,难溶电解质离子浓度的乘积,称为溶度积常数,简称为溶度积。如难溶化合物 $CaCO_3$ 的沉淀溶解平衡为:

$$CaCO_3 \rightleftharpoons Ca^{2+} + CO_3^{2-}$$

溶度积为 $K_{sp}(CaCO_3) = c_{Ca^{2+}} \cdot c_{CO_3^{2-}}$

难溶化合物 Ag_2CrO_4 的沉淀溶解平衡为:

$$Ag_2CrO_4 \rightleftharpoons 2Ag^+ + CrO_4^{2-}$$

溶度积为 $K_{sp}(Ag_2CrO_4) = c_{Ag^+}^2 \cdot c_{CrO_4^{2-}}$

溶度积是难溶电解质沉淀—溶解平衡的平衡常数,可以通过热力学计算获得,也可以通过实验方法测定。部分难溶电解质的溶度积常数见表 1-3-7。

2. 溶度积与溶解度的关系

溶度积与溶解度都可以表示难溶电解质的溶解情况,但二者概念不同,K_{sp} 是平衡常数的一种形式,溶解度是浓度的一种表示形式,表示一定温度下 1 L 难溶电解质饱和溶液中所含溶质的物质的量。

(1)溶度积与溶解度的相互换算

$$Ag_2CrO_4 \rightleftharpoons 2Ag^+ + CrO_4^{2-}$$

表 1-3-7 部分难溶电解质的溶度积常数

化合物	溶度积表达式	K_{sp}
AgCl	$K_{sp} = c_{Ag^+} \cdot c_{Cl^-}$	1.77×10^{-10}
AgBr	$K_{sp} = [Ag^+] \cdot [Br^-]$	5.35×10^{-13}
AgI	$K_{sp} = [Ag^+] \cdot [I^-]$	8.51×10^{-17}
Ag_2CrO_4	$K_{sp} = c^2_{Ag^+} \cdot c_{CrO_4^{2-}}$	1.12×10^{-12}
$CaCO_3$	$K_{sp} = c_{Ca^{2+}} \cdot c_{CO_3^{2-}}$	4.96×10^{-9}
$CaC_2O_4 \cdot H_2O$	$K_{sp} = c_{Ca^{2+}} \cdot c_{C_2O_4^{2-}}$	2.34×10^{-9}
$Mg(OH)_2$	$K_{sp} = c_{Mg^{2+}} \cdot c^2_{OH^-}$	5.61×10^{-12}
$MgCO_3$	$K_{sp} = c_{Mg^{2+}} \cdot c_{CO_3^{2-}}$	2.38×10^{-6}

例 1-3-1 已知 25 ℃时，Ag_2CrO_4 的溶度积为 1.12×10^{-12}，计算其溶解度。

解：设 Ag_2CrO_4 的溶解度为 x mol/L 则 Ag^+ 浓度为 $2x$ mol·L^{-1}，CrO_4^{2-} 为 x mol·L^{-1}。

$$K_{sp} = C^2_{Ag^+} \cdot C_{CrO_4^{2-}} = (2x)^2 x = 4x^3 = 1.12 \times 10^{-12}$$

$$x = 6.54 \times 10^{-4} \text{ mol} \cdot L^{-1}$$

答：Ag_2CrO_4 的溶解度为 6.54×10^{-4} mol·L^{-1}。

例 1-3-2 已知 25 ℃时，AgCl 的溶解度为 1.33×10^{-5} mol·L^{-1}，计算其 K_{sp}。

$$AgCl \rightleftharpoons Ag^+ + Cl^-$$

解：溶解平衡时：$[Ag^+] = [Cl^-] = 1.33 \times 10^{-5}$ mol·L^{-1}，则：

$$K_{sp} = c_{Ag^+} \cdot c_{Cl^-} = (1.33 \times 10^{-5})^2 = 1.77 \times 10^{-10}$$

答：AgCl 的溶度积常数 K_{sp} 为 1.77×10^{-10}。

（2）利用 K_{sp} 比较溶解度大小

对于组成类型相同的两种难溶电解质，可以直接用 K_{sp} 比较溶解度的大小，K_{sp} 越小的难溶电解质，其溶解度也小。如 AgCl 和 AgBr 在 25 ℃时 K_{sp} 分别为 1.77×10^{-10} 和 5.35×10^{-13}，它们在纯水中溶解度分别为 $[Cl^-] = 1.33 \times 10^{-5}$ mol·L^{-1}，$[Br^-] = 7.31 \times 10^{-7}$ mol·L^{-1}，AgCl 的溶解度大于 AgBr 的溶解度。

对于组成类型不相同的两种难溶电解质，需通过 K_{sp} 来求算溶解度。如 AgCl 和 Ag_2CrO_4 在 25 ℃时 K_{sp} 分别为 1.77×10^{-10} 和 1.12×10^{-12}，$K_{sp}(AgCl) > K_{sp}(Ag_2CrO_4)$，通过前面计算可知，$Ag_2CrO_4$ 在水中的溶解度大于 AgCl。

3. 溶度积规则

在难溶电解质 A_mB_n 溶液平衡体系中 $K_{sp} = [A^{n+}]^m[B^{m-}]^n$，若用 Q 表示任意状态下离子浓度之积，显然 Q 的表示形式与 K_{sp} 相同，$Q = c^m_{A^{n+}} \cdot c^n_{B^{m-}}$，只是 K_{sp} 表示式中离子浓度为平衡浓度，而 Q 表示式中离子浓度为任意状态下浓度，K_{sp} 只是 Q 的状态之一。比较 K_{sp} 和 Q 可以得出如下结论：

①$Q<K_{sp}$，为不饱和溶液，若体系中原来有沉淀，此时沉淀会溶解，直至$Q=K_{sp}$为止；若原来体系中没有沉淀，此时也不会有新的沉淀生成。

②$Q>K_{sp}$为过饱和溶液，体系中的离子会不断生成沉淀，直至$Q=K_{sp}$为止；

③$Q=K_{sp}$为饱和溶液，体系处于沉淀溶解平衡状态。

上述规律称为溶度积规则，也叫溶度积原理，据此可以判断沉淀溶解平衡的方向，也可以讨论沉淀的生成、溶解、转化等问题。

（二）影响沉淀溶解平衡的因素

根据化学平衡的原理，对已经达成沉淀溶解平衡的饱和溶液，改变条件时平衡发生移动，即可改变难溶电解质的溶解度。

1. 同离子效应

在难溶电解质的饱和溶液中，加入含有相同离子的强电解质，会使平衡向着生成沉淀的方向移动，使难溶电解质的溶解度减小，称这种现象为难溶电解质的同离子效应。如 AgCl 在 NaCl 溶液中的溶解度小于其在水溶液中的溶解度。

$$AgCl \rightleftharpoons Ag^+ + Cl^-$$
$$+$$
$$NaCl = Cl^- + Na^+$$

2. 盐效应

在难溶电解质的饱和溶液中，加入含有与难溶电解质不相同离子的强电解质，会使平衡向着沉淀溶解的方向移动，使难溶电解质的溶解度增加，称这种现象为难溶电解质的盐效应。如 $BaSO_4$ 在 NaCl 溶液中的溶解度大于其在水溶液中的溶解度。因为强电解质的加入，离子增多使溶液中的离子强度增加，可以形成沉淀的正负离子结合成沉淀的机会减少，故难溶电解质的溶解度会增加。当加入的物质对难溶电解质同时存在同离子效应和盐效应时，同离子效应对难溶电解质的溶解度的影响要强于盐效应。

3. 酸效应

对于 $CaCO_3$、$Fe(OH)_3$ 等难溶化合物，当溶液 pH 值降低时，会使沉淀溶解平衡向沉淀溶解的方向移动，使难溶化合物的溶解度增加，这种现象称为酸效应。如在 $CaCO_3$ 溶液中入盐酸时，氢离子浓度增加，发生如下反应 $H^+ + CO_3^{2-} \rightleftharpoons HCO_3^-$，降低了溶液中 CO_3^{2-} 的浓度，增加 $CaCO_3$ 的溶解度。

4. 配位效应

在难溶电解质的饱和溶液中，加入含有与难溶电解质的离子形成配合物的物质，会使平衡向着沉淀溶解的方向移动。如在 AgCl 饱和溶液中加入 $NH_3 \cdot H_2O$，会增加 AgCl 沉淀的溶解度。

一、填空题

1. 在水溶液中或熔融状态下能够导电的_____叫做电解质。在水溶液中能全部电离成自由移动离子的电解质是_____,只有部分电离成自由移动离子的电解质是_____。

2. 在弱电解质溶液中,加入少量_____具有相同离子的强电解质时,则弱电解质的电离度会降低,这种现象叫做_____。

3. 碳酸钠水溶液呈_____性,三氯化铁溶液呈_____性,氯化钾溶液呈_____性。

4. 能够抵抗少量外来_____或_____,本身 pH 值几乎保持不变的溶液称为_____溶液。常见缓冲对三种类型分别为_____、_____、_____。

5. 金属离子(或原子)与一定数目的中性分子或阴离子以_____键结合成的_____的复杂离子,称为_____。

6. 配合物[$PtCl_3(NH_3)_3$]Cl 的名称为_____;其内界是_____;外界是_____;中心离子是_____;配位体分别是_____和_____;配位原子分别是_____和_____;中心离子的配位数为_____。

7. 配位平衡常数称为_____,它表示了配离子在水溶液中的_____。

8. 氧化还原反应一定有_____得失或_____。得到电子的物质是_____剂,本身被_____,发生_____反应。失去电子的物质是_____剂,本身被_____,发生_____反应。

9. 单质的氧化数为_____,化合物中各元素氧化数的代数和等于_____,复杂离子氧化数的代数和等于_____。

10. Fe_3O_4、KO_2、Na_2O_2 中各元素的氧化数为_____、_____、_____、_____、_____。

11. 难溶化合物 A_3B_2 的溶度积常数 K_{sp} 的表达式为_____。组成类型相同的难溶电解质,溶度积常数大则溶解度_____。

12. 影响沉淀溶解平衡的主要因素有_____、_____、_____和_____。

13. 难溶电解质溶液离子浓度之积 Q 小于 K_{sp} 时溶液为_____溶液,溶液中的沉淀_____。当 Q 大于 K_{sp} 时溶液为_____溶液,此时溶液中的沉淀会不断_____;当 Q 等于 K_{sp} 时,溶液为_____,体系处于_____状态。

二、判断题

1. 所有的酸、碱、盐类都是强电解质。 (   )

2. 酸碱滴定选择指示剂时,应使指示剂的变色范围在突跃范围内。（ ）

3. 酸性水溶液不含 OH^-,碱性水溶液不含 H^+。（ ）

4. 在一定温度下改变溶液的 pH 值,水的离子积不变。（ ）

5. 在醋酸和醋酸钠组成的缓冲溶液中,醋酸钠是抗碱成分。（ ）

6. 弱电解质越弱电离度越小,溶液越稀电离度越小。（ ）

7. 盐溶液的 pH 值都等于 7。（ ）

8. 将 $NH_3 \cdot H_2O$ 和 NaOH 溶液浓度都稀释为原来的 1/2,则两种溶液中 OH^- 浓度都减少为原来的 1/2。（ ）

9. 人体血液 pH 值维持在 7.35～7.45 的正常范围内,是血液中 H_2CO_3 - $NaHCO_3$ 等的缓冲作用。（ ）

三、选择题

1. 氧化还原反应是（   ）。

   A. 有电子得失的化学反应

   B. 有电子得失或偏移的化学反应

   C. 元素氧化数升高的化学反应

   D. 元素氧化数降低的化学反应

2. 对于氧化还原反应下列叙述正确的是（   ）。

   A. 氧化还原反应一定是化合反应

   B. 氧化还原反应一定是分解反应

   C. 氧化还原反应中一定有元素氧化数发生变化

   D. 以上都不对

3. 对于氧化数下列叙述不正确的是（   ）。

   A. 单质的氧化数为 0

   B. 氧元素的氧化数都为 -2

   C. 碱金属的氧化数在化合物中为 $+1$

   D. 化合物中各元素氧化数的代数和为 0

4. 氯化银的溶解度大于溴化银的溶解度,则两者的溶度积常数关系正确的是（   ）。

   A. $K_{sp}(AgCl) < K_{sp}(AgBr)$ B. $K_{sp}(AgCl) > K_{sp}(AgBr)$

   C. $K_{sp}(AgCl) = K_{sp}(AgBr)$ D. 无法确定

5. 向 AgCl 的饱和溶液中加入 NaCl,AgCl 的溶解度（   ）。

   A. 增大   B. 减小

   C. 不变   D. 无法确定

6. 向 $BaSO_4$ 的饱和溶液中加入 NaCl,$BaSO_4$ 的溶解度（   ）。

A. 增大 B. 减小
C. 不变 D. 无法确定

7. 向 AgCl 的饱和溶液中加入氨水,AgCl 的溶解度增大,主要原因是(　　)。
A. 由于形成$[Ag(NH_3)_2]^+$ B. 由于溶液的碱性增加
C. 由于溶液中有 NH_4^+ D. 以上都对

8. 对 0.001 mol/L 氢氧化钾溶液下列选项错误的是(　　)。
A. $[H^+]=10^{-11}$ mol/L B. $[OH^-]=10^{-3}$ mol/L
C. 溶液里无 OH^- D. pH=11

四、命名下列配合物或写出化学式

1. $K_3[Fe(CN)_6]$；$K_4[Fe(CN)_6]$；$H_2[PtCl_6]$；$[Co(NH_3)_5(H_2O)]Cl_3$；$[PtCl_4(NH_3)_2]$；$[Co(en)_3]Cl_3$。

2. 一氯化二氯·三氨·一水合钴(Ⅲ)；四硫氰酸根·二氨合铬(Ⅲ)酸铵；硫酸一氯·一氨·二(乙二胺)合铬(Ⅲ)；四氯合铂(Ⅱ)酸四氨合铜(Ⅱ)。

五、配平下列化学方程式

1. $KOH + Br_2 \longrightarrow KBrO_3 + KBr + H_2O$
2. $KMnO_4 + S \longrightarrow MnO_2 + K_2SO_4$
3. $KMnO_4 + H_2C_2O_4 + H_2SO_4(稀) \longrightarrow MnSO_4 + CO_2\uparrow + K_2SO_4$
4. $MnO_2 + KClO_3 + KOH \longrightarrow K_2MnO_4 + KCl$
5. $Cr_2O_7^{2-} + SO_3^{2-} + H^+ \longrightarrow Cr^{3+} + SO_4^{2-}$
6. $H_2O_2 + Cr^{3+} + OH^- \longrightarrow CrO_4^{2-} + H_2O$
7. $ClO_3^- + S^{2-} \longrightarrow Cl^- + S + OH^-$

六、计算下列溶液中各种离子的浓度

1. 0.10 mol·L^{-1} HNO_3 溶液。
2. 0.10 mol·L^{-1} H_2SO_4 溶液。
3. 0.10 mol·L^{-1} NaOH 溶液。
4. 0.10 mol·L^{-1} NH_4Cl 溶液。
5. 0.10 mol·L^{-1} HAc 溶液。
6. 0.10 mol·L^{-1} $NH_3·H_2O$ 溶液。
7. 0.10 mol·L^{-1} NaAc 溶液。

模块二 定量分析法

第一单元 定量分析基础

▶ **教学目标**

1. 熟悉分析化学的任务；了解定量分析化学的分类方法和定量分析的一般程序
2. 了解误差的来源、特点，消除或减免误差、提高测定准确度的措施和方法，掌握各种误差和偏差的计算
3. 掌握有效数字的含义及运算规则
4. 掌握可疑值的取舍方法（Q检验法）
5. 了解滴定分析的基本概念和基本原理，熟悉常见的滴定方式、滴定分析对滴定反应的要求及基准物质应具备的条件，掌握有关滴定分析的计算方法

▶ **知识导入**

分析化学是一门基础科学，在国防科技、国民经济领域及日常生活中，分析化学也是一种不可缺少的工具。例如，在人造卫星、核武器的研制等尖端科学领域中，对原子能材料、半导体材料、超纯物质中痕量杂质的分析等要用到分析化学的理论和技术；在工业上，资源的勘探、原料的选择、工艺流程的控制、成品的检验、"三废"的处理、环境的监测及环境质量评价等都必须以分析结果为重要依据；在农牧业上，家禽家畜病理诊断、作物营养诊断及合理施肥、新品种培育、农药残留量的测定、饲料及饲料添加剂的分析等都离不开分析化学，分析化学在农、林、牧业生产和科学研究中起着非常重要的作用。

一、定量分析概述

（一）分析化学的任务

分析化学是研究物质的化学组成的分析方法及有关理论的一门学科，是化学学科的一个重要分支。

分析化学的任务是：

① 确定物质含有哪些组分（元素、离子、基团或化合物）；

②测定物质中有关的含量；

③鉴定物质的分子结构和晶体结构。

前两个任务属于组分分析，后者属于结构分析。工作时，通常应先进行定性分析，待确定被测物质中含有哪些组分后，再根据情况选择适当的方法进行定量分析，以测定其组分的含量，只有在特别需要时才进行结构分析。

（二）分析方法的分类

分析方法可根据分析任务、分析对象、试样用量、测定原理等的不同进行分类。

1. 根据分析任务分为：定性分析和定量分析

定性分析是鉴定物质由哪些元素、原子团、官能团或化合物所组成的。定量分析是测定试样中有关组分的含量。

2. 根据分析对象的化学属性分为：无机分析和有机分析

无机分析的对象是无机化合物，主要是进行组分分析，必要时也进行晶体结构分析。有机分析的对象是有机物，虽然组成有机物的元素数目不多，但其结构复杂、种类繁多，所以，有机分析不仅要做元素或化合物的定性、定量分析，而且进行官能团分析和结构分析。

3. 根据分析时所需试样用量分为：常量分析、半微量分析、微量分析和超微量分析

方　法	试样质量/g	试液体积/mL
常量分析	>0.1	>10
半微量分析	0.01～0.1	1～10
微量分析	0.0001～0.01	0.01～1
超微量分析	<0.0001	<0.01

4. 根据被测组分在试样中的相对含量分为：常量组分分析、微量组分分析和痕量组分分析

方　法	被测组分含量
常量组分分析	>1%
微量组分分析	0.01%～1%
痕量组分分析	<0.01%

5. 根据分析原理的不同分为：化学分析和仪器分析

（1）化学分析法

化学分析法是以物质发生的化学反应为基础的分析方法。主要有重量分析法和滴定分析法，适用于常量组分的分析。

①重量分析法是通过化学反应及一系列操作步骤，使待测组分分离出来或转化为另一种化合物，再通过称量而算得待测组分的含量。

②滴定分析法是将一种已知准确浓度的试剂溶液，通过滴定管滴加到待测物质溶液中，

直到所加试剂恰好与待测组分按化学计量定量反应为止。根据滴加试剂的体积和浓度，计算待测组分的含量。

(2) 仪器分析法

仪器分析法是以物质的物理或物理化学性质为依据的分析方法。由于分析中常用到比较特殊的精密仪器，故称为仪器分析。主要有光学分析法、电学分析法、色谱分析法和其他仪器分析法。

仪器分析法具有快速、操作简单、灵敏度高的特点，适用于微量和痕量组分的测定。

(三) 定量分析的一般程序

定量分析工作一般程序为：

1. 取样

从大量的分析对象中抽取具有代表性的试样作为分析对象的过程称为取样。

取样要做到代表性，即所分析的试样组成能代表整批物料的平均组成，可通过增加采样点和采样量、合理布局采样点和随即采样等处理。一般情况下，采样点不少于5个，每点的采样量不少于200 g，采样点应分布于物料的各个部位，包括上下层、四角、中心，除个别与试样无关的杂物外，不应带主观意识的挑选。将各点取得的样品粉碎后混匀，用四分法从混匀的样品中取适量物质作为试样进行分析。

2. 试样称量和预处理

从供分析的试样中称取进行测定时所需试样的操作称为称样。称取试样的多少，应根据测定方法、所用仪器、被测组分的含量及分析测定的目的和要求等确定。

将试样中的待测成分转变为可测状态的操作称为试样的预处理。预处理主要有分解法和浸提法。分解法又可分为湿法分解和干法分解两种。

试样预处理可根据试样的性质和分析的要求选用适当的方法。

3. 分析测定

根据分析对象、测定的目的和要求，选用合适的分析方法测定待测组分。

4. 分析结果的处理与报告

对分析过程中得到的数据进行分析及处理，计算出试样中被测组分的相对含量。同时对分析结果进行评价，最后写出报告。

(四) 定量分析的误差

定量分析的任务是准确测定试样中待测组分的含量。但在分析过程中，由于分析方法、分析仪器、客观环境和分析者主观条件等多方面因素的限制，使测定结果和试样的真实值间总是存在差值。这个差值称为误差。事实上，即使是一位非常富有经验的分析工作者，使用最精密的仪器，用最完善的分析方法，对同一试样进行多次平行测定，测定结果也不会完全一样。由此可见，误差是客观存在，不可避免的。在实际工作中，作为分析工作者要能够找出误差产生的原因,选择合适的分析手段,使误差减少到最小程度,并采取相应的措施来减小误差,提高分析结果的准确性。

1. 误差的来源和分类

误差按其性质和来源可分为系统误差和偶然误差。

(1) 系统误差

系统误差又称可测误差,是由某些经常的、固定的原因所引起的误差。其特点是:在一定条件下,对分析结果影响比较固定,误差的正负具有单向性、大小具有规律性,重复测定时重复出现,因此系统误差是可测的。

系统误差的主要来源有:

①方法误差:由分析方法本身造成的误差。例如,滴定分析中,反应不完全,滴定终点与理论终点不一致,以及发生其他副反应等。

②仪器误差:由于仪器本身不够准确或未经校正造成的误差。例如,天平两臂不等、砝码质量未校准,容量器皿刻度不准等。

③试剂误差:由于试剂不纯或蒸馏水含有干扰离子或待测组分造成的误差。

④操作误差:一般指正常操作的情况下,由于操作人员主观因素所造成的误差。例如,滴定管读数稍偏高或稍偏低;分辨颜色的能力不够敏锐等所造成的误差。

(2) 偶然误差

偶然误差又称随机误差,是由某些难以控制的偶然因素所引起的误差。例如,测量时环境的温度、湿度、气压的微小波动,仪器性能的微小变化等引起的误差。其特点是:误差的大小、正负是随机的,有时大,有时小,有时正,有时负,表面上看是无规律的,但当消除了系统误差后,多次重复测定时,其中小误差出现的概率大,大误差出现的概率小,大小相等的正误差和负误差出现的概率相等,符合正态分布规律。如图 2-1-1 所示。

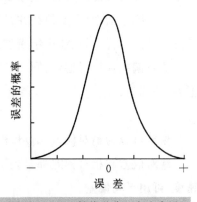

图 2-1-1 偶然误差正态分布图

2. 误差的表示方法

(1) 准确度和误差

准确度是指测定值(x)与真实值(T)之间的符合程度。可用误差(E)来表示,可分为绝对误差和相对误差。

测定值与真实值之差称绝对误差,公式为:

$$E = x - T$$

相对误差(E_r)是指绝对误差与真实值的比值,公式为:

$$E_r = \frac{E}{T} \times 100\%$$

误差越小,表示测定结果越接近真实值,准确度越高;反之,误差越大,准确度越低。误差有正负之分,若测定值大于真实值误差值为正值;反之,误差为负值。

相对误差能反映误差在测定结果中所占的百分率,更能反映测定结果的准确度。

例2-1-1 用分析天平称取A、B两份试样,测定值分别是0.5125 g和5.1250 g,真实值分别为0.5126 g和5.1251 g,计算两者称量的绝对误差和相对误差。

解:

A:绝对误差　　$E = 0.5125 - 0.5126 = -0.0001$ g

相对误差　　$E_r = \dfrac{-0.0001}{0.5126} \times 100\% = -0.02\%$

B:绝对误差　　$E = 5.1250 - 5.1251 = -0.0001$ g

相对误差　　$E_r = \dfrac{-0.0001}{5.1251} \times 100\% = -0.002\%$

从计算结果可知:两份试样的绝对误差相等,但相对误差却相差十倍。由此可见,称量的绝对误差相等时,称量物越重,相对误差越小,准确度越高。

(2)精密度和偏差

精密度是指同一试样平行多次测定结果之间相互符合的程度。它表示了各测定值结果的重现性和再现性,可用偏差来表示。

在实际生活中,真实值往往是不知道的。因此难以用准确度表示结果的可靠程度。对于分析结果的优劣,只能用精密度来衡量。

绝对偏差和相对偏差:同一试样在相同条件下平行测定,各测定结果与平均值之差称为偏差,公式为:

$$d_i = x_i - \overline{x}$$

偏差可分为绝对偏差(d_i)和相对偏差(d_r)。

绝对值差和相对偏差都是表示单次测量结果对平均值的偏差。为了衡量一组数据的精密度,可用平均偏差。

平均偏差($\overline{d}$)是指各次偏差的绝对值的平均值:

$$\overline{d} = \frac{|d_1| + |d_2| + \cdots + |d_n|}{n} = \frac{\sum\limits_{i=1}^{n} |d_i|}{n}$$

式中n为测定次数。取绝对值是为了避免正负值差相互抵消。

相对平均值差($\overline{d_r}$)则是平均偏差占平均值的百分数,公式为:

$$\overline{d_r} = \frac{\overline{d}}{\overline{x}} \times 100\%$$

标准偏差:在一系列测定结果中,总是小偏差占多数,大偏差占少数,如果按总的测定次数求平均偏差,所得结果会偏小,大偏差占少数,如果按总的测定次数求平均偏差,所得结果会偏小,大偏差得不到应有的反映。为了更好地说明数据的分散程度,常用标准偏差来衡量精密度。

在实际测定中,当测定次数较少($n<20$)时,标准偏差用 s 表示:

$$S=\sqrt{\frac{\sum_{i=1}^{n}(x-\bar{x})^2}{n-1}}=\sqrt{\frac{\sum_{i=1}^{n}d_i^2}{n-1}}$$

式中 x 是任何一次测定值,$\bar{x}$ 是 n 次测定的平均值。

用标准偏差更能反映测定结果的精密度。因为将各次测定的偏差平方以后,较大的偏差更显著地反映出来。因而,更清楚地说明数据的离散程度。

例 2-1-2 甲乙两人各自测得一组数据,绝对偏差 d_i 分别为:

甲:+0.3,+0.2,+0.1,0.0,−0.3,+0.4,+0.2,−0.4,−0.3,−0.2

乙:−0.1,0.0,−0.2,+0.7,−0.5,−0.2,+0.3,−0.1,+0.1,+0.2

虽然两者的平均偏差都是 0.24,但乙的测量数据较为分散,其中有两大较大的偏差,用平均偏差表示精密度反映不出这两组数据的差异,如用标准偏差来表示就很清楚了。

甲组数据的标准偏差为:

$$s_1=\sqrt{\frac{(0.3)^2+(0.2)^2+\cdots+(0.2)^2}{10-1}}=0.28$$

乙组数据的标准偏差为:

$$s_2=\sqrt{\frac{(0.1)^2+(0.2)^2+\cdots+(0.2)^2}{10-1}}=0.33$$

可见,甲组数据的精密度要比乙组数据的好。

标准偏差在平均值里所占的百分率称为相对标准偏差,用 S_r 来表示:

$$S_r=\frac{S}{\bar{x}}$$

例 2-1-3 土壤有机质百分含量的测定结果为:1.52、1.48、1.56、1.54、1.55。求平均偏差、相对平均偏差、标准偏差和相对标准偏差。

解:计算数据如下表:

x_i/(%)	$|d_i|$/(%)	d_i^2/(%)
1.52	0.01	0.0001
1.48	0.05	0.0025
1.56	0.03	0.0009
1.54	0.01	0.0001
1.55	0.02	0.0004
$\bar{x}=1.53$	$\sum|d_i|=0.12$	$\sum d_i^2=0.0040$

$$\bar{d} = \frac{\sum_{i=1}^{n} |d_i|}{n} = \frac{0.12}{5} = 0.024(\%)$$

$$\bar{d}_r = \frac{\bar{d}}{\bar{x}} \times 100\% = \frac{0.024}{1.53} \times 100\% = 1.6\%$$

$$S = \sqrt{\frac{\sum_{i=1}^{n} d_i^2}{n-1}} = \sqrt{\frac{0.0040}{5-1}} = 0.032(\%)$$

$$S_r = \frac{S}{\bar{x}} \times 100\% = \frac{0.032}{1.53} \times 100\% = 2.1\%$$

（3）准确度与精密度的关系

准确度表示测定结果与真实值的符合程度，以真实值为标准，而精密度表示各平行测定结果之间的符合程度，它与真实值无关。

图 2-1-2 为同时对某一试样进行测定时所得结果。

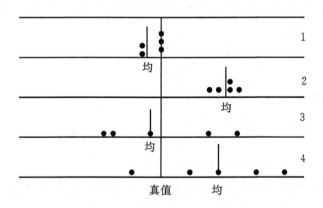

图 2-1-2　准确度和精密度关系示意图

从图可知 1 的分析结果的准确性和精密度均好，结果可靠；2 的分析结果精密度很好，但准确度低；3 的精密度很差，数据的可信度低，虽然其平均值接近真实值，但纯属偶然，结果也不可靠；4 的准确度和精密度都很低。

可见，精密度是保证准确度高的先决条件，准确度高一定要求精密度高。但精密度高，分析结果准确度不一定高。只有在消除系统误差的前提下，精密度高，分析结果的准确度也高。

3. 误差的检验与减免方法

要提高分析结果的准确度和精密度，一定要尽可能地减少系统误差和偶然误差。

（1）系统误差的减免

系统误差的消除要依据误差的来源进行检验和确定减免方法。常用的方法有：

①对照试验：常用已知准确含量的标准试样代替试样，在完全相同的条件下进行测定。

从而估计分析方法的误差,同时引入校正系数来校正分析结果。校正系数的公式为:

$$校正系数 = \frac{标准试样的真实值}{标准试样的测量值}$$

待测组分含量＝校正系数×试样测定值

也可用国家颁布的标准方法或经典方法与所拟定的方法进行对照,或不同实验室、不同分析人员分析同一试样来相互对照。

②空白实验:就是在不加试样的情况下,按照试样分析的操作步骤和条件进行分析,实验的结果称为"空白值",从试样分析结果中扣除空白值,可得到较准确地分析结果。

空白实验可以检验和减免由试剂、蒸馏水不纯,或仪器带入的杂质所引起的误差。空白值一般不应很大,否则应采用提纯试剂或改用适当试剂和选用适当仪器的方法来减小空白值。

③校准仪器:仪器不准引起的误差,可通过校准仪器来减免。如移液管与容量瓶的体积,滴定管的体积,砝码的质量校准等。

在精密测定时,仪器应校准。但在一般分析工作中,由于仪器出厂时已经过检验,可不必校准。

(2)偶然误差的减免

在消除了系统误差的前提下,平行测定次数越多,则分析结果的算术平均值越接近真实值。因此,可以用增加平行测定次数取平均值的方法来减少偶然误差。在测定分析中,通常要求平行测定 3~4 次即可。当分析结果的准确度要求较高时,可增加至 10 次左右。

(五)分析结果的数据处理

1.有效数字及其运算规则

在定量分析中,为了获得准确的分析结果,不仅要准确地进行测定,尽量地减免各种误差,同时还要正确合理地记录数据和进行正确的运算。因此,需要了解有效数字及其运算规则。

(1)有效数字

有效数字是指在分析工作中实际可以测量的数字。它包括所有的准确数字和最后一位估计的可疑数字。它不仅能表示测量值的大小,还能表达测量的精度。例如,用万分之一分析天平称得坩埚的质量为 15.4348 g,则表示该坩埚的质量为 15.4346 g—15.4347 g。因为,分析天平有±0.0001 g 的误差。如将坩埚放在百分之一台秤上称,其质量应为 15.43±0.01 g。因为百分之一台秤的称量精度为±0.01 g。15.43 为四位有效数字。

(2)有效数字位数的确定

1.2040	21.468	五位有效数字
0.3000	25.08	四位有效数字
0.0150	1.50×10^{-5}	三位有效数字
0.0067	5.4	两位有效数字

数字"0"在有效数字中有两种作用,当用来表示与测量精度有关的数值时,是有效数字;当用来指示小数点位置,只做小数点定位用,与测量精度无关时,则不是有效数字。在上列数据中,数字中间的"0"和数字末尾的"0"均为有效数字,而数字前面的"0"只起定位作用,不是有效数字。0.0150 g 有三位有效数字,若以毫克为单位时则为 15.0 mg,数字前面的"0"消失,仍是三位有效数字。

以"0"结尾的正整数,有效数字位数不确定,最好用指数形式来表示。例如 650 这个数,可能是两位或三位有效数字,它取决于仪器的精度。如只精确到两位数字,那么,是两位有效数字,写成 6.5×10^2;如精确到三位数字,则为三位有效数字,写成 6.50×10^2。可见,对于 10^x 指数的有效数字位数的确定,按 10^x 前的数字有几位就是几位有效数字。

分析化学中经常遇到 pH、pM、lgK 等对数值,其有效数字的位数,取决于小数部分数字的位数,因整数部分只说明这个数的方次,如 pH=10.05 是两位有效数字,整数 10 只表明相应真数的方次。

另外,分析化学中常遇到倍数或分数的关系,它们为非测量所得,可视为无限多位的有效数字。

(3) 有效数字的运算规则

① 记录测定结果时,只保留一位可疑数字。

② 有效数字位数确定后,多余的位数应舍弃。通常采用"四舍六入五成双"的原则。即当尾数≤4 时弃去;尾数≥6 时进位;尾数=5 时,则 5 后有数就进位,若无数或为零时,则尾数 5 之前一位为偶数就弃去,若为奇数则进位。

例如,将下列数据修约为四位有效数字:

5.2724→5.272

6.3768→6.377

2.28151→2.282

3.86450→3.864

③ 计算有效数字位数时,如果第一位有效数字大于等于 8,则其有效数字可多算一位。如 9.83 可按四位有效数字计算。

④ 加减运算,几个数字相加或相减时,它们的和或差的有效数字的保留应以小数点后位数最少(即绝对误差最大)的数为准,将多余的数字修约后再进行加减运算。

例如:1.2418+28.1+2.3512,以上三数中,28.1 小数点后位数最少(即绝对误差最大),应以它为依据,先修约再计算。即:1.2+28.1+2.4=31.7。

⑤ 乘除运算,几个数相乘或相除时,它们的积或商的有效数字的保留应以有效数字位数最少(即相对误差最大)的数为准,将多余的数字修约后再进行乘除。

例如:0.0121×25.64×1.05782,以上三个数中,0.0121 有效数字的位数最少(相对误差最大),应以它为依据,先修约再计算。即:0.0121×25.6×1.06=0.328。

⑥在大量数据运算过程中,运算前各数据的有效数字位数可多保留一位,称安全数字,计算完成后再舍去多余的数字。

⑦表示准确度和精密度时一般只取一位有效数字,最多取两位有效数字。

⑧对于高组分含量(>10%)的测定,一般要求分析结果保留四位有效数字;对于中组分含量(1%~10%),一般要求保留三位有效数字;对于低组分含量(<1%),一般要求保留两位有效数字。

2. 可疑值的取舍

在一组平行测定的数据中,常有个别数值与其他数值相差很大,这个值称为可疑值,该可疑值是保留还是舍去,会直接影响到分析结果的准确定,应持慎重态度,仔细查明可疑值出现的原因,是由随机误差引起的或是由于过失引起的。在确定可疑值得出现是由于过失造成的才能舍弃,否则,就要根据随机误差分布规律决定取舍。

比较严格而又使用方便的取舍方法是 Q 值检验法。

当测定次数 n 满足 $3 \leqslant n \leqslant 10$ 时,按下列步骤检验可疑值是否应该舍去:

①将数据由小到大顺序排;

②求出最大值与最小值之差(极差);

③求出可疑值与其最邻近数据之间的差(邻差):$(x_2 - x_1)$ 或 $(x_n - x_{n-1})$;

④求出 Q 值:Q =邻差/极差;

⑤根据测定次数 n 和要求的置信度,查表 7-3 得 Q 表;

⑥将 $Q_{计}$ 与 $Q_{表}$ 比较,若 $Q_{计} \geqslant Q_{表}$,可疑值应舍去;若 $Q_{计} < Q_{表}$,可疑值应保留。

表 2-1-1 舍弃可疑数据的值(置信度 90% 和 95%)

测定次数	3	4	5	6	7	8	9	10
$Q_{0.90}$	0.94	0.76	0.64	0.56	0.51	0.47	0.44	0.41
$Q_{0.95}$	1.53	1.05	0.86	0.76	0.69	0.64	0.60	0.58

例 2-1-4 某测定的 5 次结果为:55.95%,56.00%,56.08%,56.23%,用 Q 检验法确定 56.23% 是否应舍去?(置信度为 90%)

解:$Q = \dfrac{56.23 - 56.08}{56.23 - 55.95} = 0.54$

查表,$n = 5$ 时 $Q_{0.90} = 0.64$

数据 56.23% 应予保留。

二、滴定分析

(一)滴定分析的概念

滴定分析法又称容量分析法,是将一种已知准确浓度的溶液通过滴定管逐滴加到被测物质的溶液中,直至按化学计量关系完全反应为止,然后根据所加溶液的浓度和消耗体积来计算被测物的含量的分析方法。在滴定分析中常用到以下概念:

①标准溶液:已知准确浓度的试剂溶液。在滴定分析中需要根据标准溶液的浓度和用量来计算待测物质的浓度。

②滴定:将标准溶液从滴定管滴加到待测物质溶液中的操作过程。

③理论终点:(或化学计量点):标准溶液与待测物质恰好按化学计量关系反应完全的这一点。

④滴定终点:指示剂刚好发生颜色变化时的转变点。

⑤终点误差:滴定终点与理论终点不一定完全相符,由此产生的相对误差。

⑥指示剂:用于指示化学计量点的试剂。

滴定分析法是化学分析中很重要的一种分析方法。该法具有仪器简单、操作简便、测定快速、准确度较高、应用广泛的优点,主要适用常量组分(质量分数在1%以上)的测定。

(二)滴定分析方法的分类

根据滴定反应类型的不同,滴定分析方法可分为四类,即:酸碱滴定法、氧化还原滴定法、沉淀滴定法和配位滴定法。

①酸碱滴定法:以酸碱反应为基础的滴定分析方法。可用来测定酸、碱以及能直接或间接与酸、碱发生反应的物质的含量。

②氧化还原滴定法:以氧化还原反应为基础的滴定分析方法。可用来测定各种氧化剂、还原剂,以及一些能与氧化剂或还原剂发生定量反应的物质。

③沉淀滴定法:以沉淀反应为基础的滴定分析方法。可用来测定 Ag^+、CN^-、SCN^- 及卤离子的含量。

④配位滴定法:以配位反应为基础的滴定分析方法。可用来测定金属离子的含量。

(三)滴定分析法对滴定反应的要求

用于滴定分析的反应必须符合下列条件:

①反应必须定量地完成。即反应按一定的化学计量关系(要求99.9%以上)进行,没有副反应。这是定量计算的基础。

②反应必须迅速完成。对反应速度较慢的反应,有时可用加热或加入催化剂等方法来加快反应速度。

③有比较简便可靠的确定终点的方法,如有适当的指示剂。

(四)常用的滴定方式

1. 直接滴定法

用标准溶液直接滴定被测物质的方式叫直接滴定法。直接滴定法是滴定分析法中最常用和最基本的滴定方式。例如,用 HCl 标准溶液滴定 NaOH 溶液。用于直接滴定的标准溶液与被测物间的反应应符合对滴定反应的要求。

2. 返滴定法

当滴定反应速度较慢或缺乏合适的指示剂时,可先准确加入过量的一种标准溶液,待其反应完全后,再用另一种标准溶液滴定剩余的前一种标准溶液,这种滴定方式称为反滴定法,又叫剩余量滴定法或回滴定法。例如,用 HCl 测定 $CaCO_3$,可先加入过量的 HCl 标准溶液,待 HCl 和 $CaCO_3$ 反应后再用 NaOH 标准溶液滴定过剩的 HCl,即可求出 $CaCO_3$ 的含量。

3. 置换滴定法

当待测物质与标准溶液的反应不按确定的反应式进行或伴有副反应时,可先用适当的试剂与被测物质起反应,使其置换出一定量能被滴定的物质,然后再用适当的滴定剂滴定,这种滴定方式称为置换滴定法。例如,$Na_2S_2O_3$ 不能直接滴定 $K_2Cr_2O_7$ 及其他强氧化剂。因为在酸性溶液中,$K_2Cr_2O_7$ 可将 $Na_2S_2O_3$ 氧化为 $S_4O_6^{2-}$ 及 SO_4^{2-} 等的混合物,反应没有一定的计量关系,无法进行计算。但在 $K_2Cr_2O_7$ 酸性溶液中加入过量 KI,I^- 被氧化产生定量的 I_2 就可用 $Na_2S_2O_3$ 标准溶液滴定。

4. 间接滴定法

当被测物质不能与标准溶液直接发生反应的物质,有时可以通过另外的化学反应,采用间接滴定方式测定。例如,Ca^{2+} 不能与 $KMnO_4$ 反应,所以用 $KMnO_4$ 不能直接滴定 Ca^{2+}。但可以将 Ca^{2+} 沉淀为 CaC_2O_4,将 CaC_2O_4 过滤,洗净后用 H_2SO_4 溶解,再用 $KMnO_4$ 标准溶液滴定与 Ca^{2+} 结合的 $C_2O_4^{2-}$,从而间接测定 Ca^{2+}。

返滴定法,置换滴定法,间接滴定法等的应用,使滴定分析的应用范围更加广泛。

(五)滴定分析中的标准溶液

滴定分析中无论采用何类测定方法或何种滴定方式,都必须使用标准溶液,因此正确地配置标准溶液及准确地标定其浓度,对于提高分析的准确度至关重要。

1. 标准溶液的配制和标定

标准溶液的配制方法,有直接法和间接法两种。

(1)直接配制法

准确称取一定质量的试剂,溶解后定量地转移到一定体积的容量瓶中定容。然后根据称取试剂的质量和所配制体积,直接算出标准溶液的浓度。

能用于直接配制标准溶液的试剂称为基准物质。基准物质必须符合下列条件:

①纯度高。一般要求纯度在 99.9% 以上,杂质含量少到可以忽略不计。

②组成恒定,与化学式完全相符。若含结晶水,其结晶水的含量也应与化学式完全一致。

③稳定性高。在配制和贮存中不会发生变化,例如不挥发、不吸湿、不变质等。

④具有较大的摩尔质量。这样称取的质量较多些,称量的相对误差较小。

表 2-1-2 列出了一些常用的基准物质。

表 2-1-2 常用的基准物质

基准物名称(分子式)	干燥条件及保存	标定对象
碳酸钠 Na_2CO_3	270~300 ℃;干燥器	酸
硼砂 $Na_2B_4O_7 \cdot 10H_2O$	室温;存 NaCl 和蔗糖饱和溶液的干燥器	酸
邻苯二甲酸氢钾 $KHC_8H_4O_4$	110~120 ℃;干燥器	碱
二水合草酸 $H_2C_2O_4 \cdot 2H_2O$	室温;空气干燥	碱,$KMnO_4$
重铬酸钾 $K_2Cr_2O_7$	140~150 ℃;干燥器	还原剂
草酸钠 $Na_2C_2O_4$	130 ℃;干燥器	氧化剂
金属铜 Cu	酸洗后存室温;干燥器	还原剂
金属锌 Zn	酸洗后存室温;干燥器	EDTA
氯化钠 NaCl	500~600 ℃;干燥器	$AgNO_3$

(2)间接配制法

有许多试剂不易提纯和保存,或组成不固定,因而不能用直接法配制标准溶液,而要用间接配制法。即先配制成接近所需浓度的溶液,再用基准物质(或另一种标准溶液)来测定它的准确浓度。这种利用基准物质来确定标准溶液的操作过程称标定。标定溶液浓度时,可以用下述两种方法:

①用基准物质标定:准确称取一定量的基准物质,溶解后用待标定的溶液滴定,根据基准物质的重量及待标定的溶液所消耗的体积即可计算出待标定溶液的准确浓度。

②与标准溶液进行比较:准确吸取一定量的待标定溶液,用已知准确浓度的标准溶液滴定,根据两种溶液的体积和标准溶液的浓度即可计算出待标定溶液的准确浓度。这种用另一种标准溶液来标定待标定溶液准确浓度的操作过程称为比较。例如,可用 NaOH 标准溶液来标定 HCl 的准确浓度。显然,这种方法没有用基准物质标定好,因此标定时应尽量采用用基准物质标定待标定溶液。

标定时,至少应平行测定 3 次,标定的相对偏差不得超过 0.2%,标定好的标准溶液应妥善保管。

2.标准溶液的浓度表示方法

(1)物质的量浓度

标准溶液的浓度通常用物质的量浓度表示。物质的量浓度是指单位体积溶液中所含溶质的物质的量,用 c_B 表示,单位为 mol/L。

$$c_B = \frac{n_B}{V} = \frac{\frac{m_B}{M_B}}{V} = \frac{m_B}{M_B V}$$

式中：c_B——溶液的物质的量浓度，mol/L；

n_B——溶质的物质的量，g/mol；

V——溶液的体积，L。

(2) 滴定度(T)

滴定度是指 1 mL 滴定剂相当于待测物质的质量，用 $T_{待测物质/滴定剂}$ 表示，单位为 g/mL。

例如，$T_{Fe/K_2Cr_2O_7} = 0.005630$ g/mL，表示每毫升 $K_2Cr_2O_7$ 标准溶液相当于 0.005630 g 铁，如果滴定中消耗 $K_2Cr_2O_7$ 标准溶液 21.35 mL，溶液中铁的质量就能很快求出。即 $0.005630 \times 21.35 = 0.1202$ g。

在生产实践中，对大批试样及分析对象固定的分析，为简化计算，常采用滴定度的表示方法。

(六) 滴定分析的误差

滴定分析的准确度一般要求在 0.1%～0.2% 以内。要达到这样的准确度，就必须了解分析过程中可能出现的误差及减免方法。滴定分析中误差主要有以下三个方面：

1. 称量误差

分析天平每次称量有 ±0.0001 g 的误差，称量一份试样要称量两次，则称量的绝对值误差为 ±0.0002。称量的相对误差则取决于试样的称取质量 m，公式为：

$$称量的相对误差 = \frac{\pm 0.0002 \text{ g}}{m} \times 100\%$$

如果要求称量的相对误差在 ±0.1% 以内，则试样称取质量至少应为：

$$m = \frac{0.0002 \text{ g}}{0.1\%} \times 100\% = 0.2 \text{ g}$$

2. 体积误差

滴定管读数有 ±0.01 mL 的误差。在一次滴定中需要读数两次，有 ±0.02 mL 误差。读数不准引起的相对误差取决于标准溶液使用体积 V，公式为：

$$读数相对误差 = \frac{\pm 0.02 \text{ mL}}{V} \times 100\%$$

如果要求相对误差在 0.1% 以内，则标准溶液用量至少应为：

$$V = \frac{0.02 \text{ mL}}{0.1\%} \times 100\% = 20 \text{ mL}$$

但如果用量超过 50 mL，将增加读数次数和误差。故滴定分析中标准溶液用量一般应在 20～30 mL。

3. 方法误差

方法误差主要是为确定终点而产生的误差，一般有以下几个方面：

①指示剂指示的终点与化学计量点不符合。正确选择指示剂就可以减小这种误差。

②滴定一般不能恰好在化学计量点时结束。溶液是一滴一滴地加入，不可能正好在化

学计量点结束滴定。因此,在接近化学计量点时要半滴半滴地加入。

③指示剂本身要消耗标准溶液。指示剂本身为弱酸或弱碱、氧化剂或还原剂,滴定中要消耗一定量的标准溶液。因此,指示剂的用量不宜太多。

④某些杂质在滴定过程中会消耗标准溶液或产生副反应等。在滴定前应采取掩蔽、分离等方法加以减免。

某些系统误差在标定和测定时同样出现,则可以在一定程度上抵消其影响。因此,应尽可能使标定和测定在相同情况下进行。

(七)滴定分析法的计算

滴定分析的有关计算主要包括配制溶液、确定溶液浓度和分析结果的计算等,主要依据是"等物质的量规则"或"物质的量比规则",两种计算方法的结果是一致的。

①根据"等物质的量规则"计算:这一规则是,在滴定反应 $aA+bB=dD+eE$ 到达化学计量点时,标准溶液 A 和待测物质 B 的物质的量相等,即 $n_A = n_B$。

运用"等物质的量规则"计算,关键在于确定反应物的基本单元。若选 b 为 B 物质的基本单元,则 A 物质的基本单元为 $\frac{a}{b}A$,则达化学计量点时,根据等物质的量规则有:

$$n\left(\frac{a}{b}A\right) = n(B)$$

$$c\left(\frac{a}{b}A\right) \cdot V(A) = \frac{m(B)}{M(B)}$$

则待测物质 B 在试样中的质量分数为:

$$w(B) = \frac{m(B)}{m_s} = \frac{c\left(\frac{a}{b}A\right) \cdot V(A) \cdot M(B)}{m_s} \times 100\%$$

②根据"物质的量比规则"计算:当滴定反应 $aA+bB=dD+eE$ 达到化学计量点时,各物质的量之比等于方程式中化学计量系数之比,此规则为物质的量比规则,即

$$\frac{n(A)}{n(B)} = \frac{a}{b}$$

$$\frac{c(A) \cdot V(A)}{c(B) \cdot V(B)} = \frac{a}{b}$$

$$c(A) \cdot V(A) = \frac{a}{b} \frac{m(B)}{M(B)}$$

则待测物质 B 在试样中的质量分数为:

$$w(B) = \frac{m(B)}{m_s} = \frac{\frac{b}{a}c(A) \cdot V(A) \cdot M(B)}{m_s} \times 100\%$$

$$\frac{b}{a}c(A) = c\left(\frac{a}{b}A\right) \qquad w(B) = \frac{c\left(\frac{a}{b}A\right) \cdot V(A) \cdot M(B)}{m_s}$$

与"等物质的量规则"计算结果相同。可见,用等物质的量规则或物质的量比规则进行含量运算,结果一致。

注:采用等物质的量规则计算时,在表示物质的浓度、摩尔质量时,必须注明基本单元。选择的基本单元不同,浓度就不同。例如,

$c(KMnO_4)=0.10$ mol/L 与 $c(1/5KMnO_4)=0.10$ mol/L 的两种溶液,它们浓度的数值虽然相同,但是,它们表示 1 L 溶液中所含 $KMnO_4$ 的质量是不同的,分别是 15.8 g 和 3.16 g。

1. 关于标准溶液的计算

例 2-1-5 欲配制 0.1000 mol/L 的 Na_2CO_3 标准溶液 500.0 mL,应称取基准物 Na_2CO_3 多少克?

解:$M(Na_2CO_3)=106.0$ g/mol

$$m(Na_2CO_3)=c(Na_2CO_3)V(Na_2CO_3)M(Na_2CO_3)$$
$$=0.1000 \text{ mol/L} \times 0.5000 \text{ L} \times 106.0 \text{ g/mol}$$
$$=5.300 \text{ g}$$

例 2-1-6 称取基准物质 $Na_2C_2O_4$ 201.0 mg,在酸性介质中,用 $KMnO_4$ 溶液滴定至终点,消耗其体积 30.00 mL,计算 $KMnO_4$ 标准溶液的浓度(mol/L)。

解:反应方程式为:

$$2MnO_4^- + 5C_2O_4^{2-} + 16H^+ === 2Mn^{2+} + 10CO_2\uparrow + 8H_2O$$

[解法1] 根据"物质的量比规则"计算:

$$\frac{n(KMnO_4)}{n(Na_2C_2O_4)}=\frac{2}{5}$$

$$c(KMnO_4)=\frac{2}{5}\frac{m(Na_2C_2O_4)}{M(Na_2C_2O_4) \times V(KMnO_4)}$$

$$=\frac{2 \times 201.0 \times 10^{-3} \text{ g}}{5 \times 134.0 \text{ g/mol} \times 30.00 \times 10^{-3} \text{ L}}=0.02000 \text{ mol/L}$$

[解法2] 根据"等物质的量规则"计算:

由于氧化还原反应按转移一个电子的特定组合确定基本单元,所以可选择 $KMnO_4$ 的基本单元为 $\frac{1}{5}KMnO_4$,而 $H_2C_2O_4$ 的基本单元为 $\frac{1}{2}H_2C_2O_4$;在化学计量点时,有下列关系:

$$n\left(\frac{1}{5}KMnO_4\right)=n\left(\frac{1}{2}H_2C_2O_4\right)$$

即

$$c\left(\frac{1}{5}KMnO_4\right) \cdot V(KMnO_4)=\frac{m(Na_2C_2O_4)}{M\left(\frac{1}{2}Na_2C_2O_4\right)}$$

$$c\left(\frac{1}{5}KMnO_4\right)=\frac{m(Na_2C_2O_4)}{M\left(\frac{1}{2}Na_2C_2O_4\right) \cdot V(KMnO_4)}$$

$$= \frac{201.0 \times 10^{-3} \text{ g}}{\frac{1}{2} \times 134.0 \text{ g/mol} \times 30.00 \times 10^{-3} \text{ L}}$$

$$= 0.1000 \text{ mol/L}$$

又因
$$c(KMnO_4) = \frac{1}{5} c\left(\frac{1}{5} KMnO_4\right)$$

所以
$$c(KMnO_4) = \frac{1}{5} \times 0.1000 \text{ mol/} = 0.02000 \text{ mol/L}$$

可见，用两种方法计算 $c(KMnO_4)$ 的结果是一致的。

例 2-1-7 选用邻苯二甲酸氢钾（$KHC_8H_4O_4$）为基准物，标定 $c(NaOH)$ 约为 0.1 mol/L 的溶液，应称取 $KHC_8H_4O_4$ 多少克？若称取 $KHC_8H_4O_4$ 0.5504 g，用去 NaOH 溶液 24.62 mL，求 $c(NaOH)$。

解：以 $KHC_8H_4O_4$ 为基准物，其滴定反应为：

$$KHC_8H_4O_4 + NaOH = KNaC_8H_4O_4 + H_2O$$

已知 $M(KHC_8H_4O_4) = 204.2$ g/mol，$c(NaOH) = 0.1$ mol/L，$b/a = 1$，且滴定时为了减小滴定误差，一般将消耗标准溶液体积控制在 20～30 mL 之间，则

$$m(KHC_8H_4O_4) = c(NaOH) V(NaOH) M(KHC_8H_4O_4)$$
$$= 0.1 \text{ mol/L} \times 20 \times 10^{-3} \text{ L} \times 204.2 \text{ g/mol}$$
$$= 0.4 \text{ g}$$

$$m(KHC_8H_4O_4) = c(NaOH) V(NaOH) M(KHC_8H_4O_4)$$
$$= 0.1 \text{ mol/L} \times 30 \times 10^{-3} \text{ L} \times 204.2 \text{ g/mol}$$
$$= 0.6 \text{ g}$$

由计算知，$KHC_8H_4O_4$ 的称量范围为 0.4～0.6 g。

根据 $n(KHC_8H_4O_4) = n(NaOH)$

则
$$\frac{m(KHC_8H_4O_4)}{M(KHC_8H_4O_4)} = c(NaOH) \cdot V(NaOH)$$

$$c(NaOH) = \frac{m(KHC_8H_4O_4)}{M(KHC_8H_4O_4) \cdot V(NaOH)} = \frac{0.5504 \text{ g}}{204.2 \text{ g/mol} \times 24.62 \times 10^{-3} \text{ L}}$$
$$= 0.1095 \text{ mol/L}$$

2. 分析结果的计算

例 2-1-8 滴定 0.1660 g 草酸试样，用去 $c(NaOH) = 0.1011$ mol/L 的溶液 22.60 mL，求草酸试样中 $H_2C_2O_4 \cdot 2H_2O$ 的质量分数。

解：滴定反应式为：

$$H_2C_2O_4 + 2NaOH = Na_2C_2O_4 + 2H_2O$$

$$n(H_2C_2O_4) : n(NaOH) = 1 : 2$$

已知 $M(H_2C_2O_4 \cdot 2H_2O) = 126.07$ g/mol，则

$$w = \frac{\frac{1}{2}c(\text{NaOH})V(\text{NaOH})M(\text{H}_2\text{C}_2\text{O}_4 \cdot 2\text{H}_2\text{O})}{m_s} \times 100\%$$

$$= \frac{\frac{1}{2} \times 0.1011 \text{ mol/L} \times 22.60 \times 10^{-3} \text{ L} \times 126.07 \text{ g/mol}}{0.1660 \text{ g}} = 86.76\%$$

例 2-1-9 分析不纯的 CaCO_3（其中不含干扰物质），称取试样 0.3000 g，加入浓度为 0.2500 mol/L 的 HCl 标准溶液 25.00 mL。煮沸除去 CO_2，用浓度为 0.2012 mol/L 的 NaOH 标准溶液返滴定过量的 HCl 溶液，消耗体积 5.84 mL。试计算试样中 CaCO_3 的质量分数。

解：此题属于返滴定法计算，涉及反应为：

$$\text{CaCO}_3 + 2\text{HCl} \rightleftharpoons \text{CaCl}_2 + \text{H}_2\text{O} + \text{CO}_2 \uparrow$$

$$\text{HCl} + \text{NaOH} \rightleftharpoons \text{NaCl} + \text{H}_2\text{O}$$

由于 $n(\text{CaCO}_3):n(\text{HCl})=1:2$，依题意知实际与待测组分 CaCO_3 发生反应的 HCl 的物质的量 $n(\text{HCl})$ 实际为：

$$n(\text{HCl})_{实际} = n(\text{HCl})_{总} - n(\text{NaOH}) = c(\text{HCl}) \cdot V(\text{HCl}) - c(\text{NaOH}) \cdot V(\text{NaOH})$$

$$= (0.2500 \text{ mol/L} \times 25.00 \text{ mL} - 0.2012 \text{ mol/L} \times 5.84 \text{ mL}) \times 10^{-3}$$

$$= 0.00508 \text{ mol}$$

而 CaCO_3 物质的量 $n(\text{CaCO}_3) = \frac{1}{2}n(\text{HCl})_{实际}$

所以

$$m(\text{CaCO}_3) = \frac{1}{2}n(\text{HCl})_{实际} \cdot M(\text{CaCO}_3)$$

$$w(\text{CaCO}_3) = \frac{m(\text{CaCO}_3)}{m_2} = \frac{\frac{1}{2}n(\text{HCl})_{实际} \times M(\text{CaCO}_3)}{m_s} \times 100\%$$

$$= \frac{\frac{1}{2} \times 0.00508 \text{ mol} \times 100.09 \text{ g/mol}}{0.3000 \text{ g}} \times 100\%$$

$$= 84.7\%$$

例 2-1-10 用 KMnO_4 法测定某石灰中（CaCO_3）的含量。称取试样 0.1651 g 溶于酸，加入过量$(\text{NH}_4)_2\text{C}_2\text{O}_4$ 使 Ca^{2+} 生成 CaC_2O_4 沉淀，将沉淀过滤洗涤后用 10% 的 H_2SO_4 完全溶解后，用浓度为 0.03025 mol/L 的 KMnO_4 标准溶液进行滴定，终点时消耗 KMnO_4 标准溶液 21.00 mL。试计算石灰石中 CaCO_3 的含量。

解：有关反应式为：

$$\text{Ca}^{2+} + \text{C}_2\text{O}_4^{2-} \rightleftharpoons \text{CaC}_2\text{O}_4 \downarrow$$

$$\text{CaC}_2\text{O}_4 + 2\text{H}^+ \rightleftharpoons \text{Ca}^{2+} + \text{H}_2\text{C}_2\text{O}_4$$

$$5\text{H}_2\text{C}_2\text{O}_4 + 2\text{MnO}_4^- + 6\text{H}^+ \rightleftharpoons 2\text{Mn}^{2+} + 10\text{CO}_2 \uparrow + 8\text{H}_2\text{O}$$

由以上反应可知 $CaCO_3$ 与 $KMnO_4$ 的物质的量之间的关系为：

$$n(CaCO_3)=n(C_2O_4^{2-})=n(H_2C_2O_4)=\frac{5}{2}n(KMnO_4)$$

即 $\frac{b}{a}=\frac{5}{2}$，$M(CaCO_3)=100.09 \text{ g/mol}$

则

$$w(CaCO_3)=\frac{\frac{5}{2}\times 0.03025 \text{ mol/L}\times 21.00\times 10^{-3} \text{ L}\times 100.09 \text{ g/mol}}{0.1651 \text{ g}}\times 100\%$$
$$=96.28\%$$

1. 分析化学的任务是什么？它包括哪几个部分？
2. 分析方法分类的主要依据有哪些？如何分类？
3. 系统误差和偶然误差的来源有哪些？如何减免？
4. 为什么说分析结果的准确度高，一定要精密度高，而精密度高，准确度不一定高？
5. 什么是滴定分析法？主要有哪几种类型？
6. 什么是标准溶液、滴定、理论终点和滴定终点、终点误差、基准物质？
7. 下列情况各引起什么误差？如果是系统误差，应采取什么方法减免？

(1) 天枰两臂不等长；

(2) 试剂中含微量被测组分；

(3) 天平零点稍有变动；

(4) 滴定管读数时，最后一位估测不准；

(5) 称量时，试样吸收了空气中的水分；

(6) 滴定管与移液管不配套。

8. 用氧化还原滴定法测得 $FeSO_4 \cdot 7H_2O$ 中铁的质量分数为 20.08%，20.03%，20.06% 和 20.05%，试计算其平均值、绝对误差、相对误差、平均偏差、相对平均偏差、标准偏差及相对标准偏差。

9. 下列有效数字的位数分别为多少？

0.0568，10.005，0.2000，0.0040，3.25×10^{-6}，60.02%，$pH=10.25$，3600

10. 有效数字运算规则，计算：

(1) $1.080+0.06974-0.0015$；

(2) $34.6834\times 0.0016\times 6.700\times 103$；

(3) $14.78\times 3.00\times 104\times 1.000\times 10-2$；

(4) $13.78\times 0.852+8.6\times 10-5-4.92\times 0.00112$；

(5) $\dfrac{5.645 \times 0.565}{26.40 \times 4.8164}$;

(6) pH$=3.65$，$c(H^+)=$？

11. 某试样中锌的质量分数四次平行测定结果为 25.61%，25.53%，25.54% 和 25.82%，用 Q 检验法判断是否有可疑值应舍弃（置信度 90%）。

12. 标定 0.10 mol/L 左右的 NaOH 溶液，欲消耗 NaOH 溶液的体积在 25 mL 左右，应称取基准物质邻苯二甲酸氢钾 $KHC_8H_4O_4$ 约多少克？

13. 称取 $H_2C_2O_4 \cdot 2H_2O$ 基准物质 0.1807 g，用 NaOH 溶液滴定用去 28.75 mL。计算 NaOH 溶液的物质的量浓度。

14. 用 0.0967 mol/L 的 NaOH 标准溶液滴定 20.35 mL 的 HCl 溶液，终点时用去 19.89 mL。计算 HCl 溶液的物质的量浓度。

15. 分析不纯的 $CaCO_3$（其中不含干扰物质），称取试样 0.5000 g，加入浓度为 0.2284 mol/L 的 HCl 标准溶液 50.00 mL，待 $CaCO_3$ 与 HCl 作用完全后。煮沸除去 CO_2，用浓度为 0.2307 mol/L 的 NaOH 标准溶液返滴定过量的 HCl 溶液，消耗体积 10.23 mL。计算试样中 $CaCO_3$ 的质量分数。

16. 碳酸镁试样 0.1869 g 溶于 48.50 mL 的 0.1000 mol/L 的 HCl 溶液中，反应结束后，过量的 HCl 需要 4.00 mL 的 NaOH 溶液滴定。已知 30.00 mL 的 NaOH 溶液恰好与 35.00 mL 的 HCl 溶液完全反应，试问试样中 $MgCO_3$ 的百分比含量。

第二单元　酸碱滴定法

▶ **教学目标**

1. 了解不同类型的酸碱滴定过程中 pH 值的变化情况
2. 掌握酸碱指示的变色原理、变色范围、变色点等概念
3. 了解酸碱滴定曲线概念及绘制并掌握酸碱指示剂的选择原则
4. 掌握 pH 值突跃范围及影响突跃范围大小的因素
5. 掌握酸碱标准溶液的配制和标定方法
6. 了解酸碱滴定在实际中的应用

▶ **知识导入**

酸碱滴定法是酸碱反应为基础的滴定分析方法，又称中和法。可以测定一般的酸、碱以及能与酸、碱直接或间接发生反应的大多数物质。所以，酸碱滴定法是应用较为广泛的一种滴定分析方法。

在农、林、牧业分析中，常用酸碱滴定法测定土壤、肥料、果品等样品的酸碱度、氮、磷的含量，农药中游离酸及某些农药的含量。

一、酸碱指示剂

酸碱指示剂是指能够利用自身颜色的改变来指示溶液 pH 值变化的物质。酸碱滴定过程中，一般溶液本身没有明显的外观变化，常借助酸碱指示剂的颜色变化来指示终点。

1. 酸碱指示剂的变色原理

酸碱指示剂大部分是有机弱酸或弱碱，其共轭酸碱对具有不同的结构，且呈现不同的颜色。当溶液 pH 值发生改变时，由于指示剂本身结构上的变化，从而引起颜色的变化，这就是酸碱指示剂变色的原理。

例如，酚酞指示剂是有机弱酸，在水溶液中有如下平衡和颜色变化：

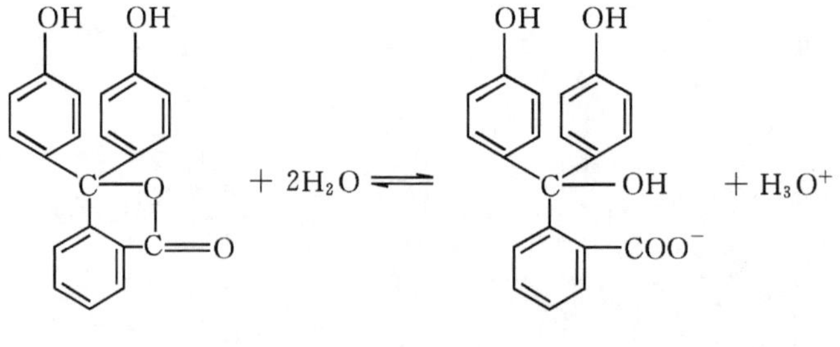

无色（内脂式）　　　　　　　　　无色

$$\text{无色} \quad \underset{H^+}{\overset{OH^-}{\rightleftharpoons}} \quad \text{红色(醌式)} + H_2O$$

从此平衡关系可以看出,增大溶液的酸度,平衡向左移动,酚酞以无色形式存在;降低溶液的酸度,平衡向右移动,转化成醌式结构显红色。但在浓碱溶液中,酚酞又转变为无色的羧酸盐式离子形式。使用时,一般配成0.1%或1.0%的酒精溶液。

2. 指示剂的变色范围

为了简便起见,通常用HIn表示弱酸指示剂,用In^-表示弱碱指示剂。

以弱酸指示剂为例,进一步讨论指示剂颜色的变化与溶液酸度的关系,讨论如下:

$$HIn \rightleftharpoons H^+ + In^-$$

$$K_{HIn} = \frac{[H^+][In^-]}{[HIn]}$$

$$[H^+] = K_{HIn} \cdot \frac{[HIn]}{[In^-]}$$

$$pH = pK_{HIn} - \lg\frac{[HIn]}{[In^-]}$$

式中K_{HIn}为指示剂的解离常数;[HIn]和$[In^-]$分别为指示剂的酸式和碱式的浓度。

由上式可知,在一定的温度下,比值$\frac{[HIn]}{[In^-]}$仅是$[H^+]$的浓度的函数,即酸碱指示剂的颜色变化取决于$[H^+]$。当溶液的pH值发生任何变化都会引起溶液颜色的变化,但由于人眼分辨颜色的能力有限,不是任何微小的变化都能察觉到。一般来说,$\frac{[HIn]}{[In^-]} \geqslant 10$时,只能看到其酸式颜色;$\frac{[HIn]}{[In^-]} \leqslant \frac{1}{10}$时,只能看到其碱式颜色;$pK_{HIn}+1 \geqslant pH \geqslant pK_{HIn}-1$时,指示剂呈酸式碱式的混合色;$\frac{[HIn]}{[In^-]} = 1$时,两者浓度相等,此时$pH = pK_{HIn}$,称为指示剂的理论变色点。

因此,当溶液的pH值由$pK_{HIn}-1$变化到$pK_{HIn}+1$或从$pK_{HIn}+1$变化到$pK_{HIn}-1$时,人的肉眼才能观察到指示剂的颜色变化。所以,$pH = pK_{HIn} \pm 1$就是指示剂变色的pH值范围,称为指示剂的变色范围。不同的指示剂由于pK_{HIn}不同,故它们的变色范围也各不相同。

实际上,指示剂的实际变色范围和理论变色范围之间是有差异的。这主要是由于指示剂的变色范围是人目视而来的,而人眼对各种颜色的敏感程度不同,加上两种颜色的互相掩盖及颜色强度的差别所造成的。

例如，甲基橙的 $K_{HIn}=4\times10^{-4}$，$pK_{HIn}=3.4$，理论变色范围为 2.4～4.4，而实际范围为 3.1～4.4。

当 pH=3.1 时，$[H^+]=8\times10^{-4}$ mol/L

$$[HIn]/[In^-]=[H^+]/[K_{HIn}]=\frac{8\times10^{-4}}{4\times10^{-4}}=2$$

当 pH=4.4 时，$[H^+]=4\times10^{-5}$ mol/L

$$[HIn]/[In^-]=[H^+]/[K_{HIn}]=\frac{4\times10^{-5}}{4\times10^{-4}}=\frac{1}{10}$$

可见，当 $[HIn]/[In^-]\geq2$ 时，就能看到酸式色（红色），而 $[In^-]/[HIn]\geq10$ 时，才能看到碱式色（黄色）。产生这种差异的原因是由于人眼对红色较黄色更为敏感的缘故。

常见的酸碱指示剂及变色范围见表 2-2-1。

表 2-2-1 常见的酸碱指示剂及变色范围

指示剂	变色范围	颜色变化	pK_{HIn}	浓 度
百里酚蓝	1.2～2.8	红～黄	1.62	0.1%的20%乙醇溶液
甲基黄	2.9～4.0	红～黄	3.25	0.1%的90%乙醇溶液
甲基橙	3.1～4.4	红～黄	3.45	0.1%的水溶液
溴酚蓝	3.0～4.6	黄～紫	4.1	0.1%的20%乙醇溶液或其钠盐水溶液
溴甲酚绿	4.0～5.6	黄～蓝	4.9	0.1%的20%乙醇溶液或其钠盐水溶液
甲基红	4.4～6.2	红～黄	5.0	0.1%的60%乙醇溶液或其钠盐水溶液
溴百里酚蓝	6.2～7.6	黄～蓝	7.3	0.1%的20%乙醇溶液或其钠盐水溶液
中性红	6.8～8.0	红～黄橙	7.4	0.1%的60%乙醇溶液
苯酚红	6.8～8.4	黄～红	8.0	0.1%的60%乙醇溶液或其钠盐水溶液
酚酞	8.0～10.0	无～红	9.1	0.2%的90%乙醇溶液
百里酚蓝	8.0～9.6	黄～蓝	8.9	0.1%的20%乙醇溶液
百里酚酞	9.4～10.6	无～蓝	10.0	0.1%的90%乙醇溶液

3. 混合指示剂

指示剂的变色范围越窄，变色越敏锐，越有利于提高测定结果的准确度。而单一指示剂一般变色范围较宽，变色不敏锐，且变色过程中有过渡色，不易于辨别颜色的变化。混合指示剂具有变色范围窄，变色敏锐等优点。

混合指示剂一般有两种配制方法：

①由一种指示剂和一种惰性染料（不随 pH 值变化而变化）混合而成。例如，甲基橙由红色变为橙色不易观察，特别是在灯光下更困难，如将甲基橙和染料靛蓝混合，则 pH 值从 3.1→4.4 时，由紫色变为绿色，非常敏锐。

②将两种以上指示剂按一定比例混合而成。例如,溴甲酚绿与甲基红混合后,pH 值从 4.0→6.2 时,由橙色变为绿色。

常见的酸碱混合指示剂及配制见表 2-2-2。

表 2-2-2　常见的酸碱混合指示剂及配制

指示剂组成	配制比例	酸色－碱色	变色点	浓　度
1 g/L 甲基黄溶液 1 g/L 次甲基蓝酒精溶液	1∶1	蓝紫～绿	3.25	pH=3.4 绿色,pH=3.2 蓝紫色
1 g/L 甲基橙水溶液 2 g/L 靛蓝二磺酸水溶液	1∶1	紫～黄绿	4.1	
1 g/L 溴甲酚绿酒精溶液 1 g/L 甲基红酒精溶液	1∶3	酒红～绿	5.1	
1 g/甲基红酒精溶液 1 g/L 次甲基蓝酒精溶液	2∶1	红紫～绿	5.4	pH=5.2 红紫,pH=5.4 暗蓝, pH=5.6 紫
1 g/L 溴甲酚绿钠盐水溶液 1 g/氯酚红钠盐水溶液	1∶1	黄绿～蓝紫	6.1	pH=5.2 红紫,pH=5.4 暗蓝, pH=5.6 紫
1 g/L 中性红酒精溶液 1 g/L 次甲基蓝酒精溶液	1∶1	蓝紫～绿	7.0	pH=7.0 蓝紫
1 g/L 甲酚红钠盐水溶液 1 g/L 百里酚蓝钠盐水溶液	1∶3	黄～紫	8.3	pH=8.2 玫瑰红,pH=8.4 紫
1 g/L 百里酚蓝 50% 酒精溶液 1 g/L 次甲基蓝酒精溶液	1∶3	黄～紫	9.0	从黄到绿再到紫
1 g/L 百里酚酞酒精溶液 1 g/L 茜素黄酒精溶液	2∶1	黄～紫	10.2	

二、酸碱滴定曲线及指示剂的选择

酸碱滴定分析,就是通过滴定测出样品中的[H^+]和[OH^-]的量,从而求出被测物质的含量。所以,除了掌握酸碱指示剂的变色原理和变色范围外,还必须掌握在酸碱滴定过程中溶液 pH 值的变化规律,尤其是化学计量点及其前后相对误差±0.1%间的 pH 值的变化。溶液的 pH 值可以利用酸度计测定,也可用公式进行计算。如果以滴定剂的加入量为横坐标,溶液的 pH 值为纵坐标作图,即得酸碱滴定曲线。根据滴定曲线,可以清楚地了解溶液 pH 值的变化,判断被测物质能否被准确滴定,从而选择合适的指示剂正确指示终点。下面我们分别讨论各种常见类型的酸碱滴定曲线。对于弱酸弱碱的直接相互滴定,一般误差较大,实际用的不多,故不与讨论。

1. 一元强酸(碱)的滴定

强酸强碱滴定的基本反应为：
$$H^+ + OH^- = H_2O$$

现以 0.1000 mol/L 的 NaOH 滴定 20.00 mL 的 0.1000 mol/L HCl 为例，讨论强酸强碱相互滴定时的滴定曲线和指示剂的选择，滴定过程中溶液 pH 值的变化如下：

(1) 第一阶段：滴定前

滴定前，溶液中未加入 NaOH，溶液的组成为 HCl，即溶液的 pH 值取决于 HCl 的起始浓度。

$$[H^+] = c_{HCl} = 0.1000 \text{ mol/L} \qquad pH = 1.00$$

(2) 第二阶段：滴定开始至化学计量点前

在这段滴定过程中，随着 NaOH 溶液的不断加入，溶液中 HCl 的量将逐渐减少，溶液的组成为产物 NaCl、H_2O 和剩余的 HCl。溶液的 pH 值取决于剩余 HCl 的量。即

$$[H^+] = \frac{\text{HCl 的起始浓度} \times \text{剩余 HCl 的体积}}{\text{溶液总体积}}$$

从滴定开始至化学计量点前的 pH 值都同样计算。当加入 NaOH 溶液 19.98 mL 时（-0.1% 相对误差）：

$$[H^+] = 0.1000 \text{ mol/L} \times \frac{20.00 \text{ mL} - 19.98 \text{ mL}}{20.00 \text{ mL} + 19.98 \text{ mL}} = 5.00 \times 10^{-5} \text{ mol/L}$$

$$pH = 4.30$$

(3) 第三阶段：化学计量点

当加入 20.00 mL NaOH 溶液时，达到化学计量点，NaOH 和 HCl 恰好完全反应，溶液的组成为 NaCl 和 H_2O，溶液呈现中性。此时，溶液中：

$$[H^+] = [OH^-] = 1.0 \times 10^{-7} \text{ mol/L}$$

$$pH = 7.00$$

(4) 第四阶段：化学计量点后

化学计量点后，HCl 被滴定完成，NaOH 过量，溶液的组成为 NaCl、H_2O 和过量的 NaOH。溶液的 pH 值取决于过量的 NaOH 的浓度。即

$$[OH^-] = \frac{\text{NaOH 的起始浓度} \times \text{剩余 NaOH 的体积}}{\text{溶液总体积}}$$

化学计量点后的各点的 pH 值都同样计算。若加入 NaOH 溶液 20.02 mL 时（$+0.1\%$ 相对误差）：

$$[OH^-] = 0.1000 \text{ mol/L} \times \frac{20.02 \text{ mL} - 20.00 \text{ mL}}{20.00 \text{ mL} + 20.02 \text{ mL}} = 5.0 \times 10^{-5} \text{ mol/L}$$

$$pH = 14.00 - pOH = 9.70$$

如此逐一计算，将上述结果列入表 2-2-3 中，然后以 NaOH 加入量为横坐标（或滴定

分数),对应的 pH 值为纵坐标,绘制滴定曲线如图 2-2-1 所示。

表 2-2-3 0.1000 mol/L 的 NaOH 滴定 20.00 mL 0.1000 mol/L 的 HCl 溶液 pH 值变化

加入 NaOH /V·mL^{-1}	HCl 被滴定 百分数/(%)	剩余 HCl /V·mL^{-1}	过量 NaOH /V·mL^{-1}	[H$^+$] /mol·L^{-1}	pH
0.00	0.00	20.00		1.00×10^{-1}	1.00
18.00	90.00	2.00		5.26×10^{-3}	2.28
19.80	99.00	0.20		5.03×10^{-4}	3.30
19.96	99.80	0.04		1.00×10^{-4}	4.00
19.98	99.90	0.02		5.00×10^{-5}	4.30
20.00	100.0	0.00		1.00×10^{-7}	7.00
20.02	100.1		0.02	2.00×10^{-10}	9.70
20.04	100.2		0.04	1.00×10^{-10}	10.00
20.20	101.0		0.20	2.00×10^{-11}	10.70
22.00	110.0		2.00	2.10×10^{-12}	11.70
40.00	200.0		20.00	3.00×10^{-13}	12.50

(其中 19.98~20.20 为突跃范围)

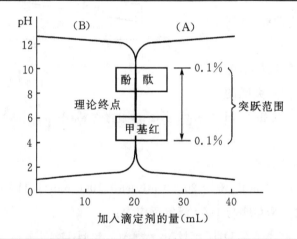

图 2-2-1 0.1000 mol/L NaOH 滴定 0.1000 mol/L HCl 的滴定线

从表 2-2-3 中数据和滴定曲线可以看出,滴定过程中溶液 pH 值的变化分为三个阶段:

第一阶段 ΔV=19.98(0~19.98)   ΔpH=3.30(1.00~4.30)
第二阶段 ΔV=0.04(19.98~20.02)   ΔpH=5.40(4.30~9.70)
第三阶段 ΔV=19.98(20.20~40.00)   ΔpH=2.80(9.70~12.52)

第一、三阶段,溶液的 pH 值随标准溶液的体积变化不大,第二阶段即化学计量点前后,标准溶液一滴之差,溶液 pH 值急剧变化。分析化学中,将化学计量点前后相对误差±0.1%范围内 pH 值的变化称为滴定突跃。滴定突跃所在的 pH 值范围,称为滴定的 pH

值突跃范围,简称突跃范围。上述滴定的突跃范围为 pH=4.30~9.70。

指示剂的选择:指示剂的选择就是以突跃范围为依据。选择原则为:该指示剂变色的 pH 值范围全部或部分落在突跃范围之内。

对于上述滴定,突跃范围是 pH=4.30~9.70,凡是变色范围在 pH=4.30~9.70 以内的指示剂均可作为该滴定的指示剂。如酚酞(变色范围 pH=8.0~10.0)、甲基红(pH=4.40~6.20)、甲基橙(pH=3.10~4.40)等酸碱指示剂均可使用。

如果改用 HCl 滴定 NaOH(条件与前相同),则滴定曲线的形状与图 2-2-1 相同,但位置相反,滴定的突跃范围为 pH=9.70~4.30。同样可以选用酚酞、甲基红、甲基橙等作指示剂。

应该指出,滴定突跃范围的大小与酸碱溶液的浓度有关。通过计算,可以得到不同浓度的 NaOH 和 HCl 的滴定曲线,如图 2-2-2 所示。

从图 2-2-2 可以看出,酸碱溶液的浓度越大,滴定突跃的范围越大,可供选择的指示剂越多。

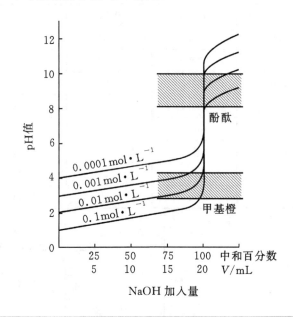

图 2-2-2　不同浓度 NaOH 滴定不同浓度 HCl 的滴定曲线

2. 一元弱酸(碱)的滴定

现以 0.1000 mol/L NaOH 滴定 20.00 mL 的 0.1000 mol/L HAc 为例,讨论滴定过程中溶液 pH 值的变化。NaOH 与 HAc 滴定反应为:

$$OH^- + HAc \rightleftharpoons Ac^- + H_2O$$

(1)第一阶段:滴定前

滴定前,未滴入 NaOH,溶液的组成为 HAc,溶液的 pH 值取决于 HAc 的起始浓度:

$$[H^+] = \sqrt{K_a c} = \sqrt{1.8 \times 10^{-5} \times 0.1000} = 1.34 \times 10^{-3} \text{ mol/L}$$

$$pH = 2.87$$

(2)第二阶段:滴定开始至化学计量点前

在这段滴定过程中,由 NaOH 的滴入,溶液中未反应的 HAc 和反应生成的 NaAc 组成缓冲体系,其 pH 值可按式缓冲溶液公式计算:

$$pH = pK_a - \lg \frac{[HAc]}{[Ac^-]}$$

当滴入 19.98 mL 的 NaOH 溶液时:

$$[HAc] = 0.1000 \text{ mol/L} \times \frac{20.00 \text{ mL} - 19.98 \text{ mL}}{20.00 \text{ mL} + 19.98 \text{ mL}} = 5.00 \times 10^{-5} \text{ mol/L}$$

$$[Ac^-] = 0.1000 \text{ mol/L} \times \frac{19.98 \text{ mL}}{20.00 \text{ mL} + 19.98 \text{ mL}} = 5.00 \times 10^{-2} \text{ mol/L}$$

$$pH = 4.74 - \lg \frac{5.00 \times 10^{-5}}{5.00 \times 10^{-2}} = 7.74$$

(3)第三阶段:化学计量点时

化学计量点时,HAc 与 NaOH 全部反应生成 NaAc,NaAc 的浓度为 0.05000 mol/L,溶液的酸度由 NaAc 的水解所决定:

$$[OH^-] = \sqrt{K_b c} = \sqrt{\frac{K_w}{K_a}}$$

$$= \sqrt{\frac{10^{-14}}{1.8 \times 10^{-5}} \times 0.05000} = 5.27 \times 10^{-6} \text{ mol/L}$$

$$pOH = 5.28 \quad pH = 8.72$$

(4)第四阶段:化学计量点后

化学计量点后,溶液由 NaAc、H_2O 和过量的 NaOH 组成,由于 NaOH 的同离子效应抑制了 NaAc 的水解,溶液的 pH 值主要由过量的 NaOH 决定,计算方法与强碱滴定强酸相同。

当加入 NaOH 溶液 20.02 mL,溶液 pH 值为 9.70。

将滴定过程中 pH 值变化数据列于表 2-2-4 中,并绘制滴定曲线,如图 2-2-3 所示。

表 2-2-4　0.1000 mol/L 的 NaOH 滴定 20.00 mL 0.1000 mol/L 的 HAc 溶液 pH 值的变化情况

加入 NaOH /V·mL^{-1}	中和百分数 /(%)	剩余 HAc /V·mL^{-1}	过量 NaOH /V·mL^{-1}	pH	
0.00	0.00	20.00		2.87	
18.00	90.00	2.00		5.70	
19.80	99.00	0.20		6.73	
19.98	99.90	0.02		7.74	突跃范围
20.00	100.0	0.00		8.72	
20.02	100.1		0.02	9.70	
20.20	101.0		0.20	10.70	
22.00	110.0		2.00	11.70	
40.00	200.0		20.00	12.50	

比较图 2-2-1 和图 2-2-3 可以看出,NaOH 滴定 HAC 的滴定曲线有如下特点:

①NaOH-HAc 滴定曲线起点的 pH 值比 NaOH-HCl 滴定曲线起点的 pH 值高约 2

个 pH 值单位,这是因为 HAc 是弱酸,同浓度的 HAc 的解离度低于 HCl 的缘故。

②化学计量点之前,溶液中未反应的 HAc 和反应产物 NaAc 组成的缓冲体系,pH 值的变化相对较缓。

③化学计量点时,由于滴定产物 NaAc 的水解,溶液呈碱性,pH=8.72。

④化学计量点附近,溶液的 pH 值发生突跃,滴定突跃范围为 pH=7.74～9.70,较 NaOH-HCl 小得多,且在碱性范围内,只能选择碱性指示剂酚酞、百里酚酞等来指示滴定终点,而甲基橙、甲基红等却不能作为滴定的指示剂。

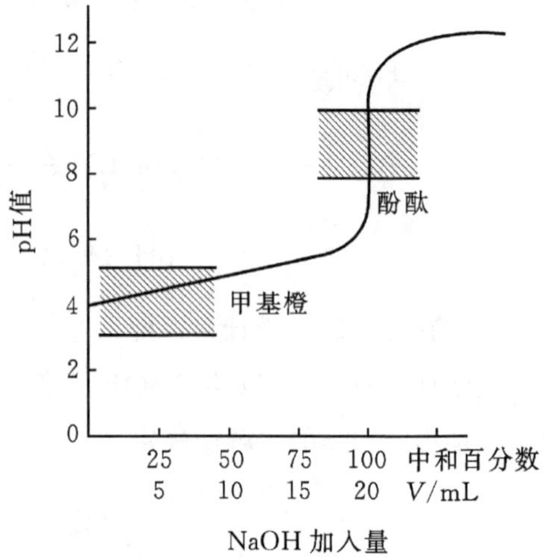

图 2-2-3 0.1000 mol/L NaOH 滴定 0.1000 mol/L HAC 的滴定曲线

同理,强酸滴定一元弱碱,其情况与强碱滴定弱酸相似,但 pH 值的变化方向相反,因此滴定曲线形状刚好相反。同时,由于滴定反应产物为弱酸,故化学计量点时溶液呈酸性,滴定突跃发生在酸性范围。所以只能选择在酸性范围内变色的甲基红、溴甲酚绿等指示剂。

例如,用 0.1000 mol/L 的 HCl 滴定 20.00 mL 0.1000 mol/L 的 $NH_3 \cdot H_2O$。滴定过程中溶液 pH 值的变化情况列于表 2-2-5 中,并以此绘制出滴定曲线,如图 2-2-4 所示。

表 2-2-5 0.1000 mol/L 的 HCl 滴定 20.00 mL 0.1000 mol/L 的 $NN_3 \cdot H_2O$

加入 HCl V/mL	中和 NH_3 百分数/(%)	计 算 公 式	pH	
0.00	0.00	$[OH^-]=\sqrt{K_b c}$	11.3	
18.00	90.00		8.30	
19.96	99.80	$[OH^-]=K_b \dfrac{[NH_3]}{[NH_4^+]}$	6.55	
19.98	99.90		6.25	突跃范围
20.00	100.0	$[H^+]=\sqrt{K_b c}=\sqrt{\dfrac{K_w}{K_b} c}$	5.28	
20.02	100.1		4.30	
20.20	101.0	按过量 HCl 计算	3.30	
22.00	110.1		2.30	
40.00	200.0		1.30	

另外,在弱酸的滴定中,突跃范围的大小,除与溶液的浓度有关外,还与酸的强度有关。图 2-2-5 为 0.1000 mol/L 的 NaOH 滴定 20.00 mL 0.1000mol/L 不同强度酸的滴定

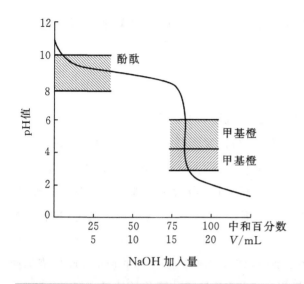

图 2-2-4　0.1000 mol/L HCl 滴定 0.1000 mol/L $NH_3 \cdot H_2O$ 的滴定曲线

曲线。

由图 2-2-5 可以看出,当酸的浓度 c 一定时,K_a 值越大,即酸性越强时,滴定突跃的范围就越大。当 $K_a \leqslant 10^{-9}$ 时,已无明显的突越了。另一方面,当 K_a 值一定时,酸的浓度 c 越大,突跃范围也越大(见图 2-2-2)。如果 K_a 和浓度 c 两个因素同时变化,滴定突跃的大小将由 K_a 与 c 乘积决定。cK_a 越大,突跃范围越大,cK_a 越小,突跃范围越小。当 cK_a 很小时,化学计量点前后溶液的 pH 值变化非常小,无法用指示剂准确判定终点。实践证明:只有弱酸的 $cK_a \geqslant 10^{-8}$,才能借助指示剂准确判定滴定终点。因此,通常视 $cK_a \geqslant 10^{-8}$ 与否,作为判定弱酸能否被准确滴定的依据。

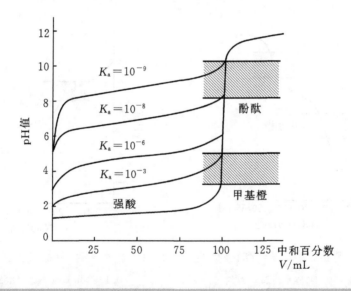

图 2-2-5　0.1000 mol/L NaOH 滴定 0.1000 mol/L 各种强度酸的滴定曲线

3. 多元酸(碱)的滴定

(1) 多元酸滴定时的注意问题

多元酸(碱)的滴定情况较为复杂,要重点解决三个问题:

① 多元酸(碱)各级离解的 $H^+(OH^-)$ 是否均可被准确滴定? 或能被准确滴定到哪一级的 $H^+(OH^-)$?

②滴定多元酸（碱）时,是否有多个明显的突跃？也就是说,多元酸（碱）是否能被准确的分步滴定？

③怎样选择合适的指示剂？

(2)滴定规律

常见的多元酸（碱）在水溶液中分步电离,其滴定规律如下：

①$cK_a \geq 10^{-8}$($cK_b \geq 10^{-8}$)是多元酸（碱）能被准确滴定到哪一级 H^+(OH^-)的判据。

②当满足条件 $cK_{a_1} \geq 10^{-8}$($cK_{b_1} \geq 10^{-8}$),$cK_{a_2} \geq 10^{-8}$($cK_{b_2} \geq 10^{-8}$),且 $K_{a_1}/K_{a_2} > 10^5$ ($K_{b_1}/K_{b_2} > 10^5$),可以分步滴定,出现两个滴定突跃范围；当满足条件 $cK_{a_1} \geq 10^{-8}$($cK_{b_1} \geq 10^{-8}$),$cK_{a_2} \geq 10^{-8}$($cK_{b_2} \geq 10^{-8}$),但 $K_{a_1}/K_{a_2} < 10^5$($K_{b_1}/K_{b_2} < 10^5$),可以同时滴定,只有一个滴定突跃范围。

③通过计算并绘制出多元酸（碱）的滴定曲线,或求出突越上、下限相应的 pH 值来选择指示剂比较麻烦。在实际工作中,为了选择指示剂,通常只须计算化学计量点时的 pH 值,然后在此值附近选择指示剂即可。

图 2-2-6 是 NaOH 溶液滴定 H_3PO_4 溶液的滴定曲线。

图 2-2-7 是 HCl 溶液滴定 Na_2CO_3 溶液的滴定曲线。

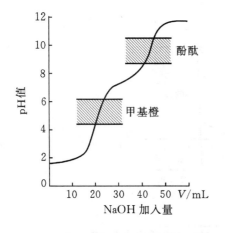

图 2-2-6　0.10 mol/L 的 NaOH 滴定 0.10 mol/L 的 H_3PO_4 的滴定曲线

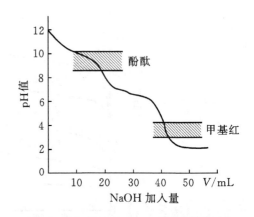

图 2-2-7　0.10 mol/L 的 HCl 滴定 0.10 mol/L 的 Na_2CO_3 的滴定曲线

三、酸碱滴定法的应用

(一)标准酸碱溶液的配制与标定

在酸碱滴定法中常用强酸、强碱配制标准溶液,但大多数的强酸、强碱不符合基准物质条件,不能直接配制成标准溶液,只能先配制成近似浓度的溶液,再用基准物质标定。

常用的酸标准溶液有 HCl 溶液和 H_2SO_4 溶液。碱标准溶液有 NaOH 和 KOH 溶液。

1. HCl 标准溶液的配制与标定

市售盐酸密度为 1.19 g/mL，含 HCl 约 37%，其物质的量浓度约为 12 mol/L。因此，需将浓 HCl 稀释成所需近似浓度，然后用基准物质进行标定，考虑到盐酸中 HCl 的挥发性，配制时所取浓盐酸的量适当多些。标定 HCl 溶液常用的基准物质有无水 Na_2CO_3 和硼砂等。

(1) 用无水碳酸钠 (Na_2CO_3) 标定 HCl

无水 Na_2CO_3 和易提纯，价格便宜，但其分子量较小且具有强烈的吸湿性，使用前应在 270～300 ℃ 干燥至恒重，密封保存于干燥容器中备用。标定反应式如下：

$$Na_2CO_3 + 2HCl == 2NaCl + CO_2 \uparrow + H_2O$$

化学计量点时 pH = 3.90，用甲基橙作指示剂，但要在终点时加热煮沸，出去 CO_2。

浓度计算 $$c(HCl) = \frac{m(Na_2CO_3)}{M\left(\frac{1}{2}Na_2CO_3\right)V(HCl)}$$

(2) 用硼砂 ($Na_2B_4O_7 \cdot 10H_2O$) 标定 HCl 溶液

硼砂 ($Na_2B_4O_7 \cdot 10H_2O$) 易提纯，分子量大，吸湿性小，但在空气中易风化失去部分结晶水，因此常保存在盛有饱和蔗糖和 NaCl 溶液 (保持相对湿度为 60%～70%) 的恒湿容器中。标定反应式如下：

$$Na_2B_4O_7 + 2HCl + 5H_2O == 4H_3BO_3 + 2NaCl$$

化学计量点时 pH = 5.12，溶液呈酸性，以甲基红为指示剂确定滴定终点。

浓度计算 $$c(HCl) = \frac{m(Na_2B_4O_7)}{M\left(\frac{1}{2}Na_2B_4O_7\right)V(HCl)}$$

2. NaOH 标准溶液的配制与标定

NaOH 具有很强的吸湿性，也容易吸收空气中的 CO_2，只能采用间接法配制标准溶液，再以基准物质标定其浓度。常用于标定 NaOH 溶液的基准物质有邻苯二甲酸氢钾和草酸等。

(1) 用邻苯二甲酸氢钾 ($KHC_8H_4O_4$) 标定 NaOH 溶液

邻苯二甲酸氢钾 ($KHC_8H_4O_4$) 易提纯，不含结晶水，在空气中性质稳定，不吸潮，摩尔质量较大，是标定碱的理想基准物质。使用前应在 110～120 ℃ 干燥 2～3 h。标定反应式如下：

$$NaOH + KHC_8H_4O_4 == KNaC_8H_4O_4 + H_2O$$

化学计量点时 pH = 9.10 溶液呈碱性，可选用酚酞作指示剂。

浓度计算 $$c(NaOH) = \frac{m(KHC_8H_4O_4)}{M(KHC_8H_4O_4)V(NaOH)}$$

(2) 用草酸 ($H_2C_2O_4 \cdot 2H_2O$) 标定 NaOH 溶液

草酸 ($H_2C_2O_4 \cdot 2H_2O$) 易提纯，性质稳定，价格便宜，相对湿度 5%～95% 时不会风化失水,易于保存。草酸是二元酸,满足条件 $cK_{a1} \geqslant 10^{-8}$, $cK_{a2} \geqslant 10^{-8}$,但 $K_{a1}/K_{a2} < 10^5$ 两级解离的 H^+ 同时滴定,只有一个滴定突跃范围。标定反应式如下:

$$H_2C_2O_4 + 2NaOH = Na_2C_2O_4 + 2H_2O$$

化学计量点时 pH＝8.36,溶液呈碱性,可选用酚酞作指示剂。

浓度计算
$$c(NaOH) = \frac{m(H_2C_2O_4)}{M\left(\frac{1}{2}H_2C_2O_4\right)V(NaOH)}$$

(二)食醋中总酸度的测定

食醋的主要成分是醋酸,此外还含有少量其他弱酸,如乳酸等。食醋中醋酸的含量为 3%～5%,浓度较大,必须稀释后滴定。用 NaOH 标准溶液滴定可测出酸的总含量,其反应式为:

$$HAc + NaOH = NaAc + H_2O$$

由于生成的 NaAc 水解后溶液呈碱性,化学计量点时 pH 值约为 8.74,因此用酚酞指示剂确定终点。按下式计算食醋的总酸度,以醋酸的质量浓度(g/mL)来表示。

$$\rho(HAc) = \frac{c(NaOH) \times V(NaOH) \times 60.05/100.0}{V_s}(g/mL)$$

(三)水中总碱度的测定

水样碱度是指水中所含能与强酸定量作用的碱性物质的总量。水中碱度的测定方法是用 HCl 标准溶液滴定水样,由消耗 HCl 的量计算水样的碱度,以 mmol/L 表示。测定时以甲基橙作指示剂,用 HCl 标准溶液滴定,按下式计算水样的总碱度:

$$总碱度(mmol/L) = \frac{c_{HCl}V_{HCl}}{V} \times 100\%$$

需注意的是,以甲基橙作指示剂测得的是总碱度,即溶液中所有碱性物质(强碱性物质和弱碱性物质)的总浓度;而以酚酞为指示剂测得的是强碱性物质的浓度,不是总碱度。

(四)双指示剂法测定混合碱

混合碱一般是指 NaOH 与 Na_2CO_3 或 $NaHCO_3$ 和 Na_2CO_3 的混合物,可采用双指示剂法进行分析。称取 m_s 混合碱试样,用水溶解后,加入酚酞指示剂,以 HCl 标准溶液滴定至红色刚好消失,记录 HCl 用量 V_1,再加入甲基橙指示剂并继续用 HCl 标准溶液滴定至黄色变为橙色,记录 HCl 用量 V_2。则

① $V_1 > 0, V_2 = 0$ 时,只有 NaOH 存在;

② $V_1 = 0, V_2 > 0$ 时,只有 $NaHCO_3$ 存在;

③ $V_1 = V_2 > 0$ 时,只有 Na_2CO_3 存在;

④ $V_1 > V_2 > 0$ 时,有 NaOH＋$NaCO_3$ 存在;

⑤ $V_2 > V_1 > 0$ 时,有 $NaHCO_3$＋Na_2CO_3 存在。

(1) NaOH + NaCO₃

$$w(\mathrm{Na_2CO_3}) = \frac{c(\mathrm{HCl})V_2(\mathrm{HCl})M(\mathrm{Na_2CO_3})}{m_s} \times 100\%$$

$$w(\mathrm{NaOH}) = \frac{c(\mathrm{HCl})[V_1(\mathrm{HCl}) - V_2(\mathrm{HCl})]M(\mathrm{NaOH})}{m_s} \times 100\%$$

(2) NaHCO₃ + Na₂CO₃

$$w(\mathrm{Na_2CO_3}) = \frac{C(\mathrm{HCl})V_1(\mathrm{HCl})M(\mathrm{Na_2CO_3})}{m_s} \times 100\%$$

$$w(\mathrm{NaHCO_3}) = \frac{c(\mathrm{HCl})[V_2(\mathrm{HCl}) - V_1(\mathrm{HCl})]M(\mathrm{NaHCO_3})}{m_s} \times 100\%$$

(五) 铵盐中含氮量的测定

常见的铵盐有硫酸铵、氯化铵、硝酸铵等。由于 $\mathrm{NH_4^+}$ 酸性很弱，$K_a = 5.6 \times 10^{-10}$，不能直接用碱标准溶液滴定，可采用下列两种方法间接测定。

1. 蒸馏法

向铵盐试样溶液中加入过量的浓碱溶液，加热使 $\mathrm{NH_3}$ 逸出，反应式如下：

$$\mathrm{NH_4^+ + OH^- \rightleftharpoons NH_3 \uparrow + H_2O}$$

将蒸馏出的 $\mathrm{NH_3}$ 用过量的 $\mathrm{H_3BO_3}$ 溶液吸收，然后用 HCl 标准溶液滴定硼酸吸收液，反应式如下：

$$\mathrm{NH_3 + H_3BO_3 \rightleftharpoons H_2BO_3^- + NH_4^+}$$

$$\mathrm{H_2BO_3^- + H^+ \rightleftharpoons H_3BO_3}$$

终点产物是 $\mathrm{H_3BO_3}$ 和 $\mathrm{NH_4^+}$，pH ≈ 5，可用甲基红作指示剂。根据 HCl 的浓度和消耗的体积，计算氮的质量分数：

$$w(\mathrm{N}) = \frac{c(\mathrm{HCl})V(\mathrm{HCl})M(\mathrm{N})}{m(\text{试样})} \times 100\%$$

例 2-2-1 称取粗铵盐 1.0750 g，与过量碱共热，蒸出的 $\mathrm{NH_3}$ 以过量硼酸溶液吸收，再以 0.3865 mol/L 的 HCl 滴定至甲基红和溴甲酚绿混合指示剂达到终点，需 33.68 mL 的 HCl 溶液，求试样中 $\mathrm{NH_3}$ 的质量分数和以 $\mathrm{NH_4Cl}$ 表示的质量分数。

解：$n(\mathrm{NH_4^+}) = n(\mathrm{HCl})$

$$w(\mathrm{NH_3}) = \frac{c(\mathrm{HCl})V(\mathrm{HCl})M(\mathrm{NH_3})}{m_s}$$

$$= \frac{0.3865 \text{ mol/L} \times 33.68 \times 10^{-3} \text{ L} \times 17.03 \text{ g/mol}}{1.0750 \text{ g}} = 0.2062 = 20.62\%$$

$$w(\mathrm{NH_4Cl}) = \frac{0.3865 \text{ mol/L} \times 33.68 \times 10^{-3} \text{ L} \times 53.49 \text{ g/mol}}{1.0750 \text{ g}} = 0.6477 = 64.77\%$$

2. 甲醛法

甲醛与铵盐作用后，可生成质子化的六亚甲基四胺和游离的氮，反应式如下：

$$4NH_4^+ + 6HCHO = (CH_2)_6N_4H^+ + 3H^+ + 6H_2O$$

反应生成的酸（质子化六亚甲基四胺和游离的氢）可以用 NaOH 标准溶液滴定：

$$(CH_2)_6N_4H^+ + 3H^+ + 4OH^- = (CH_2)_6N_4 + 4H_2O$$

$(CH_2)_6N_4$ 为弱碱，$K_b = 1.4 \times 10^{-9}$ 应选酚酞指示剂。根据 NaOH 的浓度和消耗的体积，计算氮的质量分数：

$$w(N) = \frac{c(NaOH)V(NaOH)M(N)}{m(试样)} \times 100\%$$

例 2-2-2 称取不纯的硫酸铵 1.000 g，以甲醛法分析，加入中性的甲醛溶液和 0.3638 mol/L 的 NaOH 溶液 50.00 mL，过量的 NaOH 再以 0.3012 mol/L 的 HCl 溶液 21.64 mL 回滴至酚酞变色。试计算 $(NH_4)_2SO_4$ 的质量分数。

解：$NH_4^+ \sim N \sim H^+ \sim OH^-$

$$w(NH_4)_2SO_4 = \frac{[c(NaOH)V(NaOH) - c(HCl)V(HCl)]M[1/2(NH_4)_2SO_4]}{m_s}$$

$$= \frac{(0.3638 \text{ mol/L} \times 0.05000 \text{ L} - 0.3012 \text{ mol/L} \times 0.02164 \text{ L}) \times 1/2 \times 132.13 \text{ g/mol}}{1.000 \text{ g}}$$

$$= 77.11\%$$

习题

1. 什么叫指示剂的变色范围？何为理论变色点？

2. 什么是酸碱滴定的突跃范围？影响因素有哪些？如何选择合适的指示剂？

3. 下列滴定能否进行？如果能行，计算化学计量点 pH 值，并指出滴定时选用何种指示剂。

（1）0.1 mol/L 的 HCl 滴定 0.1 mol/L 的 NaAc；

（2）0.1 mol/L 滴定 0.1 mol/L 的 NaCN；

（3）0.1 mol/L 的 NaOH 滴定 0.1 mol/L 的 HCOOH；

（4）0.1 mol/L 的 NaOH 滴 0.1 mol/L 的 HCN。

4. 下列多元酸(0.1 mol/L)能否用 0.1 mol/L 的 NaOH 滴定？如能滴定，有几个突跃？应选择何种指示剂？

（1）H_3AsO_4； （2）H_2SO_3；

（3）草酸； （4）柠檬酸。

5. 计算用 0.1000 mol/L 的 HCl 滴定 20.00 mL 0.1000 mol/L 的 $NH_3 \cdot H_2O$ 时化学计量点和化学计量点前后相对误差±0.1%范围内溶液 pH 值。该滴定选用何种指示剂？

6. 称取不纯的 $CaCO_3$ 试样 0.3000 g，加入浓度为 0.2500 mol/L 的 HCl 标准溶液 25.00 mL。用浓度为 0.2012 mol/L NaOH 标准溶液返滴定过量酸，消耗了 5.84 mL。计

算试样中 $CaCO_3$ 的质量分数。

7. 称取土样 1.000 g,溶解后,将其中的磷沉淀为磷钼酸铵,用 20.00 mL 0.1000 mol/L 的 NaOH 溶解沉淀,过量的 NaOH 用 0.2000 mol/L 的 HNO_3 7.50 mL 滴至酚酞终点,计算土样中 $w(P), w(P_2O_5)$。已知:

$$H_3PO_4 + 12MoO_4^{2-} + 2NH_4^+ + 22H^+ = (NH_4)_2HPO_4 \cdot 12MoO_3 \cdot H_2O + 11H_2O$$

$$(NH_4)_2HPO_4 \cdot 12MoO_3 \cdot H_2O + 24OH^- = 12MoO_4^{2-} + HPO_4^{2-} + 2NH_4^+ + 13H_2O$$

8. 称取混合碱试样 0.8983 g,加酚酞指示剂,用 0.2896 mol/L 的 HCl 标准溶液滴定至终点,消耗 HCl 溶液 31.45 mL,再加甲基橙指示剂滴至终点,共消耗 HCl 溶液 55.55 mL,判断混合碱的组分,并计算试样中各组分的质量分数。

9. 称取混合碱试样 0.6800 g,以酚酞为指示剂,用 0.1800 mol/L HCl 标准溶液滴定至终点,消耗 HCl 溶液体积 23.00 mL,然后加甲基橙指示剂滴定至终点,消耗 HCl 溶液 26.80 mL,判断混合碱的组分,并计算试样中各组分的含量。

10. 工业用 NaOH 常含有 Na_2CO_3,今取试样 0.8000 g,溶于新煮沸除去 CO_2 的水中,用酚酞作指示剂,用 0.3000 mol/L 的 HCl 溶液滴至红色消失,需 30.50 mL,在加入甲基橙作指示剂,用上述 HCl 溶液继续滴至橙色,消耗 2.50 mL,求试样中 $w(NaOH), w(Na_2CO_3)$。

11. 蛋白质试样 0.2318 g,经消解后,加碱蒸馏,用 4% 硼酸溶液吸收蒸馏出的 NH_3,然后用 0.1200 mol/L HCl 溶液 21.60 mL 滴定至终点,计算样式中氮的质量分数。

12. 粗铵盐 1.000 g,加过量 NaOH 溶液,加热,逸出的 NH_3 吸收于 50.00 mL 0.5000 mol/L 的 HCl 溶液中,过量的酸用 0.5000 mol/L 的 NaOH 回滴,用去碱 1.56 mL。计算试样中 NH_3 的质量分数。

第三单元　配位滴定法

▶ **教学目标**

1. 掌握 EDTA 的性质及其配位化合物的特点
2. 熟悉配位滴定法的特点
3. 了解金属指示剂原理及常用的金属指示剂
4. 掌握配位滴定法的应用

▶ **知识导入**

配位化合物是含配位键的化合物,是一类有着复杂组成和多样性、被广泛应用的化合物,是现代化学研究的重要对象。配位反应广泛地应用于分析化学的分离与测定。而配位滴定法是以配位反应为基础的滴定分析方法,在配位反应中,提供配位原子的物质称为配位体,作为滴定用的配位剂可分为无机和有机两类,目前有机配位剂以氨羧配位剂为主。配位滴定法广泛应用于工业、医药、环保、材料、信息等领域。

一、氨羧配位剂

(一) 概述

氨羧剂配位剂是一类以氨基二乙酸基团 $[-N(CH_2COOH)_2]$ 为基体的有机化合物,其分子中含有配位能力很强的氨氮 $(:N-)$ 和羧氧 $\left[-C\begin{smallmatrix}O\\\\O-\end{smallmatrix}\right]$ 两种配位原子,它们能与许多金属离子形成稳定的配合物,在配位滴定中有广泛的应用。氨羧配位剂的种类很多,比较常用的有:乙二胺四乙酸(EDTA)、环己烷二胺四乙酸(简称 CDTA 和 DCTA)、乙二醇二乙醚二胺四乙酸(简称 EGTA)、乙二胺四丙酸(EDTP)等。其结构如下:

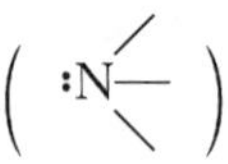

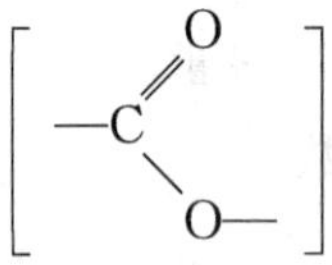

乙二胺四乙酸(简称 EDTA)

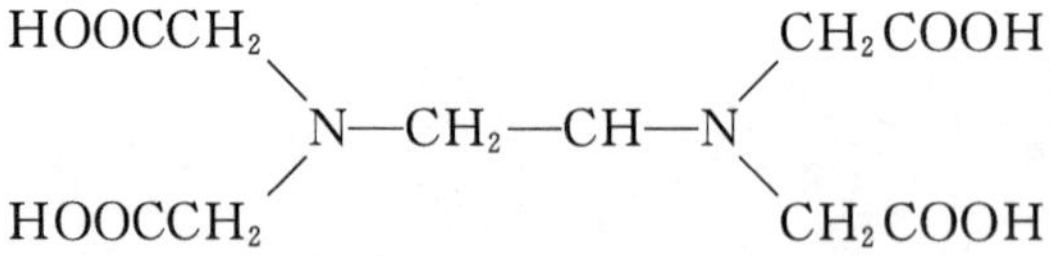

$$\begin{array}{c} HOOCCH_2 \\ \diagdown \\ HOOCCH_2 \end{array} N-CH_2-CH_2-N \begin{array}{c} CH_2COOH \\ \diagup \\ CH_2COOH \end{array}$$

环己烷二胺四乙酸(简称 CDTA 和 DCTA)

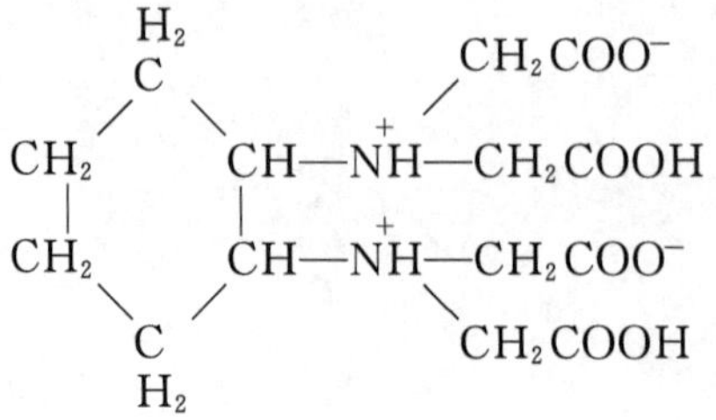

乙二醇二乙醚二胺四乙酸(简称 EGTA)

$$\begin{array}{c} \text{CH}_2\text{COO}^- \\ | \\ \text{H}_2\text{C}-\text{O}-\text{H}_2\text{C}-\text{CH}_2-\overset{+}{\text{N}}\text{H}-\text{CH}_2\text{COOH} \\ | \\ \text{H}_2\text{C}-\text{O}-\text{H}_2\text{C}-\text{CH}_2-\overset{+}{\text{N}}\text{H}-\text{CH}_2\text{COO}^- \\ | \\ \text{CH}_2\text{COOH} \end{array}$$

乙二胺四丙酸(简称 EDTP)

$$\begin{array}{c} \text{CH}_2\text{CH}_2\text{COO}^- \\ | \\ \text{H}_2\text{C}-\overset{+}{\text{N}}\text{H}-\text{CH}_2\text{CH}_2\text{COOH} \\ | \\ \text{H}_2\text{C}-\text{O}-\overset{+}{\text{N}}\text{H}-\text{CH}_2\text{CH}_2\text{COO}^- \\ | \\ \text{CH}_2\text{CH}_2\text{COOH} \end{array}$$

其他还有氨三乙酸(NTA)、三乙四胺六乙酸(TTHA)等。在配位滴定中,以乙二胺四乙酸(EDTA)应用最为广泛,本章主要介绍以 EDTA 为滴定剂的配位滴定法。

(二)乙二胺四乙酸(EDTA)及其螯合物

1. 乙二胺四乙酸

乙二胺四乙酸(通常用 H_4Y 表示)简称 EDTA,其结构式如下:

$$\begin{array}{c} \text{HOOCCH}_2 \diagdown \qquad \diagup \text{CH}_2\text{COOH} \\ \text{N}-\text{CH}_2-\text{CH}_2-\text{N} \\ \text{HOOCCH}_2 \diagup \qquad \diagdown \text{CH}_2\text{COOH} \end{array}$$

乙二胺四乙酸为白色无水结晶粉末,室温时溶解度较小(22 ℃时溶解度为 0.02 g/100 mL H_2O),难溶于酸和有机溶剂,易溶于碱或氨水中形成相应的盐。由于乙二胺四乙酸溶解度小,因而不适用作滴定剂。

EDTA 二钠盐($Na_2H_2Y \cdot 2H_2O$,也简称为 EDTA,相对分子质量为 372.26)为白色结晶粉末,室温下可吸附水分 0.3%,80 ℃时可烘干除去。在 100~140 ℃时将失去结晶水而成为无水的 EDTA 二钠盐(相对分子质量为 336.24)。EDTA 二钠盐易溶于水(22 ℃时溶解度为 11.1 g/100 mL H_2O,浓度约 0.3 mol/L,pH≈4.4),因此通常使用 EDTA 二钠盐作滴定剂。

乙二胺四乙酸在水溶液中,具有双偶极离子结构。

$$\begin{array}{c} \text{HOOCH}_2\text{C} \diagdown \quad \text{H} \qquad \text{H} \quad \diagup \text{CH}_2\text{COO}^- \\ \overset{+}{\text{N}}-\text{CH}_2-\text{CH}_2-\overset{+}{\text{N}} \\ ^-\text{OOCH}_2\text{C} \diagup \qquad \qquad \diagdown \text{CH}_2\text{COOH} \end{array}$$

因此,当 EDTA 溶解于酸度很高的溶液中时,它的两个羧酸根可再接受两个 H^+ 形成 H_6Y^{2+},这样,它就相当于一个六元酸,有六级离解常数,即

表 2-3-1　EDTA 电离平衡常数表

K_{a_1}	K_{a_2}	K_{a_3}	K_{a_4}	K_{a_5}	K_{a_6}
$10^{-0.9}$	$10^{-1.6}$	$10^{-2.0}$	$10^{-2.67}$	$10^{-6.16}$	$10^{-10.26}$

EDTA 在水溶液中总是以 H_6Y^{2+}、H_5Y^+、H_4Y、H_3Y^-、H_2Y^{2-}、HY^{3-} 和 Y^{4-} 等七种型体存在。它们的分布系数 δ 与溶液 pH 值的关系如图 2-3-1 所示。

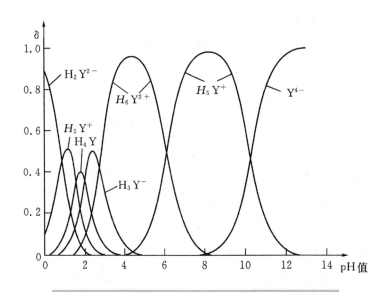

图 2-3-1　EDTA 溶液中各种存在形式的分布图

由分布曲线图中可以看出，在 pH 值<1 的强酸溶液中，EDTA 主要以 H_6Y^{2+} 型体存在；在 pH 值为 2.75~6.24 时，主要以 H_2Y^{2-} 型体存在；仅在 pH 值>10.34 时才主要以 Y^{4-} 型体存在。值得注意的是，在七种型体中只有 Y^{4-}（为了方便，以下均用符号 Y 来表示 Y^{4-}）能与金属离子直接配位。Y 分布系数越大，即 EDTA 的配位能力越强。而 Y 分布系数的大小与溶液的 pH 值密切相关，所以溶液的酸度便成为影响 EDTA 配合物稳定性及滴定终点敏锐性的一个很重要的因素。

2. 乙二胺四乙酸的螯合物

螯合物是一类具有环状结构的配合物。螯合即指成环，只有当一个配位体至少含有两个可配位的原子时才能与中心原子形成环状结构，螯合物中所形成的环状结构常称为螯环。能与金属离子形成螯合物的试剂，称为螯合剂。EDTA 就是一种常用的螯合剂。

EDTA 分子中有六个配位原子，此六个配位原子恰能满足它们的配位数，在空间位置上均能与同一金属离子形成环状化合物，即螯合物。图 2-3-2 所示的是 EDTA 与 Ca^{2+} 形成的螯合物的立方构型。

EDTA 与金属离子的配合物有如下特点：

①配位性能广泛：EDTA 具有广泛的配位性能，几乎能与所有金属离子形成配合物，因

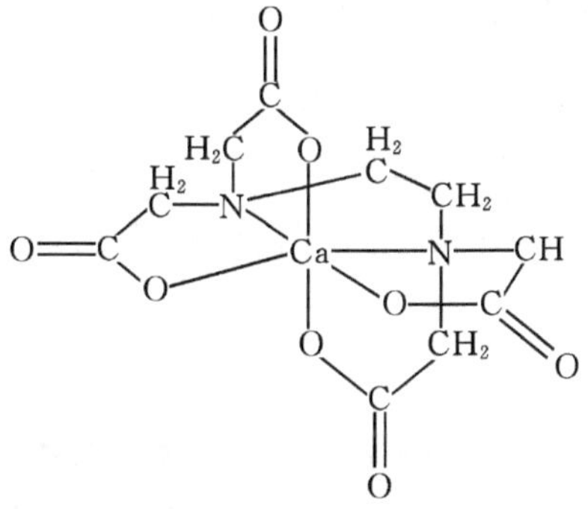

图 2-3-2　EDTA 与 Ca^{2+} 形成的螯合物

而配位滴定应用很广泛,但如何提高滴定的选择性便成为配位滴定中的一个重要问题。

②配比关系简单:EDTA 配合物的配位比简单,多数情况下都形成 1∶1 配合物,如 CaY^-、MgY^-、FeY^-、CuY^{2-} 等。只有个别离子如 Mo(V) 与 EDTA 配合物 $[(MoO_2)_2Y^{2-}]$ 的配位比为 2∶1。

③稳定性好:EDTA 配合物的稳定性高,能与金属离子形成具有多个五元环结构的螯合物。部分金属-EDTA 配位化合物的稳定性常数见表 2-3-2。

表 2-3-2　部分金属-EDTA 配位化合物的 $\lg K_\text{稳}$

阳离子	$\lg K_{MY}$	阳离子	$\lg K_{MY}$	阳离子	$\lg K_{MY}$
Na^+	1.66	Ce^{4+}	15.98	Cu^{2+}	18.80
Li^+	2.79	Al^{3+}	16.30	Ga^{2+}	20.30
Ag^+	7.32	Co^{2+}	16.31	Ti^{3+}	21.30
Ba^{2+}	7.86	Pt^{2+}	16.31	Hg^{2+}	21.80
Mg^{2+}	8.69	Cd^{2+}	16.49	Sn^{2+}	22.10
Sr^{2+}	8.73	Zn^{2+}	16.50	Th^{4+}	23.20
Be^{2+}	9.20	Pb^{2+}	18.04	Cr^{3+}	23.40
Ca^{2+}	10.69	Y^{3+}	18.09	Fe^{3+}	25.10
Mn^{2+}	13.87	VO^+	18.10	U^{4+}	25.80
Fe^{2+}	14.33	Ni^{2+}	18.60	Bi^{3+}	27.94
La^{3+}	15.50	VO^{2+}	18.80	Co^{3+}	36.00

④易溶于水:EDTA 配合物易溶于水,使配位反应较迅速。

⑤大多数金属-EDTA 配合物无色,这有利于指示剂确定终点。但 EDTA 与有色金属离子配位生成的螯合物颜色则加深。例如:

CuY^{2-}	NiY^{2-}	CoY^{2-}	MnY^{2-}	CrY^-	FeY^-
深蓝	蓝色	紫红	紫红	深紫	黄

(三) 提高乙二胺四乙酸(EDTA)配合反应选择性的方法

由于 EDTA 能够和多大数金属离子形成稳定的配合物，而在被测试液中往往同时存在多种金属离子，这样，在滴定是可能彼此干扰。如何提高配位滴定的选择性，是配位滴定要解决的重要问题。为了减少或消除共存离子的干扰，在实际滴定中，常用下列几种方法。

1. 控制溶液的酸度

不同的金属离子和 EDTA 所形成的配合物稳定常数是不相同的，因此在滴定时所允许的最小 pH 值也不同。若溶液中同时有两种或两种以上的金属离子，它们与 EDTA 所形成的配合物稳定常数又相差足够大，则控制溶液的酸度，使其只满足滴定某一种离子允许的最小值 pH，但又不会使该离子发生水解而析出沉淀，此时就只能有一种离子与 EDTA 形成稳定的配合物，而其他离子与 EDTA 不会发生配位反应，这样就可以避免干扰。

设溶液中有 M 和 N 两种金属离子，它们均可与 EDTA 形成配合物，但是 $K_{MY} > K_{NY}$，对于有干扰离子共存的配位滴定，通常允许有 $\leqslant \pm 0.5\%$ 的相对误差，当 $c_M = c_N$，而且用指示剂检测终点与化学计量点二者 pM 的差值 $\Delta pM \approx 0.3$，经计算推导，可得出准确滴定 M，而 N 不干扰，就满足：

$$\Delta \lg K \geqslant 5$$

一般以此作为判断能否利用控制酸度进行分别滴定的条件。

例如，当溶液中的 Bi^{3+}、Pb^{2+} 浓度皆为 10^{-2} mol·L^{-1} 时，要选择滴定 Bi^{3+}。从表 2-3-2 可知 $\lg K_{BiY} = 27.94$，$\lg K_{PbY} = 18.04$，$\Delta \lg K = 27.94 - 18.04 = 9.90$，故可选择滴定 Bi^{3+}，而 Pb^{2+} 不干扰。然后进一步根据 $\lg a_{Y(h)} \leqslant \lg K_{BiY} - 8$，可确定滴定允许的最小 pH 值。此例中 $[Bi^{3+}] = 10^{-2}$ mol·L^{-1}，则可由 EDTA 的酸效应曲线直接查到滴定 Bi^{3+} 允许的最小 pH 值约为 0.7，即要求 pH$\geqslant$0.7 时滴定 Bi^{3+}。但滴定时 pH 值不能太大，在 pH$\approx$2 时，Bi^{3+} 将开始水解析出沉淀，因此滴定 Bi^{3+}、Pb^{2+} 溶液中的 Bi^{3+} 时，适宜酸度范围在 pH=0.7~2，此时 Pb^{2+} 不与 EDTA 配位。

若不能满足 $\Delta \lg K \geqslant 5$ 的条件，则在滴定 M 过程中，N 将同时被滴定而发生干扰。要克服或消除这种干扰，提高滴定的选择性，必须采取其他措施，如采用掩蔽方法，预先分离的方法，或者改用其他滴定剂来达到这个目的。

2. 掩蔽和解蔽的方法

配位滴定之所以能广泛应用，与大量使用掩蔽剂是分不开的。常用的掩蔽方法反应类型不同，可分为配位滴定掩蔽法、沉淀掩蔽法和氧化还原掩蔽法，其中以配位掩蔽法用得最多。

(1)配位掩蔽法

这是利用配位反应降低干扰离子浓度以消除干扰的方法。例如，用 EDTA 滴定水中的

Ca^{2+}、Mg^{2+}测定水的硬度时,Fe^{3+}、Al^{3+}等离子存在干扰的方法。又如,在 Al^{3+} 与 Zn^{2+} 共存时,可用 NH_4F 掩蔽 Al^{3+},使其生成稳定性较好的 AlF_6^{3-} 配离子,调节 pH=5~6,可用 EDTA 滴定 Zn^{2+},而 Al^{3+} 不干扰。

由上例可以看出,配位掩蔽剂必须具备下列条件:

①与干扰离子形成配合物的稳定性,必须大于 EDTA 与该离子形成配合物的稳定性,而且这些配合物应为无色或浅色,不影响终点的观察。

②掩蔽剂不能与被测离子形成配合物,或形成配合物的稳定性要比被测离子与 EDTA 所形成配合物的稳定性小得多,这样才不会影响滴定进行。

③掩蔽剂的应用有一定的 pH 值范围,而且要符合测定的 pH 值范围。

表 2-3-3 常用的掩蔽剂

名称	pH 值范围	被掩蔽的离子	备注
KCN	pH>8	Co^{2+}、Ni^{2+}、Cu^{2+}、Zn^{2+}、Hg^{2+}、Cd^{2+}、Ag^+、Tl^+ 及铂族元素	
NH_4F	pH=4~6	Al^{3+}、Ti^{4+}、Sn^{4+}、Zr^{4+}、W^{6+} 等	用 NH_4F 比 NaF 好,优点是加入后溶液 pH 变化不大
	pH=10	Al^{3+}、Mg^{2+}、Ca^{2+}、Ba^{2+} 及稀土元素	
三乙醇胺 (TEA)	pH=10	Al^{3+}、Ti^{4+}、Sn^{4+}、Fe^{3+}	与 KSN 并用,可提高掩蔽效果
	pH=11~12	Fe^{3+}、Al^{3+} 及少量 Mn^{2+}	
二基丙醇	pH=10	Hg^{2+}、Cd^{2+}、Zn^{2+}、Bi^{3+}、Pb^{2+}、Ag^+、As^{3+}、Sn^{4+}、及少量 Cu^{2+}、Co^{2+}、Ni^{2+}、Fe^{3+}	
铜试剂 (DDTC)	pH=10	能与 Cu^{2+}、Hg^{2+}、Pb^{2+}、Cd^{2+}、Bi^{3+}、生成沉淀其内 Cu-DDTC 为褐色,Bi-DDTC 为黄色,故存在量应分别小于 2 mg 和 10 mg	
酒石酸	pH=1.2	Sb^{3+}、Sn^{4+}、Fe^{3+} 及 5 mg 以下的 Cu^{2+}	
	pH=2	Fe^{3+}、Sn^{4+}、Mn^{2+}	
	pH=5.5	Fe^{3+}、Al^{3+}、Sn^{4+}、Ca^{2+}、Cd^{2+}	
	pH=6~7.5	Mg^{2+}、Cu^{2+}、Fe^{3+}、Al^{3+}、Mo^{4+}、Sb^{3+}、W(Ⅵ)	
	pH=10	Al^{3+}、Sn^{4+}	

(2)沉淀掩蔽法

这是利用干扰离子与掩蔽剂形成沉淀以降低其浓度的方法。例如,在 Ca^{2+}、Mg^{2+} 两种离子共存的溶液中加入 NaOH 溶液,使 pH>12,则 Mg^{2+} 生成 $Mg(OH)_2$ 沉淀,可以用 EDTA 滴定 Ca^{2+}。

沉淀掩蔽法在实际应用中有一定的局限性,它要求所生成的沉淀致密,溶解度要小,无色或浅色,且吸附作用小。否则,由于颜色深,体积大,吸附待测离子或吸附指示剂都将影响终点的观察和测定结果。

表 2-3-4 常用的一些沉淀掩蔽剂及其使用范围

名称	被掩蔽的离子	带测定的离子	pH 值范围	指示剂
NH_4F	Ca^{2+}、Sr^{2+}、Ba^{2+}、Mg^{2+}、Ti^{4+}、Al^{3+}、稀土	Zn^{2+}、Cd^{2+}、Mn^{2+}（有还原剂存在下）	10	铬黑 T
NH_4F	同上	Cu^{2+}、Co^{2+}、Ni^{2+}	10	紫脲酸铵
K_2CrO_4	Ba^{2+}	Sr^{2+}	10	Mg-EDTA 铬黑 T
Na_2S 或铜试剂	微量重金属	Ca^{2+}、Mg^{2+}	10	铬黑 T
H_2SO_4	Pb^{2+}	Bi^{3+}	1	二甲酚橙
$K_4[Fe(CN)_6]$	微量 Zn^{2+}	Pb^{2+}	5~6	二甲酚橙

(3) 氧化还原掩蔽法

这是利用氧化还原反应，改变干扰离子价态以消除干扰的方法。例如，用 EDTA 滴定 Bi^{3+}、Zr^{4+}、Th^{4+} 等离子时，溶液中如果存在 Fe^{3+} 干扰测定，此时可加入抗坏血酸盐酸羟胺，将 Fe^{3+} 还原为 Fe^{2+}，由于 Fe^{2+} 与 EDTA 配合物的稳定性比 Fe^{3+} 与 EDTA 配合物的稳定性小得多（$\lg K_{FeY^-}=25.1$，$\lg K_{FeY^{2-}}=14.33$），因而能掩蔽 Fe^{3+} 的干扰。

常用的还原剂有：抗坏血酸、盐酸羟胺、联氨、半胱胺算等，其中有些还原剂同时又是配位剂。

(4) 解蔽方法

在金属离子配合物的溶液中，加入一种试剂（解蔽剂），将已被 EDTA 或掩蔽剂配位的金属离子释放出来，再进行滴定，这种方法叫解蔽。例如，用配位滴定法测定铜合金中的 Zn^{2+} 和 Pb^{2+}，试液调至碱性后，加 KSN 掩蔽 Cu^{2+}、Zn^{2+}（氯化钾是剧毒物，只允许在碱性溶液中使用！），此时 Pb^{2+} 不被 KSN 掩蔽，故可在 pH=10 以铬黑 T 为指示剂，用 EDTA 标准溶液进行滴定，在滴定 Pb^{2+} 后的溶液中，加入甲醛破坏 $[Zn(CN)_4]^{2-}$，原来被 CN^- 配位了的 Zn^{2+} 又释放出来，再用 EDTA 继续滴定。

在实际分析中，用一种掩蔽剂常不能得到令人满意的结果，当许多离子共存时，常将几种掩蔽剂或沉淀剂联合使用，这样才能获得较好的选择性。但须注意，共存干扰离子的量不足不能太多，否则得不到满意的结果。

3. 化学分离法

当利用控制酸度或掩蔽等方法避免干扰都有困难时，还可用化学分离法把被测离子从其他分离出来。

4. 选用其他配位滴定

随着配位滴定法的发展，除 EDTA 外又研制了一些新型的胺羧配合物作为滴定剂，它们与金属离子形成配合物的稳定性各有特点,可以用来提高配位滴定法的选择性。

例如,EDTA 与 Ca^{2+}、Mg^{2+} 形成的配合物稳定性相差不大,而 EGTA 与 Ca^{2+}、Mg^{2+} 形成的配合物稳定性相差较大,故可以在 Ca^{2+}、Mg^{2+} 共存时,用 EGTA 选择滴定 Ca^{2+}。EDTP 与 Cu^{2+} 形成的配合物稳定性高,可以在 Zn^{2+}、Cd^{2+}、Mn^{2+}、Mg^{2+} 共存的溶液中选择滴定 Cu^{2+}。

二、金属指示剂

配位滴定指示终点的方法很多,其中最重要的是使用金属离子指示剂(简称为金属指示剂)指示终点。我们知道,酸碱指示剂是以指示溶液中 H^+ 浓度的变化确定终点,而金属指示剂则是以指示溶液中金属离子浓度的变化确定终点。在配位滴定中,通常利用一种能随金属离子浓度的变化而变化的显色剂来指示滴定终点,这种显色剂称为金属离子指示剂,简称金属指示剂。

(一)金属指示剂的变色原理

金属指示剂也是一种配位剂,在一定 pH 值溶液中其本身有一种颜色,与金属离子配位后形成的配合物又是另一种显色剂,通过颜色的变化来指示终点。

金属指示剂也是一种显色剂,它以配体的形式与被测金属离子形成与自身颜色不同的配位化合物。即

$$M + In \rightleftharpoons MIn$$

金属离子　　指示剂　　配位化合物
　游离色　　　结合色

$$K_{MIn} = \frac{c_{MIn}}{c_M c_{In}}$$

化学计量点前,加入的 EDTA 与溶液中游离的 M 形成配合物。此时,溶液呈现 MIn 结合色;由于 MIn 稳定性远不及 MY,化学计量点附近,与 In 配位的 M 被 EDTA 夺取出来,同时,将 In 游离出来,故终点时:

$$MIn + Y \rightleftharpoons MY + In$$

呈现 In 的游离色,溶液的颜色由乙色变为甲色,指示到达滴定终点。

例如,铬黑 T 在 pH=10 的水溶液中呈蓝色,与 Mg^{2+} 的配合物的颜色为酒红色。若在 pH=10 时用 EDTA 滴定 Mg^{2+},滴定开始前加入指示剂铬黑 T,则铬黑 T 与溶液中部分的 Mg^{2+} 反应,此时溶液呈 Mg^{2+}-铬黑 T 的红色。随着 EDTA 的加入,EDTA 逐渐与 Mg^{2+} 反应。在化学计量点附近,Mg^{2+} 的浓度降至很低,加入的 EDTA 进而夺取了 Mg^{2+}-铬黑 T 中的 Mg^{2+},使铬黑 T 游离出来,此时溶液呈现出蓝色,指示滴定已达终点。

(二)金属指示剂应具备的条件

选择金属指示剂应考虑以下条件:

①在滴定 pH 值范围内，MIn 的颜色必须与指示剂 In 的颜色有明显的区别，以便于观察判断。

②在滴定的 pH 值范围内，金属指示剂配合物必须有一定的稳定性，通常要求 $K_{MIn} > 10^4$，以保证滴定终点不提前出现。

③K_{MIn} 应显著小于 K_{MY}，以保证 EDTA 不把指示剂从 MIn 中置换出来，终点拖后。一般要求稳定常数至少相差 100 倍。

④显色反应要有一定的选择性，在一定条件下，只对某一金属离子发生作用。

⑤指示剂应稳定，显色反应要灵敏迅速，便于贮存，易溶于水。

(三) 使用金属指示剂中存在的问题

1. 指示剂的封闭现象

有的指示剂与某些金属离子生成很稳定的配合物（MIn），其稳定性超过了相应的金属离子与 EDTA 的配合物（MY），即 $\lg K_{MIn} > \lg K_{MY}$。例如 EBT 与 Al^{3+}、Fe^{3+}、Cu^{2+}、Ni^{2+}、Co^{2+} 等生成的配合物非常稳定，若用 EDTA 滴定这些离子，过量较多的 EDTA 也无法将 EBT 从 MIn 中置换出来。因此滴定这些离子不用 EBT 作指示剂。如滴定 Mg^{2+} 时有少量 Al^{3+}、Fe^{3+} 杂质存在，到化学计量点仍不能变色，这种现象称为指示剂的封闭现象。解决的办法是加入掩蔽剂，使干扰离子生成更稳定的配合物，从而不再与指示剂作用。Al^{3+}、Fe^{3+} 对铬黑 T 的封闭可加三乙醇胺予以消除；Cu^{2+}、Co^{2+}、Ni^{2+} 可用 KCN 掩蔽；Fe^{3+} 也可先用抗坏血酸还原为 Fe^{2+}，再加 KCN 掩蔽。若干扰离子的量太大，则需预先分离除去。

2. 指示剂的僵化现象

有些指示剂或金属指示剂配合物在水中的溶解度太小，使得滴定剂与金属—指示剂配合物（MIn）交换缓慢，终点拖长，这种现象称为指示剂僵化。解决的办法是加入有机溶剂或加热，以增大其溶解度。例如用 PAN 作指示剂时，经常加入酒精或在加热下滴定。

3. 指示剂的氧化变质现象

金属指示剂大多为含双键的有色化合物，易被日光、氧化剂、空气所分解，在水溶液中多不稳定，日久会变质。若配成固体混合物则较稳定，保存时间较长。例如铬黑 T 和钙指示剂，常用固体 NaCl 或 KCl 作稀释剂来配制。

(四) 常用的金属指示剂

1. 铬黑 T（EBT）

铬黑 T 在溶液中有如下平衡：

$$H_2In \xrightleftharpoons{pK_{a_2}=6.3} HIn^{2-} \xrightleftharpoons{pK_{a_3}=11.6} In^{3-}$$

紫红　　　　　蓝　　　　　橙

因此在 pH<6.3 时，EBT 在水溶液中呈紫红色；pH>11.6 时 EBT 呈橙色，而 EBT 与二价离子形成的配合物颜色为红色或紫红色,所以只有在 pH 值为 7~11 范围内使用,指示剂才有明显的颜色,实验表明最适宜的酸度是 pH 值为 9~10.5。

铬黑 T 固体相当稳定,但其水溶液仅能保存几天,这是由于聚合反应的缘故。聚合后的铬黑 T 不能再与金属离子显色。pH<6.5 的溶液中聚合更为严重,加入三乙醇胺可以防止聚合。

铬黑 T 是在弱碱性溶液中滴定 Mg^{2+}、Zn^{2+}、Pb^{2+} 等离子的常用指示剂。

2. 二甲酚橙(XO)

二甲酚橙为多元酸。在 pH 值为 0~6.0,二甲酚橙呈黄色,它与金属离子形成的配合物为红色,是酸性溶液中许多离子配位滴定所使用的极好指示剂。常用于锆、铪、钍、钪、铟、钇、铋、铅、锌、镉、汞的直接滴定法中。

铝、镍、钴、铜、镓等离子会封闭(参见本节"五")二甲酚橙,可采用返滴定法。即在 pH 值为 5.0~5.5(六次甲基四胺缓冲溶液)时,加入过量 EDTA 标准溶液,再用锌或铅标准溶液返滴定。Fe^{3+} 在 pH 值为 2~3 时,以硝酸铋返滴定法测定之。

3. PAN

PAN 与 Cu^{2+} 的显色反应非常灵敏,但很多其他金属离子如 Ni^{2+}、Co^{2+}、Zn^{2+}、Pb^{2+}、Bi^{3+}、Ca^{2+} 等与 PAN 反应慢或显色灵敏度低。所以有时利用 Cu-PAN 作间接指示剂来测定这些金属离子。Cu-PAN 指示剂是 CuY^{2-} 和少量 PAN 的混合液。将此液加到含有被测金属离子 M 的试液中时,发生如下置换反应:

$$CuY+PAN+M \rightleftharpoons MY+Cu-PAN$$
（黄）　　　　　　　（紫红）

此时溶液呈现紫红色。当加入的 EDTA 定量与 M 反应后,在化学计量点附近 EDTA 将夺取 Cu-PAN 中的 Cu^{2+},从而使 PAN 游离出来:

$$Cu-PAN+Y \rightleftharpoons CuY+PAN$$
（紫红）　　　　　　（黄）

溶液由紫红变为黄色,指示终点到达。因滴定前加入的 CuY 与最后生成的 CuY 是相等的,故加入的 CuY 并不影响测定结果。

在几种离子的连续滴定中,若分别使用几种指示剂,往往发生颜色干扰。由于 Cu-PAN 可在很宽的 pH 值范围(pH 值为 1.9~12.2)内使用,因而可以在同一溶液中连续指示终点。

类似 Cu-PAN 这样的间接指示剂,还有 Mg-EBT 等。

4. 钙指示剂(NN)

钙指示剂在 pH 值为 12~13 是呈蓝色。它在 pH 值为 12~14 时与 Ca^{2+} 形成酒红色的配位化合物,用于 Ca^{2+}、Mg^{2+} 共存时滴定中钙离子,此时、Mg^{2+} 形成氢氧化镁的沉淀,对 Ca^{2+} 的测定不产生干扰。终点变色较铬黑 T 敏锐。但应注意在此 pH 值时,由于生成的氢氧化镁测定吸附钙指示剂,故应在用氢氧化钠调节酸度后再加指示剂。Fe^{3+}、Al^{3+}、Ti^{3+}、Cu^{2+}、Ni^{2+}等离子对钙指示剂有封闭作用,Fe^{3+}、Al^{3+}、Ti^{3+}可以用TEA掩蔽,Cu^{2+}、Ni^{2+}可以用KCN掩蔽。由于钙指示剂的水溶液或乙醇溶液都不稳定,所以通常是与干燥的NaCl混合后直接将固体加入待测溶液中使用。

常用金属指示剂的使用pH条件、可直接滴定的金属离子和颜色变化及配制方法列于表2-3-5中。

表2-3-5 常用的金属指示剂

指示剂	离解常数	滴定元素	颜色变化	配制方法	对指示剂封闭离子
酸性铬蓝 K	$pK_{a_1}=6.7$ $pK_{a_2}=10.2$ $pK_{a_3}=14.6$	Mg(pH值为10) Ca(pH值为12)	红~蓝	0.1%乙醇溶液	
钙指示剂	$pK_{a_2}=3.8$ $pK_{a_3}=9.4$ $pK_{a_4}=13\sim14$	Ca(pH值为12~13)	酒红~蓝	与NaCl按1:100的质量比混合	Co^{2+}、Ni^{2+}、Cu^{2+}、Fe^{3+}、Al^{3+}、Ti^{4+}
铬黑T	$pK_{a_1}=3.9$ $pK_{a_2}=6.4$ $pK=11.5$	Ca(pH值为10,加入EDTA-Mg) Mg(pH值为10) Pb(pH值为10,加入酒石酸钾) Zn(pH值为6.8~10)	红~蓝 红~蓝 红~蓝 红~蓝	与NaCl按1:100的质量比混合	Co^{2+}、Ni^{2+}、Cu^{2+}、Fe^{3+}、Al^{3+}、$Ti(\mathrm{IV})$
紫脲酸胺	$pK_{a_1}=1.6$ $pK_{a_2}=8.7$ $pK_{a_3}=10.3$ $pK_{a_4}=13.5$ $pK_{a_5}=14$	Ca(pH值为>10,$\varphi=25\%$乙醇) Cu(pH值为7~8) Ni(pH值为8.5~11.5)	红~紫 黄~紫 黄~紫红	与NaCl按1:100的质量比混合	
o-PAN	$pK_{a_2}=2.9$ $pK_{a_2}=11.2$	Cu(pH值为6) Zn(pH值为5~7)	红~黄 粉红~黄	1 g/L乙醇溶液	
磺基水杨酸	$pK_{a_1}=2.6$ $pK_{a_2}=11.7$	Fe(Ⅲ) (pH值为1.5~3)	红紫~黄	10~20 g/L水溶液	

三、配位滴定原理

在一定pH值为条件下,随着配位滴定剂的加入,金属离子不断与配位剂反应生成配合物,其浓度不断减少。当滴定到达化学计量点时,金属离子浓度(pM)发生突变。若将滴定过程各点pM与对应的配位剂的加入体积绘成曲线,即可得到配位滴定曲线。配位滴定曲线反映了滴定过程中,配位滴定剂的加入量与待测金属离子浓度之间的变化关系。

（一）配位滴定曲线

配位滴定曲线可通过计算来绘制，也可用仪器测量来绘制。现以 pH＝12 时，用 0.01000 mol/L 的 EDTA 溶液滴定 20.00 mL 0.01000 mol/L 的 Ca^{2+} 溶液为例，通过计算滴定过程中的 pM，说明配位滴定过程中配位滴定剂的加入量与待测金属离子浓度之间的变化关系。

由于 Ca^{2+} 既不易水解也不与其他配位剂反应，因此在处理此配位平衡时只需考虑 EDTA 的酸效应。即在 pH 值为 12.00 条件下，CaY^{2-} 的条件稳定常数为：

$$\lg K'_{CaY} = \lg K_{CaY} - \lg \alpha_{Y(H)} = 10.69 - 0 = 10.69$$

滴定前：溶液中只有 Ca^{2+}，$[Ca^{2+}] = 0.01000$ mol/L，所以 pCa＝2.00。

化学计量点前：溶液中有剩余的金属离子 Ca^{2+} 和滴定产物 CaY^{2-}。由于 $\lg K'_{CaY}$ 较大，剩余的 Ca^{2+} 对 CaY^{2-} 的离解又有一定的抑制作用，可忽略 CaY^{2-} 的离解，按剩余的金属离子 $[Ca^{2+}]$ 浓度计算 pCa 值。

当滴入的 EDTA 溶液体积为 18.00 mL 时：

$$[Ca^{2+}] = \frac{2.00 \times 0.01000}{20.00 + 18.00} \text{ mol/L} = 5.26 \times 10^{-3} \text{ mol/L}$$

即

$$pCa = -\lg[Ca^{2+}] = 2.28$$

当滴入的 EDTA 溶液体积为 19.98 mL 时：

$$[Ca^{2+}] = \frac{0.01 \times 0.02}{20.00 + 19.98} \text{ mol/L} = 5 \times 10^{-6} \text{ mol/L}$$

即

$$pCa = -\lg[Ca^{2+}] = 5.3$$

当然在十分接近化学计量点时，剩余的金属离子极少，计算 pCa 时应该考虑 CaY^{2-} 的离解，有关内容这里就不讨论了。在一般要求的计算中，化学计量点之前的 pM 可按此方法计算。

化学计量点时：Ca^{2+} 与 EDTA 几乎全部形成 CaY^{2-} 离子，所以

$$[CaY^{2-}] = 0.01 \times \frac{20.00}{20.00 + 20.00} \text{ mol/L} = 5 \times 10^{-3} \text{ mol/L}$$

因为 pH 值≥12，$\lg \alpha_{Y(H)} = 0$，所以 $[Y^{4-}] = [Y]_总$；同时，$[Ca^{2+}] = [Y^{4-}]$

则

$$\frac{[CaY^{2-}]}{[Ca^{2+}]^2} = K'_{MY}$$

因此

$$\frac{5 \times 10^{-3}}{[Ca^{2+}]^2} = 10^{10.69}$$

$$[Ca^{2+}] = 3.2 \times 10^{-7} \text{ mol/L}$$

即

$$pCa = 6.5$$

化学计量点后：当加入的 EDTA 溶液为 20.02 mL 时，过量的 EDTA 溶液为 0.02 mL。

此时

$$[Y]_总 = \frac{0.01 \times 0.02}{20.00 + 20.02} \text{ mol/L} = 5 \times 10^{-6} \text{ mol/L}$$

则
$$\frac{5\times 10^{-3}}{[Ca^{2+}]\times 5\times 10^{-6}}=10^{10.69}$$
$$[Ca^{2+}]=10^{-7.69} \text{ mol/L}$$

即
$$pCa=7.69$$

将所得数据列于表 2-3-6。

表 2-3-6 0.01000 mol/L EDTA 滴定 20.00 mL 0.01000 mol/L Ca^{2+} 时的 pCa 变化(pH=12)

EDTA 加入量		Ca^{2+} 被滴定的分数 /(%)	EDTA 过量的分数 /(%)	pCa
mL	%			
0	0			2.0
10.8	90.0	90.0		3.3
19.80	99.0	99.0		4.3
19.98	99.9	99.9		5.3
20.00	100.0	100.0		6.5
20.02	100.1		0.1	7.7
20.20	101.0		1.0	8.7
40.00	200.0		100	10.7

(其中 5.3~8.7 为突跃范围)

根据表 2-3-3 所列数据,以 pCa 值为纵坐标,加入 EDTA 的体积为横坐标作图,得到如图 2-3-3 的滴定曲线。

从表 2-3-6 或图 2-3-3 可以看出,在 pH=12 时,用 0.01000 mol/L EDTA 滴定 0.01000 mol/L Ca^{2+},计量点时的 pCa 值为 6.5,滴定突跃的 pCa 值为 5.3~7.7。可见滴定突跃较大,可以准确滴定。

由上述计算可知配位滴定比酸碱滴定复杂,不过两者有许多相似之处,酸碱滴定中的一些处理方法也适用于配位滴定。

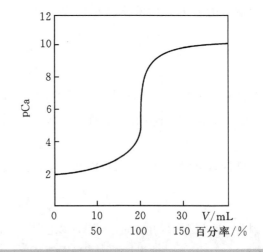

图 2-3-3 pH=12 时 0.01000 mol/L EDTA 滴定 0.01000 mol/L Ca^{2+} 的滴定曲线

(二)滴定突跃范围

配位滴定中滴定突跃越大,就越容易准确地指示终点。上例计算结果表明,配合物的条件稳定常数和被滴定金属离子的浓度是影响突跃范围的主要因素。

1.配合物的条件稳定常数对滴定突跃的影响

图 2-3-4 是金属离子浓度一定的情况下,不同 $\lg K'_{MY}$ 时的滴定曲线。由图可看出配

合物的条件稳定常数 $\lg K'_{MY}$ 越大,滴定突跃(ΔpM)越大。决定配合物 $\lg K'_{MY}$ 大小的因素,首先是绝对稳定常数 $\lg K_{MY}$(内因),但对某一指定的金属离子来说绝对稳定常数 $\lg K_{MY}$ 是一常数,此时溶液酸度、配位掩蔽剂及其他辅助配位剂的配位作用将起决定作用。

①酸度。酸度高时,$\lg \alpha_{Y(H)}$ 大,$\lg K'_{MY}$ 变小。因此滴定突跃就减小。

②其他配位剂的配位作用　滴定过程中加入掩蔽剂、缓冲溶液等辅助配位剂的作用会增大 $\lg \alpha_{M(L)}$ 值,使 $\lg K'_{MY}$ 变小,因而滴定突跃就减小。

2. 浓度对滴定突跃的影响

图 2-3-5 是用 EDTA 滴定不同浓度 M 时的滴定曲线。由图 2-3-5 可以看出金属离子 c_M 越大,滴定曲线起点越低,因此滴定突跃越大;反之则相反。

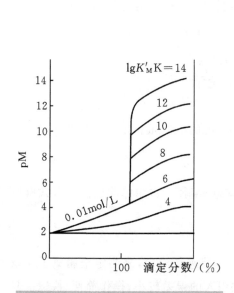
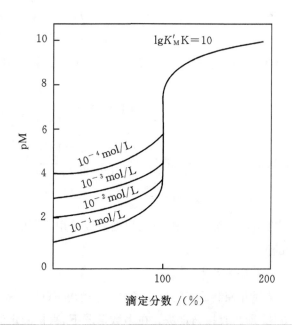

图 2-3-4　不同 $\lg K'_{MY}$ 的滴定曲线　　图 2-3-5　EDTA 的滴定不同浓度溶液的滴定曲线

四、配位滴定法的应用

(一)EDTA 标准溶液的配置和标定

0.015 mol/L EDTA 标准溶液的配置,称取 5.6 g 乙二胺四乙酸二钠(简称 EDTA)置于烧杯中,加约 200 mL 水,加热溶解。过滤,用水稀释至 1 L。

碳酸钙标基准溶液:准确称取约 0.6 g 已在 105~110 ℃ 烘过 2 h 的 $CaCO_3$,置于 400 mL 烧杯中,加入约 100 mL 水,盖上表面皿,沿杯口滴加 HCl(1+1) 至 $CaCO_3$ 全部溶解后,加热煮沸数分钟。将溶液冷至室温,移入 250 mL 容量瓶中,用水稀释至标线,摇匀。

标定方法:吸取 25 mL 碳酸钙基准溶液,放入 400 mL 烧杯中,用水稀释至约 200 mL,

加入适量的 CMP 混合指示剂(或甲基百里香酚蓝指示剂),在搅拌下滴加 20％ KOH 溶液至出现绿色荧光后再过量 5～6 mL(如用甲基百里酚蓝指示剂,在滴加 20％氢氧化钾溶液至呈蓝色后再过量 0.5～1 mL),以 0.015 mol/L 的 EDTA 标准滴定溶液滴定至绿色荧光消失并转变为桔红色(如以甲基百里香酚蓝为指示剂,则滴定至蓝色消失)为止。

EDTA 标准溶液的浓度按下式计算：

$$c(\text{EDTA}) = \frac{m(\text{CaCO}_3) \times \frac{1}{10}}{M(\text{CaCO}_3) \times V(\text{EDTA})}$$

式中：$V(\text{EDTA})$——标定时消耗的 EDTA 的体积,L；

$m(\text{CaCO}_3)$——称取的 CaCO_3 质量,g。

例 2-3-1 用纯 CaCO_3 标定 EDTA 溶液,称取 0.2513 g 纯 CaCO_3,溶解后用容量瓶配成 250.0 mL 溶液,吸取 25.00 mL,在 pH=12 时,用钙指示剂指示终点,用待标定的 EDTA 溶液标定,用去 24.50 mL。计算 EDTA 溶液的物质的量浓度。

解：
$$c(\text{EDTA}) = \frac{m(\text{CaCO}_3) \times \frac{1}{10}}{M(\text{CaCO}_3) \times V(\text{EDTA})}$$

代入数据
$$c(\text{EDTA}) = \frac{0.2513 \times \frac{1}{10}}{100.09 \times 24.50 \times 10^{-3}} = 0.01025 \text{ mol/L}$$

(二)配位滴定的方式

在实际分析工作中,可以根据需要采用不同的方式进行滴定,常用的配位滴定方式有以下几种。

1. 直接滴定法

选择并控制适宜的反应条件,直接用 EDTA 标准溶液进行滴定,来测定金属离子含量的方法,即为直接滴定法。在多数情况下,直接滴定法引入的误差较小,操作简便、快速。只要金属离子与 EDTA 的配位反应能满足滴定分析的要求,应尽可能地采用直接滴定法。例如,pH=1 时滴定 Bi^{3+}；pH=1.5 时滴定 Fe^{3+}；pH=2.5～3.5 是滴定 Th^{4+}；pH=5～6 是滴定 Zn^{2+}、Pb^{2+}、Cd^{2+} 及稀土；pH=9～10 时滴定 Zn^{2+}、Mn^{2+}、Cd^{2+} 和稀土；pH=10 时滴定 Mg^{2+}；pH=12～13 时滴定 Ca^{2+} 等。

pH=1 时,滴定 Zr^{4+}；

pH=2～3 时,滴定 Fe^{3+}、Bi^{3+}、Th^{4+}、Ti^{4+}、Hg^{2+}；

pH=5～6 时,滴定 Zn^{2+}、Pb^{2+}、Cd^{2+}、Cu^{2+} 及稀土元素；

pH=10 时,滴定 Mg^{2+}、Co^{2+}、Ni^{2+}、Zn^{2+}、Cd^{2+}；

pH=12 时,滴定 Ca^{2+} 等。

2. 返滴定法

当被测金属离子不具备直接进行滴定的条件,如与 EDTA 的反应速率缓慢,在测定 pH

值条件下易水解,对指示剂封闭或无适合的指示剂等,可采用返滴定法。例如,用返滴定法测定溶液中的 Al,具体步骤如下。

调节试样的 pH 值在 3.5 左右(避免 Al^{3+} 水解),准确加入过量的 EDTA 标准溶液并加热至沸,使 Al^{3+} 与 EDTA 标准溶液完全反应,溶液中含有 AlY^-、Y^{4-}(过量)。

冷却后调节试液的 pH=5~6,加入二甲酚橙指示剂,用 $Zn^{2+}(Pb^{2+})$ 标准溶液返滴定过量的 EDTA 标准溶液,溶液由黄色变为紫红色,即为终点。

根据 EDTA 标准溶液、$Zn^{2+}(Pb^{2+})$ 标准溶液的用量计算试样中 Al 的含量。

3. 置换滴定法

利用置换反应,从配合物中置换出等物质的量的 EDTA 或另一种金属离子,然后进行滴定的方法。下面以锡青铜中 Sn 含量的测定为例,说明置换滴定法的一般步骤。

将青铜试样溶解,处理成试液,溶液中含有:Cu^{2+}、Sn^{4+}、Zn^{2+}、Pb^{2+} 等离子;在一定体积的试液中加入过量的 EDTA 标准溶液,溶液中含有 MY(M 为 Cu^{2+}、Sn^{4+}、Zn^{2+}、Pb^{2+})、Y^{4-}(过量)。

调节溶液的 pH=5~6,以二甲基酚橙为指示剂,用 Zn^{2+} 标准溶液返滴定,使其与过量的 EDTA 恰好完全反应,此事溶液中含有 MY。

在上述溶液中加入一定量的 NH_4F,F^- 使 SnY 转变成 SnF_6^{2-}(与其他配合物 MY 不反应),并释放出等物质的量的 Y^{4-},用 Zn^{2+} 标准溶液滴定至终点。反应式为:

$$SnY + 6F^- = SnF_6^{2-} + Y^{4-}$$

$$Zn^{2+} + Y^{4-} = ZnY^{2-}$$

已知 Zn^{2+} 标准溶液的浓度和体积,即可求得 Sn 含量。

置换滴定法还可用于复杂铝试样中铝含量测定、稀土总量的测定等。

(三)应用

1. 水的总硬度测定

水的总硬度通常是指水中 Ca^{2+}、Mg^{2+} 的总量。Ca^{2+}、Mg^{2+} 主要以酸式碳酸盐、硫酸盐、氯化物等形式存在于水中。酸式碳酸盐部分遇热即形成碳酸盐沉淀,是工业或生活用锅炉、工业输水管道及其他用水设备产生水垢的主要原因。因此,水的硬度是衡量生活用水和工业用水水质的一项重要指标。

水的硬度用水中 $CaCO_3$ 的含量(mol/L)或 CaO 的含量(mol/L)表示。习惯上 10 mol/L(以 CaO 计)又称为 1 度。

测定水的总硬度的方法是,在一定体积的水样中加入 NH_3-NH_4Cl 缓冲溶液,控制水样的 pH=10,以铬黑 T 作指示剂,用 EDTA 标准溶液滴定至溶液由酒红色变为蓝色,即为滴定终点。

滴定前加入的铬黑 T 指示剂首先同 Mg^{2+} 反应($K'_{MgIn} > K'_{CaIn}$):

$$Mg^{2+} + In \longrightarrow MgIn$$

由于 $K'_{MgY} > K'_{CaY}$,所以用 EDTA 标准溶液滴定时,EDTA 先与 Ca^{2+} 反应,再与 Mg^{2+} 反应,到达滴定终点时,EDTA 夺取 MgIn 中的 Mg^{2+},使指示剂游离出来,溶液由酒红色变为蓝色($K'_{MgY} > K'_{MgIn}$),反应式为:

$$Y + MgIn \Longleftrightarrow In + MgY$$

根据 EDTA 标准溶液的用量计算水的总硬度(以 mol/L 表示,以 $CaCO_3$ 或 CaO 计);

$$总硬度 = \frac{c(EDTA)V(EDTA)M(CaCO_3)}{V(水)} \times 1000$$

$$总硬度 = \frac{c(EDTA)V(EDTA)M(CaO)}{V(水)} \times 1000$$

式中:$c(EDTA)$——EDTA 标准溶液的浓度,mol/L;

$V(EDTA)$——EDTA 标准溶液的体积,mL;

$M(CaCO_3)$——$CaCO_3$ 的摩尔质量,g/mol;

$M(CaO)$——CaO 的摩尔质量,g/mol;

$V(水)$——水样的体积,mL。

水样中含少量 Fe^{3+}、Al^{3+}、Ni^{2+}、Cu^{2+} 等干扰离子时,会封闭指示剂 EBT,Fe^{3+}、Al^{3+} 可用三乙醇胺封闭;Ni^{2+}、Cu^{2+} 等离子,需要在碱性条件下加 KCN 予以掩蔽。当水样中含有较多的 CO_3^{2-} 时,会形成碳酸盐沉淀而影响滴定,需要在水样中加酸煮沸,去除 CO_2 后,再进行滴定。

2. 钙硬度的测定

用 NaOH 调节水样陪 pH=12,Mg^{2+} 形成 $Mg(OH)_2$ 沉淀,以钙指示剂确定终点,用 EDTA 标准溶液滴定,终点时溶液由红色变为蓝色。其各步反应为:

$$Ca^{2+} + HIn \longrightarrow CaIn + H^+$$

$$Ca^{2+} + H_2Y^{2-} \longrightarrow CaY + 2H^+$$

$$CaIn + H_2Y^{2-} \longrightarrow CaY^{2-} + 2H^+$$

红色 蓝色

水样中含有 $Ca(HCO_3)_2$,当加碱调节 pH=12 时,$Ca(HCO_3)_2$ 形成 $CaCO_3$ 而使结果偏低,应先加入 HCl 酸化并煮沸使 $Ca(HCO_3)_2$ 完全分解。

$$Ca(HCO_3)_2 + NaOH \Longleftrightarrow CaCO_3 + Na_2CO_3 + 2H_2O$$

$$Ca(HCO_3)_2 + 2HCl \Longleftrightarrow CaCl_2 + 2H_2O + 2CO_2$$

以 NaOH 调节溶液酸度时,用量不宜过多,否则一部分 Ca^{2+} 被 $Mg(OH)_2$ 吸附,致使钙硬度测定结果偏低。

3. 镁硬度的测定

用总硬度减去钙硬度,即为镁硬度。钙、镁硬度的计算及表示方法与总硬度相同。

例 2-3-2 测定水的总硬度时,取 100.0 mL 水样,以铬黑 T 作指示剂,用 0.01000 mol/L 的 EDTA 标准溶液滴定,共消耗 30.00 mL。计算水样中含有以 CaO 表示的钙、镁总量为多少 $mg \cdot L^{-1}$?水的总硬度为多少度(°)?

解:
$$总硬度 = \frac{c(EDTA)V(EDTA)M(CaO)}{V(水)} \times 1000$$

$$总硬度 = \frac{0.01000 \times 30.00 \times 56.00}{100.0} \times 1000$$

$$= 168 \text{ mg/L}$$

$$= 16.8 \text{ 度}$$

一、填空题

1. 常用的标定 EDTA 溶液的基准物质是_____。

2. 测定总硬度时,控制 pH=____做指示剂,用 EDTA 滴定,溶液由_____变为_____为终点。

3. 测定钙硬度时,控制 pH=____,镁离子以_____而不干扰滴定,以钙指示剂做指示剂,用 EDTA 滴定,溶液由_____变为_____为终点。

二、选择题

1. 采用铬黑 T 作指示剂终点颜色变化为(　　)。
 A. 紫红→蓝色　　　　　　　　B. 蓝色→紫红
 C. 无→蓝色　　　　　　　　　D. 无→紫红

2. 在 pH>10.5 的溶液中,EDTA 的主要存在型体是(　　)。
 A. H_6Y^{2+}　　　B. H_4Y　　　C. H_3Y^-　　　D. Y^{4-}

3. 在下列各项中,与溶液的酸度条件无关的是(　　)。
 A. EDTA 的存在型体
 B. 金属指示剂的变色
 C. EDTA 与被测金属离子配合物的绝对稳定常数
 D. EDTA 与被测金属离子配合物的条件稳定常数

3. 对金属指示剂与被测金属离子的配合物 MIn 在水溶液中的要求是(　　)。
 A. 稳定性越高越好　　　　　　B. 稳定性越低越好
 C. 稳定性要适当　　　　　　　C. 难溶于水

4. 用 EDTA 标准溶液测定水的总硬度,以铬黑 T 作指示剂,若溶液中存在 Fe^{2+}、Al^{3+},滴定时的现象可能是(   )。

  A. 终点颜色突变提前   B. 终点颜色变化迟缓、无突变

  C. 对终点颜色突变无影响   D. 有沉淀生成

5. 在 Ca^{2+}、Mg^{2+} 的混合液中,用 EDTA 法滴定 Ca^{2+},要消除 Mg^{2+} 的干扰。宜用(   )。

  A. 控制酸度   B. 配位掩蔽法

  C. 氧化还原掩蔽法   D. 沉淀掩蔽法

6. 用 EDTA 直接滴定有色金属 M,终点所呈现的颜色是(   )。

  A. 游离指示剂的颜色   B. EDTA-M 配合物的颜色

  C. 指示剂-M 配合物的颜色   D. 上述 A+B 的颜色

7. 一般情况下,EDTA 与金属离子形成的配合物的配位比是(   )。

  A. 1∶1   B. 2∶1   C. 1∶3   D. 1∶2

8. 用 EDTA 法测定自来水的硬度,已知水中含有少量 Fe^{3+},某学生用 $NH_3 \cdot H_2O-NH_4Cl$ 调 pH=9.6,选铬黑 T 为指示剂,用 EDTA 标准溶液滴定,找不到终点,这是由于(   )。

  A. pH 值太低   B. pH 值太高

  C. 指示剂失效   D. Fe^{2+} 封闭了指示剂

9. 用 EDTA 滴定 Bi^{3+} 时,消除 Fe^{3+} 干扰宜采用(   )。

  A. 加三乙醇胺   B. 加 NaOH   C. 加抗坏血酸   D. 加氰化钾

10. 使用 EDTA 滴定法测定水的硬度时,标定 EDTA 浓度应使用的基准物质为(   )。

  A. 邻苯二甲酸氢钾   B. 硼砂

  C. 碳酸钙   D. 草酸钙

三、简答题

1. EDTA 和金属离子形成的配合物有哪些特点?

2. 在配位滴定中控制适当的酸度有什么重要意义,实际应用时应如何全面考虑选择滴定时的 pH 值。

3. 金属指示剂的作用原理如何?它应该具备哪些条件?

4. 掩蔽的方法有哪些,各运用于什么场合?为防止干扰,是否在任何情况下都能使用掩蔽方法?

5. 配位滴定中,在什么情况下不能采用直接滴定方式,试举例说明之。

四、计算题

1. 称取 0.1005 g 纯 $CaCO_3$,溶解后,用容量瓶配成 100 mL 溶液。吸取 25.00 mL,在

pH>12时,用钙指示剂指示终点,用EDTA标准溶液滴定,用去24.90 mL,试计算:

(1)EDTA溶液的浓度(mol/L);

(2)每毫升EDTA溶液相当于多少克ZnO和Fe_2O_3?

2.用0.01060 mol·L^{-1}的EDTA标准溶液滴定水中钙和镁的含量,取100.00 mL水样,以铬黑T为指示剂,在pH=10时滴定,消耗EDTA标准溶液31.30 mL。另取一份100.00 mL水样,加入NaOH呈强碱性,使Mg^{2+}生成$Mg(OH)_2$沉淀,以钙指示剂指示终点,用EDTA标准溶液滴定,用去19.20 mL,试计算:

(1)水的总硬度(以$CaCO_3$ mg·L^{-1}表示);

(2)水中钙和镁的含量(以$CaCO_3$ mg·L^{-1}和$MgCO_3$ mg·L^{-1}表示)。

3.称取含Fe_2O_3和Al_2O_3试样0.2015 g,溶解后,在pH=2.0时以磺基水杨酸为指示剂,加热至50 ℃左右,以0.02008 mol·L^{-1}的EDTA滴定至红色消失,消耗EDTA 15.20 mL。然后加入上述EDTA标准溶液25.00 mL,加热煮沸,调节pH=4.5,以PAN为指示剂,趁热用0.02112 mol·L^{-1}的Cu^{2+}标准溶液返滴定,用去8.16 mL。计算试样中Fe_2O_3和Al_2O_3的质量分数。

第四单元　氧化还原滴定法

▶ **教学目标**

1. 了解氧化还原滴定的原理
2. 掌握指示剂的选择和使用
3. 掌握常用的氧化还原滴定法的原理、特点和滴定条件
4. 掌握氧化还原滴定法的计算方法

▶ **知识导入**

氧化还原滴定是滴定分析中应用最广泛的方法之一,能够直接或间接地测定很多无机物和有机物,例如矿石中金属离子的测定,土壤中腐殖质含量测定,食品中 Vc 含量的测定等均可采用氧化还原滴定法进行。氧化还原反应的机理比较复杂,反应速率一般较慢,相同的反应物在不同条件下的反应结果可能很不相同,因此在氧化还原滴定中必须严格控制反应条件,以保证滴定反应自始至终按照同一反应定量进行。

一、氧化还原滴定法概述

氧化还原滴定法是以氧化还原反应为基础的滴定分析法,其应用十分广泛。通常是用一些氧化剂或还原剂做标准滴定溶液来测定可被它们氧化或还原的物质的含量,也可以间接测定一些本身不具备氧化还原性质,但能与氧化剂或还原剂发生定量反应的物质的含量。

(一)氧化还原滴定法的条件

氧化还原反应很多,但用于滴定分析的氧化还原反应必须具备下列条件:

① 反应能够定量地进行完全。一般认为滴定剂和被滴定物质对应的电对的条件电极电势差大于 0.4 V,反应就能定量地进行完全。

② 滴定反应能够迅速完成。

③ 有适当的方法或指示剂确定滴定终点。

由于上述条件的限制,并非所有的氧化还原反应都能用于滴定分析。有些反应从理论上看进行得很完全,但由于反应速率太慢而无实际意义。实际上不同的氧化还原反应其反应速率会有很大的差别,有些反应从理论上(即从电极电势角度)看是可以进行的,但实际上因反应速率太慢可以认为瞬间反应并未发生。所以对于氧化还原反应,一般不能单从平衡观点来判断,显然还应从它们的反应速率和反应机理(历程)来考虑反应的现实性。而反应物浓度、压力、温度及不同而生成不同的产物。因此,在氧化还原滴定中,为了使氧化还原反应能按所需要的方向定量、迅速地进行完全,根据不同情况选择并控制适当的反应条件(包括温度、酸度、浓度和添加某些试剂等)就是十分重要的问题。关于这一点,在后面介绍各种

氧化还原滴定法时,将结合每种方法作详细阐述。

(二)氧化还原滴定曲线

对于氧化还原滴定法,和其他滴定方法一样,随着滴定剂或标准溶液的不断加入,被滴定物质的氧化态和还原态的浓度逐渐改变,电对的电极电位也随之不断改变,这种情况也可以用滴定曲线表示。

氧化还原滴定曲线通常是根据实验数据来绘制,但对于可逆氧化还原体系,可根据Nernst方程理论计算,其结果与实际测定结果比较吻合。可由任意一个电子对计算出溶液的电位值,对应加入的滴定剂体积绘制出滴定曲线,滴定等当点前,常用被滴定物电对进行计算(量大);滴定等当点后,常用滴定剂电对进行计算。例如,0.1000 mol/L 的 $Ce(SO_4)_2$ 溶液滴定 0.1000 mol/L 的 Fe^{2+} 的酸性溶液(1.0 mol/L 硫酸),滴定反应:

$$Ce^{4+} + Fe^{2+} \longrightarrow Ce^{3+} + Fe^{3+}$$

1. 化学计量点前(二价铁反应了99.9%时)溶液电位

$$E_{(Fe^{3+}/Fe^{2+})} = E^0_{(Fe^{3+}/Fe^{2+})} + \frac{0.059}{n_2} \lg \frac{c(Fe^{3+})}{c(Fe^{2+})}$$

$$= 0.68 + 0.059 \lg \frac{99.9}{0.1} = 0.86 \text{ V}$$

2. 化学计量点时的溶液电位

$$E_{eq} = E^0(Ce^{4+}/Ce^{3+}) + \frac{0.059}{n_1} \lg \frac{c(Ce^{4+})}{c(Ce^{3+})} = E^{0\prime}_{(Fe^{3+}/Fe^{2+})} + \frac{0.059}{n_2} \lg \frac{c(Fe^{3+})}{c(Fe^{2+})}$$

$$n_1 E_{eq} = n_1 E^{0\prime}(Ce^{4+}/Ce^{3+}) + 0.059 \lg \frac{c(Ce^{4+})}{c(Ce^{3+})}$$

$$n_2 E_{eq} = n_2 E^{0\prime}(Fe^{3+}/Fe^{2+}) + 0.059 \lg \frac{c(Fe^{3+})}{c(Fe^{2+})}$$

$$(n_1 + n_2) E_{eq} = n_1 E^{0\prime}(Ce^{4+}/Ce^{3+}) + n_2 E^{0\prime}(Fe^{3+}/Fe^{2+}) + 0.059 \lg \frac{c(Ce^{4+})c(Fe^{3+})}{c(Fe^{2+})c(Ce^{3+})}$$

反应物:$c(Ce^{4+})$ 和 $c(Fe^{2+})$ 很小且相等。

产物:$c(Ce^{3+})$ 和 $c(Fe^{3+})$ 较大且相等。

当 $n_1 = n_2$ 时,化学计量点时的溶液电位通式:

$$(n_1 + n_2) E_{eq} = n_1 E^{0\prime}_1 + n_2 E^{0\prime}_2$$

$$E_{eq} = \frac{n_1 E^{0\prime}_1 + n_2 E^{0\prime}_2}{n_1 + n_2}$$

该式仅适用于 $n_1 = n_2$ 的反应,对于本滴定反应,化学计量点电位:

$$E_{eq} = \frac{0.68 + 1.44}{1 + 1} = \frac{2.12}{2} = 1.06 \text{(V)}$$

3. 化学计量点后,溶液中四价铈过量0.1%

$$E(Ce^{4+}/Ce^{3+}) = E^{0\prime}(Ce^{4+}/Ce^{3+}) + \frac{0.059}{n} \lg \frac{c(Ce^{4+})}{c(Ce^{3+})} = 1.44 + \frac{0.059}{1} \lg \frac{0.1}{99.9} = 1.26 \text{ V}$$

各阶段详细数据如表 2-4-1 所示。

表 2-4-1 0.1000 mol/L 的 Ce^{4+} 溶液滴定 0.1000 mol/L 的 Fe^{2+} 溶液时的电位的变化(25 ℃)

滴入 Ce^{4+} 溶液体积/mL	滴定百分数/(%)	$\dfrac{c(\text{Ox})}{c(\text{Red})}$	滴定体系的电极电位 E/V
		$\dfrac{c(Fe^{3+})}{c(Fe^{2+})}$	
		10^{-1}	
1.08	9	10^0	0.62
10.00	50	10^1	0.68
18.20	91	10^2	0.74
19.80	99	10^3	0.80
19.98	99.9		0.86
20.00	100	$\dfrac{c(Ce^{4+})}{c(Ce^{3+})}$	1.06
		10^{-3}	
		10^{-2}	
20.02	100.1	100	1.26
20.20	101		1.32
40.00	200		1.44

根据表数据做出滴定曲线如图 2-4-1 所示。

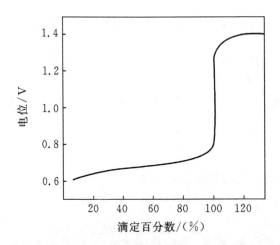

图 2-4-1 0.1000 mol/L 的 Ce^{2+} 溶液滴定 0.1000 mol/L 的 Fe^{2+} 的滴定曲线

从表 2-4-1 及图 2-4-1 可见,氧化还原滴定计量点附近有明显的电位突跃,可根据电位变化或选择在此电位突跃范围内颜色变化的指示剂来判断滴定终点。氧化还原滴定曲线突跃范围大小也与溶液浓度有关。

二、氧化还原指示剂

氧化还原指示剂可以利用自身颜色的变化来指示滴定终点。常用的有以下几种类型：

1. 自身指示剂

有些标准溶液或被测定物质本身有颜色，而滴定产物无色或颜色很浅，则滴定时无需另加指示剂，本身的颜色变化起着指示剂的作用叫做自身指示剂（selfindicator）。例如，MnO_4^- 本身显紫红色，而被还原的产物 Mn^{2+} 几乎无色，所以用 $KMnO_4$ 来滴定无色或浅色还原剂时，一般不必另加指示剂。化学计量点后稍过量的 MnO_4^- 即使溶液显粉红色。实验证明，MnO_4^- 浓度为 2×10^{-6} mol/L（相当于 100 mL 溶液中有 0.02 mol/L 的 $KMnO_4$ 溶液 0.01 mL），就能观察到明显的粉红色，变色很敏锐。

2. 专属指示剂

有些物质本身并不具有氧化还原性，但它能与滴定剂或被测物产生特殊的颜色，因而可指示滴定终点，他们称为特殊指示剂。例如，在室温下，可溶性淀粉与碘反应生成深蓝色吸附化合物，反应特效而灵敏。用淀粉可检出含量约为 5×10^{-6} mol/L 的碘溶液。碘量法就是利用可溶性淀粉作为指示剂滴定终点的，故淀粉称为专属专属指示剂。在滴定反应中，当 I_2 被还原为 I^- 时，蓝色消失；当 I^- 被还原为 I_2 时，蓝色出现。因而可以根据蓝色的呈现或消失来滴定终点。又如，以 Fe^{3+} 滴定 Sn^{2+} 时，可用 KSCN 为指示剂，当溶液出现 Fe(Ⅲ) 的硫氰酸配合物的红色时即为终点。

3. 一般氧化还原指示剂

这类指示剂一般是具有氧化还原能力的有机化合物，但其氧化态和还原态具有不同的颜色。它作为氧化剂或还原剂参与氧化还原反应，能因氧化还原作用发生颜色变化。例如常用的氧化还原指示剂二苯胺磺酸钠，它的氧化态呈紫红色，还原态是无色的。当用 $K_2Cr_2O_7$ 溶液滴定 Fe^{2+}，以二苯胺磺酸钠为指示剂，则滴定到化学计量点时，稍稍过量的 $K_2Cr_2O_7$ 就使二苯胺磺酸钠由无色变的还原态氧化为紫红色的氧化态，以指示终点的到达。

如果用 In_{Ox} 和 In_{Red} 分别表示指示剂的氧化态和还原态物种，并假定其电极反应时可逆的，则指示剂的电极反应和能斯方程为

$$In_{Ox} + ne \Longrightarrow In_{Red}$$

$$\varphi = \varphi_{In}^{\ominus\prime} + \frac{0.0592}{n} \lg \frac{[In_{Ox}]}{[In_{Red}]}$$

当 $[In_{Ox}]/[In_{Red}]$ 从 $10 \sim 1/10$ 变化时，指示剂的颜色将由氧化态的颜色转变为还原态的颜色，相应的指示剂变色范围为 $\varphi_{In}^{\ominus\prime} + \frac{0.0592}{n}$(V)。

当滴定体系的电势恰好等于 $\varphi_{In}^{\ominus\prime}$，$[In_{Ox}]/[In_{Red}] = 1$ 时，指示剂将呈现氧化态和还原态的中间色，称为变色点。表 2-4-2 列出了一些常用的氧化还原指示剂及其变色点的电极

电势。

表 2-4-2 常用的氧化还原指示剂及其变色点的电极电位

指示剂	$\varphi_{In}^{\ominus'}([H^+]=1\text{ mol/L})/V$	颜色变化	
		氧化态	还原态
亚甲基蓝	0.36	蓝	无色
二苯胺	0.76	紫	无色
二苯胺磺酸钠	0.84	紫红	无色
邻苯氨基苯甲酸	0.89	紫红	无色
邻二氮菲亚铁	1.06	浅蓝	红
硝基邻二氮菲亚铁	0.25	浅蓝	紫红

由指示剂变化范围可知,氧化还原指示剂的变色范围很小,所以在氧化还原滴定中,选择指示剂的原则是:指示剂的变色点的电极电位应处于滴定终点电极电位的滴定突跃范围。例如,在 H_2SO_4 介质中,用 Ce^{4+} 溶液滴定 Fe^{2+},宜选用邻二氮菲亚铁作指示剂。

三、常用氧化还原滴定法

(一)高锰酸钾法

1. 基本原理

高锰酸钾法是以高锰酸钾作标准溶液的滴定分析法。高锰酸钾是一种强氧化剂。它的氧化能力和反应产物都和溶液的酸度有关。

在强酸性溶液中,MnO_4^- 被还原为 Mn^{2+}:

$$MnO_4^- + 5e + 8H^+ = Mn^{2+} + 4H_2O$$

紫红色　　　　　　　　　无色

在弱酸性、中性或弱碱性溶液中,MnO_4^- 被还原为 MnO_2:

$$MnO_4^- + 2H_2O + 3e = MnO_2 + 4OH^-$$

棕色

在强碱向溶液中,MnO_4^- 被还原为 MnO_4^{2-}:

$$MnO_4^- + e = MnO_4^{2-}$$

亮绿色

在这三个介质中,MnO_4^- 氧化能力在强酸性溶液氧化能力最强,其还原产物 Mn^{2+} 几乎接近无色,便于终点观察。因此高锰酸钾法一般都是在强酸条件下进行的,通常使用的是 H_2SO_4。

2. 测定对象

高锰酸钾法的优点是应用非常广泛,可以直接测定具有还原性的物质:如 Fe^{2+}、$C_2O_4^{2-}$、

H_2O_2 和 NO_3^- 等；也可以用返滴定法测定一些氧化物性质，如 MnO_4^{2-}、CrO_4^{2-}、$Cr_2O_7^{2-}$ 和 ClO_3^- 等。这些氧化剂先与过量的草酸根反应，再用 $KMnO_4$ 滴定过量的草酸根，这样可以间接测定这些氧化剂。

利用有些金属离子与草酸根反应形成沉淀，用稀硫酸溶解，然后用 $KMnO_4$ 滴定溶液中的草酸根，这可间接地测定某些非氧化还原性物质，如 Ca^{2+}、Hg^{2+}、Ag^+、Bi^{2+} 等。而且高锰酸钾法滴定时一般不需要外加指示剂，属自身指示剂。

由于 $KMnO_4$ 氧化能力强，能直接或间接测定许多物质，但同时能和很多还原性物质发生作用，所以干扰也较严重。

（二）重铬酸钾法

1. 基本原理

用重铬酸钾作标准溶液的氧化还原滴定法称为重铬酸钾法。在酸性溶液当中，$Cr_2O_7^{2-}$ 的还原产物为 Cr^{3+}：

$$Cr_2O_7^{2-} + 14H^+ + 6e \Longrightarrow 2Cr^{3+} + 7H_2O$$

$K_2Cr_2O_7$ 标准溶液因颜色较浅，不能做自身指示剂，常用二苯胺磺酸钠作指示剂。虽然 $K_2Cr_2O_7$ 的氧化能力不如 $KMnO_4$，但它仍是一种较强的氧化剂，能测定许多无机物和有机物等。

与高锰酸钾法相比，重铬酸钾法有许多优点：

①$K_2Cr_2O_7$ 易提纯，在 140～150 ℃干燥 2 h 即可用直接发配制；

②$K_2Cr_2O_7$ 标准溶液非常稳定，可以长时间保存；

③不受溶液中 Cl^- 的影响，可在盐酸溶液中滴定。

2. 测定对象

重铬酸钾在酸性溶液中的条件电位比高锰钾的条件电位低，故在室温用 $K_2Cr_2O_7$ 滴定还原剂不受 Cl^- 的干扰 $\varphi_{Cl_2/Cl^-}^{\ominus'}=1.36\ V$)，反应可以在盐酸介质中进行，这是重铬酸钾法的一个优点。

重铬酸钾易于纯制，它的标准溶液通常用直接法配制，无须标定。配制好的标准溶液非常稳定，长期放置浓度不变，这是本法的又一优点。

重铬酸钾法最重要的应用是测定样品中铁的含量。另外，能与 Fe(Ⅲ)定量反应生成化学计量 Fe(Ⅱ)的还原性物质，如 Cu(Ⅰ)等也可用间接滴定法测定含量；由于 $K_2Cr_2O_7$ 氧化有机物的速度太慢，故有机物测定很少应用重铬酸钾法。

（三）碘量法

1. 基本原理

碘量法是利用碘的氧化性和碘离子还原性来进行测定的一种分析方法。碘量法采用淀粉作指示剂，灵敏性高。碘量法又可分成直接碘量法和间接碘量法。

(1) 直接碘量法(碘滴定法)

基本反应为:
$$I_2 + 2e \Longrightarrow 2I^-$$

I_2 是较弱的氧化剂,当被测物为强还原剂(如 AsO_3^{3-}、SO_3^{2-}、$S_2O_3^{2-}$、还原糖和维生素 C 等)时,可用 I_2 标准溶液直接滴定。这种方法称为直接碘量法或碘滴定法。

直接碘量法采用淀粉作指示剂。痕量碘和淀粉生成深蓝色配合物,即为滴定终点。

应当指出,直接碘量法不能在碱性溶液中进行,因为在碱性条件下碘易发生歧化反应,使测定结果发生较大的误差:

$$3I_2 + 6OH^- \Longrightarrow IO_3^- + 5I^- + 3H_2O$$

(2) 间接碘量法(滴定碘法)

碘离子是一种中等强度的还原剂,可以利用 I^- 与氧化剂($KMnO_4$、$K_2Cr_2O_7$ 和 Cu^{2+})等反应,产生等物质的量的 I_2,再用 $Na_2S_2O_3$ 标准溶液滴定析出的 I_2,从而测定氧化剂的含量,这一方法称为间接碘量法或滴定碘法。基本反应应为:

$$2I^- - 2e \Longrightarrow I_2$$
$$I_2 + 2S_2O_3^{2-} \Longrightarrow 2I^- + S_4O_6^{2-}$$

间接碘量法必须在中性或弱酸性条件下进行。在碱性条件下,I_2 不仅发生歧化反应,还可以与 $S_2O_3^{2-}$ 发生副反应。间接碘量法仍采用淀粉作指示剂。由于淀粉与 I_2 形成的深蓝色配合物妨碍 I_2 的氧化作用,指示剂需要在邻近终点(溶液由浓碘溶液的深褐色变为稀释碘溶液的浅黄色)时加入。

2. 测定对象

凡能与 KI 作用定量析出 I_2 的氧化性物质,如 Cu^{2+}、MnO_4^-、$Cr_2O_7^{2-}$、H_2O_2、SbO_4^{3-}、ClO_4^-、ClO_3^-、ClO^-、IO_3^- 等都可用间接碘量法测定。还可以测定能与 CrO_4^{2-} 生成沉淀的 Pb^{2+}、Ba^{2+} 等。间接碘量法也是常以淀粉为指示剂,直接碘量法以蓝色出现为终点;间接碘量法以蓝色消失为终点。

四、氧化还原滴定法应用

(一) 高锰酸钾法应用

1. 高锰酸钾标准溶液的配制与标定

(1) 配制

高锰酸钾中常含有少量 MnO_2 和其他杂质。配制所用的蒸馏水中常含有微量的还原性物质,可与 MnO_4^- 反应析出 $Mn(OH)_2$ 沉淀,反过来又促进 $KMnO_4$ 进一步分解。因此,$KMnO_4$ 标准溶液只能用间接法配制,即配制与所需浓度大致相当的溶液。称取一定质量的 $KMnO_4$,溶解于一定体积的蒸馏水中,加热煮沸后,贮存于棕色试剂中,暗处存放天数后,要用玻璃砂漏斗过滤后,用基准物质标定。配置好的 $KMnO_4$ 应装在棕色瓶中避光保存。

(2) 标定

标定 $KMnO_4$ 的基准物质有 $H_2C_2O_4 \cdot 2H_2O$、$Na_2C_2O_4$、$H_2C_2O_4 \cdot 2H_2O$、$(NH_4)_2Fe(SO_4)_2$、As_2O_3 和纯铁丝等。草酸钠($Na_2C_2O_4$)容易提纯,性质稳定,不含结晶水,是常用的基准物质。在酸性(H_2SO_4)溶液中,MnO_4^- 和 $C_2O_4^{2-}$ 的反应如下:

$$2MnO_4^- + 5C_2O_4^{2-} + 16H^+ = 2Mn^{2+} + 10CO_2 + 8H_2O$$

在硫酸溶液中用 $Na_2C_2O_4$ 标定 $KMnO_4$,滴定条件如下。

① 控制温度:$KMnO_4$ 与默写还原剂反应的速率较慢,滴定时,需在较高温度下进行。例如用 $Na_2C_2O_4$ 标定 $KMnO_4$ 时,反应在室温下速率缓慢,滴定通常在 70~85 ℃ 条件下进行。即使如此,滴定开始时,反应速率仍较慢,但温度不易过高,超过 90 ℃,部分草酸发生分解生成 CO_2、CO 和 H_2O。

② 控制酸度:一般滴定开始时,溶液的酸度要控制在 0.5~1 mol/L 为宜。酸度不够时,易生成 MnO_2 沉淀或其他产物,酸度过高又会促使 $H_2C_2O_4$ 分解,滴定终点体系酸度大约为 0.2~0.5 mol/L。

③ 控制速度:开始时反应速率很慢,当有 Mn^{2+} 生成时,对该反应有催化作用,反应速率逐渐加快。所以开始滴定时速率一定要慢,在 $KMnO_4$ 的颜色没有褪掉前,不要再滴入 $KMnO_4$ 溶液,待颜色褪掉后,再滴入下一滴。

例 2-4-1 配制 1.5 L $c(\frac{1}{5}KMnO_4) = 0.2$ mol/L 的 $KMnO_4$ 溶液,应称取 $KMnO_4$ 多少克?配制 1 L $T^{2+}_{Fe/KMnO_4} = 0.006\ 00$ g/mL 的溶液应称取 $KMnO_4$ 多少克?

解:已知 $M(KMnO_4) = 158$ g/mol;$M(Fe) = 55.85$ g/mol

(1) 因为 $\quad m_{KMnO_4} = c(\frac{1}{5}KMnO_4) V(KMnO_4) M(\frac{1}{5}KMnO_4)$

所以 $\quad m_{KMnO_4} = (1.5 \times 0.2 \times \frac{1}{5} \times 158)$ g $= 9.5$ g

答:配制 1.5 L $c(\frac{1}{5}KMnO_4) = 0.2$ mol/L 的 $KMnO_4$ 溶液,应称取 $KMnO_4$ 9.5 g。

(2) 按题意,$KMnO_4$ 与 Fe^{2+} 的反应为:

$$KMnO_4 + 5Fe^{2+} + 8H^+ = Mn^{2+} + 5Fe^{3+} + 4H_2O$$

在该反应中,Fe^{2+} 的基本单元为自身,则

$$c(\frac{1}{5}KMnO_4) = \frac{T \times 1\ 000}{M(Fe)}$$

所以 $\quad c(\frac{1}{5}KMnO_4) = \frac{0.006\ 00 \times 1\ 000}{55.85 \times 1}$ mol/L $= 0.108$ mol/L

所需 $KMnO_4$ 的质量为:

$$m_{KMnO_4} = c(\frac{1}{5}KMnO_4)V(KMnO_4)M(\frac{1}{5}KMnO_4)$$

即 $m_{KMnO_4} = 0.108 \times 1 \times \frac{1}{5} \times 158 \text{ g} = 3.4 \text{ g}$

例 2-4-2 称取软锰矿试样 0.500 0 g,加入 0.750 0 g $H_2C_2O_4 \cdot 2H_2O$ 及稀 H_2SO_4,加热至反应完全。过量的草酸用 30.00 mL 0.020 00 mol/L $KMnO_4$ 滴定至终点,求 $w(MnO_2)$。

解:此例为用高锰酸钾法测定 MnO_2,采用返滴定方式。

$$MnO_2 + H_2C_2O_4 + 2H^+ =\!\!=\!\!= Mn^{2+} + 2CO_2\uparrow + 2H_2O$$

$$2MnO_4^- + 5H_2C_2O_4 + 6H^+ =\!\!=\!\!= 2Mn^{2+} + 10CO_2\uparrow + 8H_2O$$

各物质之间的计量关系为 $5 MnO_2 \sim 5 H_2C_2O_4 \sim 2 MnO_4^-$

MnO_2 的含量可用下式求得:

$$w(MnO_2) = \frac{\left[\frac{m(H_2C_2O_4 \cdot 2H_2O)}{M(H_2C_2O_4 \cdot 2H_2O)} - \frac{5}{2} \times c(KMnO_4)V(KMnO_4)\right] \times M(MnO_2)}{m_s} \times 100\%$$

$$= \frac{\left(\frac{0.750\ 0}{126.07} - \frac{5}{2} \times 0.020\ 00 \times 30.00 \times 10^{-3}\right) \times 86.94}{0.500\ 0} \times 100\% = 77.36\%$$

2. 应用示例

(1)过氧化氢的测定

在酸性条件下,用 $KMnO_4$ 直接滴定,其反应为:

$$2MnO_4^- + 5H_2O_2 + 6H^+ =\!\!=\!\!= 2Mn^{2+} + 5CO_2 + 8H_2O$$

此滴定可在室温下进行,终点为浅红色。

例 2-4-3 取双氧水样品 25.00 mL 稀释至 250 mL,加 10 mL 3 mol/L 硫酸,用 $c(KMnO_4) = 0.011\ 15$ mol/L 标准滴定溶液滴定至微红色,消耗 $KMnO_4$ 标准滴定溶液 8.32 mL,计算双氧水的含量。(已知:$M(H_2O_2) = 34.075$ g/mol)

解: $\rho(H_2O_2) = \dfrac{\left(\frac{5}{2} \times c(KMnO_4)V(KMnO_4)M(H_2O_2)\right) \times \frac{25.00}{250.0}}{V(H_2O_2)} \times 100\%$

$= 0.315\ 6$ g/L

(2)有机物的测定

在强碱溶液中,过量的 $KMnO_4$ 能定量地氧化某些有机物,如 $KMnO_4$ 氧化甲酸,反应为:

$$HCOO^- + 2MnO_4^- + 3OH^- =\!\!=\!\!= CO_3^{2-} + 2MnO_4^{2-} + 2H_2O$$

反应完成后,将溶液酸化,用还原剂的标准溶液滴定溶液中所有的高价态锰,使之还原

为 Mn^{2+},计算消耗的还原剂的物质的量。用同样的方法,测定出反应前一定量碱性 $KMnO_4$ 溶液相当于还原剂的物质的量,根据二者的差即可计算出甲酸的含量。同理可测柠檬酸、水杨酸、葡萄糖等的含量。

例 2-4-4 称取含少量水的甲酸(HCOOH)试样 0.2040 g,溶解于碱性溶液中后,加入 $c(KMnO_4)=0.02010$ mol/L $KMnO_4$ 溶液 25.00 mL,待反应完全后,酸化,加入过量的 KI,还原过剩的 MnO_4^- 以及 MnO_4^{2-} 歧化生成的 MnO_4^- 和 MnO_2,最后用 0.1002 mol/L $Na_2S_2O_3$ 标准溶液滴定析出的 I_2,计消耗 $Na_2S_2O_3$ 溶液 21.02 mL。计算试样中甲酸的质量分数。(已知:$M(HCOOH)=46.04$ g/mol)

解:按题意,测定过程发生如下反应:

$$HCOOH + 2MnO_4^- + 6OH^- \longrightarrow CO_3^{2-} + 2MnO_4^{2-} + 4H_2O$$

$$3MnO_4^{2-} + 4H^+ \longrightarrow 2MnO_4^- + MnO_2\downarrow + 2H_2O$$

然后 I^- 将 MnO_4^- 和 MnO_4^{2-} 全部还原为 Mn^{2+}。

该测定中的氧化剂是 $KMnO_4$,还原剂有 HCOOH 与 $Na_2S_2O_3$。$KMnO_4$ 虽经多步反应,但最终产物为 Mn^{2+},故 $KMnO_4$ 的基本单元为 $\frac{1}{5}KMnO_4$;HCOOH 因最终产物是 CO_3^{2-},故 HCOOH 的基本单元为 $\frac{1}{2}HCOOH$;而 $Na_2S_2O_3$ 基本单元为 $Na_2S_2O_3$。

按等物质量规则:

$$n\left(\frac{1}{5}KMnO_4\right) = n\left(\frac{1}{2}HCOOH\right) + n(Na_2S_2O_3)$$

故

$$w_{HCOOH} = \frac{n(1/2\,HCOOH) \cdot M(1/2\,HCOOH)}{m_s} \times 100\%$$

$$= \frac{[5c(KMnO_4) \cdot V_{KMnO_4} - c(Na_2S_2O_3) \cdot V_{Na_2S_2O_3}] \cdot M(1/2\,HCOOH)}{m_s \times 1000} \times 100\%$$

所以

$$w_{HCOOH} = \frac{[(5\times 0.02010\times 25.00)-(0.1002\times 21.02)]\times 23.02}{0.2040\times 1000}\times 100\% = 4.58\%$$

答:甲酸的质量分数为 4.58%。

(3)Ca^{2+} 的测定

利用 $KMnO_4$ 法间接可测定 Ca^{2+} 含量,其具体步骤是:现将 Ca^{2+} 转化 CaC_2O_4 沉淀,经过滤、洗涤后,再将沉淀溶于稀 H_2SO_4 中,最后 $KMnO_4$ 标准溶液滴定。有关反应如下:

$$Ca^{2+} + C_2O_4^{2-} = CaC_2O_4\downarrow$$

$$CaC_2O_4 + 2H^+ = Ca^{2+} + H_2C_2O_4$$

$$5H_2C_2O_4 + 2MnO_4^- + 6H^+ = 2Mn^{2+} + 10CO_2\uparrow + 8H_2O$$

根据消耗的 $KMnO_4$ 标准溶液的体积即可计算出 Ca^{2+} 的含量。

例 2-4-5 称取 0.1802 g 石灰石试样溶于 HCl 溶液后,将钙沉淀 CaC_2O_4。将沉淀过滤、洗涤后溶于稀硫酸中,用 0.02016 mol/L $KMnO_4$ 标准溶液滴定至终点,用去 28.80 mL,

求试样中的钙含量。

解：

$$w(\text{Ca}) = \frac{\frac{5}{2}c(\text{KMnO}_4)V(\text{KMnO}_4)M(\text{Ca}) \times 10^{-3}}{m_s} \times 100\%$$

（二）重铬酸钾法应用

1. $K_2Cr_2O_7$ 标准溶液的配制

（1）直接配制法

$K_2Cr_2O_7$ 标准溶液可用直接配置法配制，但在配制前应将 $K_2Cr_2O_7$ 基准试剂在 105～110 ℃温度下烘至恒重。

（2）间接配置法

若使用分析纯 $K_2Cr_2O_7$ 试剂配制标准溶液，则需进行标定，其标定原理是：移取一定体积的 $K_2Cr_2O_7$ 溶液，加入过量的 KI 和 H_2SO_4，用已知浓度的 $Na_2S_2O_3$ 标准滴定溶液进行滴定，以淀粉指示液指示滴定终点。

2. 应用示例

（1）矿石中铁的测定

$K_2Cr_2O_7$ 法最重要的应用时测定铁矿中全铁量。在酸性条件下，重铬酸钾和亚铁盐的基本反应为：

$$\text{Cr}_2\text{O}_7^{2-} + 6\text{Fe}^{2+} + 14\text{H}^+ = 2\text{Cr}^{3+} + 6\text{Fe}^{3+} + 7\text{H}_2\text{O}$$

选用二苯胺磺酸钠作指示剂，为了减少误差在滴定前加入磷酸（H_3PO_4），使其与 Fe^{3+} 生成无色稳定的 $Fe(HPO_4)_2^-$，指示剂变色时，$Cr_2O_7^{2-}$ 与 Fe^{2+} 反应完全。滴定终点前，指示剂呈无色，溶液因 Cr^{3+} 的存在显绿色，当到达终点时，溶液由绿色变为紫色。

计算依据为：

$$w(\text{Fe}) = \frac{c(\frac{1}{6}K_2Cr_2O_4) \times \frac{V(K_2Cr_2O_4)}{1\,000} \times M(\frac{1}{2}\text{Fe})}{G} \times 100\%$$

（2）工业废水化学耗氧量的测定

化学耗氧量（COD）是指每升水中的还原性物质（有机物和无机物），在一定条件下被强氧化剂氧化时所消耗的氧的质量。一定量的重铬酸钾在强酸性溶液中将还原性物质（有机的和无机的）氧化，过量的重铬酸钾以试亚铁灵作指示剂，用硫酸亚铁铵回滴，由消耗的重铬酸钾量可算出水样中有机物质被氧化所消耗的氧的 mg/L 数。

例 2-4-6 今取废水样 100 mL，用 H_2SO_4 酸化后，加 25.00 mL $c(K_2Cr_2O_7) = 0.016\,67$ mol/L 的 $K_2Cr_2O_7$ 标准溶液，以 Ag_2SO_4 为催化剂煮沸，待水样中还原性物质完全被氧化后，以邻二氮菲亚铁为指示剂，用 $c(FeSO_4) = 0.100\,0$ mol/L $FeSO_4$ 标准溶液滴定剩余的 $Cr_2O_7^{2-}$，用去 15.00 mL。计算水样中化学耗氧量。以 $\rho(g/L)$ 表示。

解：按题意：

$$6Fe^{2+} + Cr_2O_7^{2-} + 14H^+ \longrightarrow 6Fe^{3+} + 2Cr^{3+} + 7H_2O$$

$$6FeSO_4 \cong K_2Cr_2O_7$$

$K_2Cr_2O_7$ 基本单元为 $\frac{1}{6}K_2Cr_2O_7$；$FeSO_4$ 基本单元为 $FeSO_4$。

由于 $K_2Cr_2O_7$ 与 O_2 相当关系为：

$$\frac{1}{6}K_2Cr_2O_7 \cong \frac{1}{4}O_2$$

所以 O_2 的基本单元为 $\frac{1}{4}O_2$。

根据题意得：$n(1/4\,O_2) = n(1/6\,K_2Cr_2O_7) - n(FeSO_4)$

所以
$$\rho(O_2) = \frac{m_{O_2}}{V_{水样}}$$

$$= [c(\tfrac{1}{6}K_2Cr_2O_7)V(K_2Cr_2O_7) - c(FeSO_4)V(FeSO_4)] \times \frac{M(1/4\,O_2)}{V_{水样}}$$

$\rho(O_2) = (6 \times 0.016\,67 \times 25.00 - 0.100\,0 \times 15.00) \times \dfrac{8.000}{100}$ g/L $= 0.080\,0$ g/L

答：水样中的化学耗氧量为 $0.080\,0$ g/L。

(三)碘量法

1. 标准溶液的配制与标定

(1)碘标准溶液的配制与标定

碘单质因具有挥发性，不易在天平上准确称量，所以用间接配置法配制。先配制成近似溶度的溶液，然后进行标定。配制 0.05 mol/L I_2 溶液方法如下：用推盘天平称取碎的碘 13 g，放入盛有 KI 的溶液(质量分数为 36%)的烧杯中，使之完全溶解，加 3 滴盐酸，加蒸馏水稀释至 1 000 mL，过滤。配好的溶液盛放在棕色瓶中，密闭暗处存放。

标准碘溶液可以用已知浓度的硫代硫酸钠溶液标定；也可用标准物质进行标定，常用基准物质为 As_2O_3。具体步骤如下：准确称取在 105 ℃ 干燥至恒重的 As_2O_3 0.150 0 g，加入 20 mL 1 mol/L 的 NaOH 溶液，加热溶解，加 60 mL 的蒸馏水与甲基橙指示剂 2 滴，用稀盐酸中和至浅红色。缓和加入 $NaHCO_3$ 溶液，将 pH 值调至 8～9。加 50 mL 蒸馏水，淀粉溶液 2 mL，用碘溶液滴定到持久的蓝色为止。反应方程如下：

$$As_2O_3 + 2OH^- = 2AsO_2^- + H_2O$$
$$I_2 + HAsO_2 + 2H_2O = HAsO_4^{2-} + 2I^- + 4H^+$$

(2)硫代硫酸钠标准溶液的配制与标定

硫代硫酸钠是碘量法中最重要的标准溶液。因 $Na_2S_2O_3$ 不具备基准物质的条件，所以只能用间接配置法配制。配制 $Na_2S_2O_3$ 标准溶液必须用新煮沸并冷却的蒸馏水，杀灭微生物,除去水中溶解的 CO_2 和 O_2,再加入少量 Na_2CO_3 使溶液称弱碱性,以抑制微生物的生长。$Na_2S_2O_3$ 溶液应存放在棕色试剂瓶中,放在暗处。

标定 $Na_2S_2O_3$ 溶液最常用的基准物质是 $K_2Cr_2O_7$,其反应如下:

$$Cr_2O_7^{2-} + 6I^- + 14H^+ =\!=\!= 2Cr^{3+} + 3I_2 + 7H_2O$$

用 $Na_2S_2O_3$ 溶液滴定析出的碘。根据反应方程式计算 $Na_2S_2O_3$ 的浓度。

例 2-4-7 称取 $Na_2SO_3 \cdot 5H_2O$ 试样 0.387 8 g,将其溶解,加入 50.00 mL $c(1/2\ I_2)$ = 0.097 70 mol/L 的 I_2 溶液处理,剩余的 I_2 需要用 $c(Na_2S_2O_3)$ = 0.100 8 mol/L $Na_2S_2O_3$ 标准滴定溶液 25.40 mL 滴定至终点。计算试样中 Na_2SO_3 的质量分数。(已知:$M(Na_2SO_3)$ = 126.04 g/mol)

解:根据题意有关反应式如下:

$$I_2 + SO_3^{2-} + H_2O \longrightarrow 2H^+ + 2I^- + SO_4^{2-}$$

$$S_2O_3^{2-} + I_2 \longrightarrow S_4O_6^{2-} + 2I^-$$

$$Na_2SO_3 \leftrightharpoons I_2$$

故 Na_2SO_3 的基本单元为 $(\frac{1}{2} Na_2SO_3)$,则

$$w_{Na_2SO_3} = \frac{[c(\frac{1}{2}I_2) \cdot V(I_2) - c(Na_2S_2O_3) \cdot V(Na_2S_2O_3)] M(\frac{1}{2}Na_2SO_3)}{m_s \times 1\ 000} \times 100\%$$

$$w_{Na_2SO_3} = \frac{(0.097\ 70 \times 50.00 - 0.100\ 8 \times 25.40) \times 63.02}{0.387\ 8 \times 1\ 000} \times 100\% = 37.78\%$$

答:样品中 Na_2SO_3 的含量为 37.78%。

2. 应用示例

(1) 铜的测定

该法基于 Cu^{2+} 与过量的 KI 作用,定量析出 I_2,然后用 $Na_2S_2O_3$ 滴定。但因 CuI 便于吸附 I_2,将使结果降低。加入 KSCN 使 CuI 转化成 CuSCN,可解析出 CuI 吸附 I_2,从而提高测定的准确度。KSCN 近于终点时加入,以避免 SCN^- 使 I_2 还原,造成结果偏低。

(2) 漂白粉中的"有效氯"的测定

漂白粉与酸作用放出的氯称为"有效氯"。它是漂白粉中氯的氧化能力的一种量度,因此常用 Cl_2 的质量分数表征漂白粉的品质。

用间接碘量法测定有效氯,是在试样的酸液中加入过量的 KI 析出的 I_2 用 $Na_2S_2O_3$ 标准溶液滴定:

$$Cl_2 + 2KI =\!=\!= I_2 + 2KCl$$

$$I_2 + 2S_2O_3^{2-} =\!=\!= 2I^- + S_4O_6^{2-}$$

根据 $Na_2S_2O_3$ 的量,计算 Cl 的质量分数。

例 2-4-8 称取 NaClO 试液 5.860 0 g 于 250 mL 容量瓶中,稀释定容后,移取 25.00 mL

于碘量瓶中,加水稀释并加入适量 HAc 溶液和 KI,盖紧碘量瓶塞子后静置片刻。以淀粉作指示液,用 $Na_2S_2O_3$ 标准滴定溶液($T(I_2/Na_2S_2O_3) = 0.01335$ g/mL)滴定至终点,用去 20.64 mL,计算试样中 Cl 的质量分数。(已知:$M(I_2) = 253.8$ g/mol;$M(Cl) = 35.45$ g/mol)

解:根据题意,测定中有关的反应式如下:

$$ClO^- + 2I^- + 2H^+ \longrightarrow Cl^- + I_2 + 2H_2O$$

$$Cl_2 + 2I^- \longrightarrow 2Cl^- + I_2$$

$$I_2 + 2S_2O_3^{2-} \longrightarrow S_4O_6^{2-} + 2I^-$$

由以上反应可得出:I_2 的基本单元为 $\frac{1}{2}I_2$;Cl 的基本单元为 Cl。

因为

$$c(Na_2S_2O_3) = \frac{T(I_2/Na_2S_2O_3) \times 10^3}{M\left(\frac{1}{2}I_2\right)}$$

因此

$$c(Na_2S_2O_3) = \frac{0.01335 \times 1000}{126.9} \text{mol/L} = 0.1052 \text{ mol/L}$$

因为

$$w(Cl) = \frac{c(Na_2S_2O_3) \cdot V(Na_2S_2O_3) \cdot M(Cl)}{m_s \times \frac{25.00}{250.0} \times 1000} \times 100\%$$

所以

$$w(Cl) = \frac{0.1052 \times 20.64 \times 35.45}{5.8600 \times \frac{25.00}{250} \times 1000} \times 100\% = 13.14\%$$

答:试样中 Cl 的含量为 13.14%。

 习题

一、填空题

1. 根据标准溶液所用的氧化剂不同,氧化还原滴定法通常主要有_____法、_____法和_____法。

2. $KMnO_4$ 试剂中通常含有少量杂质,且蒸馏水中的微量还原性物质又会与 $KMnO_4$ 作用,所以 $KMnO_4$ 标准溶液不能_____配制。

3. $K_2Cr_2O_7$ 易提纯,在通常情况下,试剂级 $K_2Cr_2O_7$ 可以用作_____,所以可_____配制标准溶液。

4. 碘滴定法常用的标准溶液是_____溶液。滴定碘法常用的标准溶液是_____溶液。

5. 氧化还原滴定所用的标准溶液,由于具有氧化性,所以一般在滴定时装在_____滴

定管中。

6. 氧化还原指示剂是一类可以参与氧化还原反应,本身具有_____性质的物质,它们的氧化态和还原态具有_____的颜色。

7. 有的物质本身并不具备氧化还原性,但它能与滴定剂或反应生成物形成特别的有色化合物,从而指示滴定终点,这种指示剂叫做_____指示剂。

8. 用 $KMnO_4$ 溶液滴定至终点后,溶液中出现的粉红色不能持久,是由于空气中的_____气体和灰尘都能与 MnO_4^- 缓慢作用,使溶液的粉红色消失。

9. 在氧化还原滴定中,利用标准溶液本身的颜色变化指示终点的叫做_____。

10. 淀粉可用作指示剂是根据它能与_____反应,生成_____的物质。

二、问答题

1. 常用氧化还原滴定法有哪几类?这些方法的基本反应是什么?
2. 应用于氧化还原滴定法的反应具备什么条件?
3. 用间接碘量法测定物质的含量时,为什么要在被测溶液中加入过量的KI?
4. 氧化还原滴定中的指示剂分为几类?各自如何指示滴定终点?
5. 氧化还原指示剂的变色原理和选择与酸碱指示剂有何异同?
6. 在进行氧化还原滴定之前,为什么要进行预氧化或预还原的处理?预处理时对所用的预氧化剂或还原剂有哪些要求?
7. 碘量法的主要误差来源有哪些?为什么碘量法不适宜在高酸度或高碱度介质中进行?

三、选择题

1. 用间接碘量法测定 $BaCl_2$ 的纯度时,先将 Ba^{2+} 沉淀为 $Ba(IO_3)_2$,洗涤后溶解并酸化,加入过量的 KI,然后用 $Na_2S_2O_3$ 标准溶液滴定,此处 $BaCl_2$ 与 $Na_2S_2O_3$ 的计量关系 $[n(BaCl_2):n(Na_2S_2O_3)]$ 为( )。

A. 1:2   B. 1:3   C. 1:6   D. 1:12

2. 某铁矿试样含铁约50%左右,现以 0.016 67 mol/L 的 $K_2Cr_2O_7$ 溶液滴定,欲使滴定时,标准溶液消耗的体积在 20 mL 至 30 mL,应称取试样的质量范围是 $[A_r(Fe)=55.847]$( )。

A. 0.22~0.34 g   B. 0.037~0.055 g   C. 0.074~0.11 g   D. 0.66~0.99 g

3. 已知在 1 mol/L HCl 中 $\varphi^{\ominus\prime}(Cr_2O_7^{2-}/Cr^{3+})=1.00$ V,$\varphi^{\ominus\prime}(Fe^{3+}/Fe^{2+})=0.68$ V。以 $K_2Cr_2O_7$ 滴定 Fe^{2+} 时,下列指示剂中最合适的是( )。

A. 二苯胺($\varphi^{\ominus}=0.76$ V)   B. 二甲基邻二氮菲—Fe^{2+}($\varphi^{\ominus}=0.97$ V)

C. 次甲基蓝($\varphi^{\ominus}=0.53$ V)   D. 中性红($\varphi^{\ominus}=0.24$ V)

4. 用 $KMnO_4$ 溶液进行滴定,当溶液中出现的粉红色在(　　)内不退,就可认为已达滴定终点。

 A. 10 秒钟　　　B. 半分钟　　　C. 1 分钟　　　D. 两分钟

5. 在酸性介质中,用 $KMnO_4$ 溶液滴定草酸钠时,滴定速度(　　)。

 A. 像酸碱滴定那样快速　　　　　B. 始终缓慢

 C. 开始快然后慢　　　　　　　　D. 开始慢中间逐渐加快最后慢

6. 间接碘量法一般是在中性或弱酸性溶液中进行,这是因为(　　)。

 A. NaS_2O_3 在酸性溶液中容易分解　　B. I_2 在酸性条件下易挥发

 C. I_2 在酸性条件下溶解度小　　　　D. 淀粉指示剂在酸性条件下不灵敏

7. 用草酸为基准物质标定 $KMnO_4$ 溶液时,其中 MnO_4^-、$C_2O_4^{2-}$ 的物质的量之比为(　　)。

 A. 2∶5　　　B. 4∶5　　　C. 5∶2　　　D. 5∶4

8. 以碘量法测定铜合金中的铜,称取试样 0.172 7 g,处理成溶液后,用 0.103 2 mol·L^{-1} NaS_2O_3 溶液 24.56 mL 滴至终点,计算铜合金中 Cu% 为(　　)。

 A. 46.80　　　B. 89.27　　　C. 63.42　　　D. 93.61

9. 用间接碘量法测定物质含量时,淀粉指示剂应在(　　)加入。

 A. 滴定前　　　B. 滴定开始时　　　C. 接近等量点时　　　D. 达到等量点时

10. 在滴定碘法中,为了增大单质 I_2 的溶解度,通常采取的措施是(　　)。

 A. 增强酸性　　　B. 加入有机溶剂　　　C. 加热　　　D. 加入过量 KI

四、计算题

1. 在 250 mL 容量瓶中将 1.002 8 g H_2O_2 溶液配制成 250 mL 试液。准确移取此试液 25.00 mL,用 $c(1/5KMnO_4)=0.1000$ mol/L $KMnO_4$ 溶液滴定,消耗 17.38 mL,问 H_2O_2 试样中 H_2O_2 质量分数。

2. 称取 $Na_2SO_3 \cdot 5H_2O$ 试样 0.387 8 g,将其溶解,加入 50.00 mL $c(1/2\ I_2)=0.097\ 70$ mol/L 的 I_2 溶液处理,剩余的 I_2 需要用 $c(Na_2S_2O_3)=0.100\ 8$ mol/L 的 $Na_2S_2O_3$ 标准滴定溶液 25.40 mL 滴定至终点。计算试样中 Na_2SO_3 的质量分数。(已知:$M(Na_2SO_3)=126.04$ g/mol)

3. 化学耗氧量(COD)是指每升水中的还原性物质(有机物和无机物),在一定条件下被强氧化剂氧化时所消耗的氧的质量。今取废水样 100 mL,用 H_2SO_4 酸化后,加 25.00 mL $c(K_2Cr_2O_7)=0.016\ 67$ mol/L 的 $K_2Cr_2O_7$ 标准溶液,以 Ag_2SO_4 为催化剂煮沸,待水样中还原性物质完全被氧化后,以邻二氮菲亚铁为指示剂,用 $c(FeSO_4)=0.100\ 0$ mol/L 的 $FeSO_4$ 标准溶液滴定剩余的 $Cr_2O_7^{2-}$,用去 15.00 mL。计算水样中化学耗氧量,以(g/L)表示。

4. 测定某样品中 $CaCO_3$ 含量时,称取试样 0.230 3 g,溶于酸后加入过量 $(NH_4)_2C_2O_4$,使 Ca^{2+} 离子沉淀为 CaC_2O_4,过滤洗涤后用硫酸溶解,再用 0.040 24 mol·L^{-1} 的 $KMnO_4$ 溶液 22.30 mL 完成滴定,计算试样中 $CaCO_3$ 的质量分数。

第五单元 沉淀滴定法

▶ **教学目标**

1.掌握沉淀滴定法对反应的要求。

2.了解银量法测定的原理

3.掌握莫尔法、佛尔哈德法的应用

▶ **知识导入**

沉淀滴定法以其简单、快速的分析特点被应用于卤化物含量测定和银离子含量测定。但是由于沉淀的生成是一个比较复杂的过程,往往因为沉淀的溶解度大,生成沉淀的反应速度慢,或者没有适当的指示剂等,真正用于滴定分析的沉淀反应并不是很多,而且对沉淀条件的控制也是影响沉淀滴定准确度的重要因素。

一、沉淀滴定法概述

沉淀滴定法是以沉淀反应为基础的滴定分析方法。沉淀反应很多,但能用于滴定分析的沉淀反应必须满足以下几个条件:

①反应完全,依化学计量关系进行;

②反应迅速完成,并很快达到平衡;

③生成的沉淀溶解度较小,组成恒定;

④有合适的方法确定滴定终点。

完全满足上述条件的反应不多,目前应用较多的是生成难溶银盐的反应:$Ag^+ + X^- =$ AgX,X 可以是 Cl^-、Br^-、I^-、SCN^- 等。这种以生成难溶银盐的反应为基础的滴定方法称为银量法。

银量法可用于测定 Ag^+、Cl^-、Br^-、I^-、SCN^-、CN^- 等。

二、银量法测定的三种方法

银量法根据确定滴定终点的方法不同可以分为以下几种常用的方法。

1.莫尔法(Mohr method)

(1)反应原理

莫尔法是以硝酸银为标准溶液,以铬酸钾为指示剂,在中性或弱碱性溶液中测定 Cl^- 或 Br^- 的方法。莫尔法的反应为:

滴定反应:$Ag^+ + Cl^- = AgCl\downarrow$(白色)　　　　$K_{sp} = 1.77 \times 10^{-10}$

终点反应:$2Ag^+ + CrO_4^{2-} = Ag_2CrO_4\downarrow$(砖红色)　　　$K_{sp} = 1.1 \times 10^{-12}$

在滴定过程中,由于 AgCl 的溶解度比 Ag_2CrO_4 的溶解度小,首先析出 AgCl 沉淀。随着硝酸银的不断加入,AgCl 沉淀不断析出,溶液中的 Cl^- 浓度越来越小,当沉淀完全时,稍过量的 Ag^+ 可与指示剂 CrO_4^{2-} 作用生成砖红色的 Ag_2CrO_4 沉淀,指示滴定终点。

(2)测定条件

利用莫尔法时应注意以下测定条件:

①指示剂用量:Ag_2CrO_4 沉淀应恰好在滴定反应化学计量点时产生,根据溶度积原理可以求出化学计量点时,$[Ag^+] = 1.33 \times 10^{-5}$ mol/L。Ag_2CrO_4 沉淀应该恰好在滴定反应的化学计量点时出现。化学计量点时$[Ag^+]$为:$[Ag^+] = [Cl^-] = \sqrt{K_{sp,AgCl}} = \sqrt{3.2 \times 10^{-10}}$ mol/L $= 1.8 \times 10^{-5}$ mol/L。若此时恰有 Ag_2CrO_4 沉淀,则

$$[CrO_4^{2-}] = \frac{K_{sp,Ag_2CrO_4}}{[Ag^+]^2} = 5.0 \times 10^{-12}/(1.8 \times 10^{-5})^2 \text{ mol/L} = 1.5 \times 10^{-2} \text{ mol/L}$$

滴定时,由于 K_2CrO_4 溶液呈黄色,当其浓度高时颜色较深,不易判断砖红色的出现,因此指示剂的颜色略低些为好。如果 K_2CrO_4 溶液浓度过低,终点出现过迟,也影响滴定的准确度。一般滴定溶液中 CrO_4^{2-} 浓度宜控制在 5×10^{-3} mol/L(相当于每 50~100 mL 溶液中加入 5‰ K_2CrO_4 溶液 1.0~2.0 mL)。

②溶液 pH 值的控制:莫尔法测定只能在中性和弱碱性(pH 值为 6.5~8.5)溶液中进行。在酸性溶液中 CrO_4^{2-} 会转化成 $Cr_2O_7^{2-}$,使 Ag_2CrO_4 沉淀出现过迟,终点迟后出现;在碱性溶液中 Ag^+ 易生成 Ag_2O 沉淀。

③不能在含有 NH_3 或其他能与 Ag^+ 形成配合物的物质存在下滴定。能与 Ag^+ 生成沉淀的阴离子如 PO_4^{3-}、$C_2O_4^{2-}$ 等,以及能与 CrO_4^{2-} 形成沉淀的阳离子如 Ba^{2+}、Pb^{2+} 等,均干扰测定。大量存在的有色离子如 MnO_4^-、Fe^{3+}、Cu^{2+}、Ni^{2+}、Co^{2+} 等也会干扰终点的观察,应预先除去。

④滴定时必需剧烈摇动。由于生成的 AgCl 沉淀、AgBr 沉淀容易吸附溶液中的 Cl^- 和 Br^-,以至于使砖红色提早出现。剧烈摇动可使被吸附的离子解吸,避免引起较大的终点误差。

(3)适用范围

莫尔法只能用于测定 Cl^-、Br^-,不适用于测定 I^-、SCN^-。AgI 和 AgSCN 沉淀对离子的吸附能力较强,易产生较大的误差。此方法也不适用 NaCl 做标准溶液测定 Ag^+,因为在 Ag^+ 试液中加入 K_2CrO_4 指示剂,将产生大量的 Ag_2CrO_4 沉淀,而且 Ag_2CrO_4 沉淀转化为 AgCl 沉淀的速度极慢,使测定无法进行。

2. 佛尔哈德法(Volhard method)

(1)反应原理

以铁铵矾[$NH_4Fe(SO_4)_2 \cdot 12H_2O$]做指示剂,用 KSCN 或 NH_4SCN 作标准溶液的方法称为佛尔哈德法。佛尔哈德法可以直接测定 Ag^+,也可以加入过量的 Ag^+ 标准溶液,再用 SCN^- 标准溶液返滴定,测定卤离子或 SCN^-。直接滴定的反应为:

滴定反应：$Ag^+ + SCN^- \rightleftharpoons AgSCN\downarrow$（白色）

终点反应：$Fe^{3+} + SCN^- \rightleftharpoons FeSCN^{2+}$（红色）

直接滴定中，由于 AgSCN 沉淀易吸附溶液中的 Ag^+，使终点提前出现，所以在滴定时必须剧烈振荡，使吸附的 Ag^+ 释放出来。

返滴定法测定卤离子或 SCN^- 的反应为：

滴定前反应：Ag^+（过量）$+ Cl^- \rightleftharpoons AgCl\downarrow$（白）

滴定反应：Ag^+（剩余）$+ SCN^- \rightleftharpoons AgSCN\downarrow$（白色）

终点反应：$Fe^{3+} + SCN^- \rightleftharpoons FeSCN^{2+}$（红色）

在返滴定中，由于 AgCl 的溶解度比 AgSCN 大，过量的 SCN^- 与 AgCl 发生置换反应，使 AgCl 转变成溶解度更小的 AgSCN。

$$AgCl + SCN^- \rightleftharpoons AgSCN\downarrow + Cl^-$$

上反应使终点的 $FeSCN^{2+}$ 红色不能及时出现，或已经出现的红色随着振荡又消失。为了避免终点迟后造成的误差，可以采取以下措施：

①将生成的 AgCl 沉淀过滤除去，再用 SCN^- 标准溶液滴定滤液；

②用 SCN^- 标准溶液滴定前，向待测 Cl^- 溶液中加入一定量的二甲苯等有机溶剂，振荡后有机溶剂将生成的 AgCl 沉淀包住，使它与溶液隔开，防止 AgCl 沉淀转化；

③提高 Fe^{3+} 的浓度以减小终点时 SCN^- 的浓度，当溶液中 Fe^{3+} 的浓度为 0.2 mol/L 时，滴定误差将小于 0.1%。

由于 AgBr 和 AgI 的溶解度小，不会发生沉淀转化。但滴定 I^- 时，指示剂必须在加入过量的 $AgNO_3$ 标准溶液后再加入，以免发生下反应造成终点误差。

$$2I^- + 2Fe^{3+} \rightleftharpoons I_2 + 2Fe^{2+}$$

(2) 测定条件

佛尔哈德法在酸性条件下进行，以防止铁离子的水解。一般采用 HNO_3 作介质，溶液 H^+ 浓度为 0.1~1 mol/L。

(3) 适用范围

佛尔哈德法即可以直接测定 Ag^+，也可以利用返滴定法测定 Cl^-、Br^-、I^- 或 SCN^-。

3. **法扬司法**（Fajans method）

(1) 反应原理

利用吸附类指示剂指示滴定终点的银量法称为法扬司法。吸附指示剂是一类有机染料，在溶液中能被胶体沉淀表面吸附，发生结构的改变，从而引起颜色的变化。例如，荧光黄为吸附指示剂，它是一种有机弱酸，用 HFI 表示，在水溶液中可离解为荧光黄阴离子 FI^-，呈黄绿色：

$$HFI \rightleftharpoons FI^- + H^+$$

用 $AgNO_3$ 标准溶液测定 Cl^-，溶液中的反应为：

$$Ag^+ + Cl^- \Longrightarrow AgCl\downarrow$$

滴定终点前,溶液中 Cl^- 过量,AgCl 表面主要吸附大量 Cl^-,如图 2-5-1 所示。

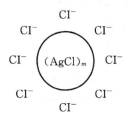

图 2-5-1 滴定终点前 AgCl 表面吸附

此时,AgCl 胶粒沉淀的表面吸附未被滴定的 Cl^-,带有负电荷（$\{(AgCl)_m\}Cl^-$）,荧光黄的阴离子 Fl^- 受排斥而不被吸附。溶液呈现荧光黄阴离子的黄绿色。

滴定终点后:Ag^+ 过量,AgCl 胶体沉淀表面吸附 Ag^+,带正电荷,荧光黄的阴离子 Fl^- 被带正电荷胶体吸引,从而引起结构的变化呈现粉红色。如图 2-5-2 所示。

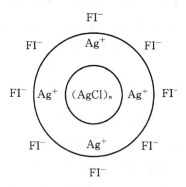

图 2-5-2 滴定终点后 AgCl 表面吸附

此时 $\{(AgCl)_n\}\cdot Ag^+ + Fl^- \Longrightarrow \{(AgCl)_n\}Ag\cdot Fl$（粉红色）

滴定过程中溶液由黄绿色变为粉红色,指示滴定终点的到达。

(2)测定条件

法扬司法用吸附指示剂,必须控制以下反应条件:

①控制适当的 pH 值范围。吸附指示剂多为弱酸,起吸附作用的多为阴离子,因此必须控制溶液的酸度使指示剂保持在阴离子状态。如荧光黄的适宜 pH 值为 7~8,二氯荧光黄的适宜 pH 值为 5~8。在选择吸附指示剂时,沉淀胶体微粒对指示剂离子的吸附能力应略小于对待测离子的吸附能力,否则指示剂将在化学计量点前变色。但不能太小,否则终点出现过迟。卤化银对卤化物和几种吸附指示剂的吸附能力的次序如下:

$$I^- > SCN^- > Br^- > 曙红 > Cl^- > 荧光黄$$

因此,滴定 Cl^- 不能选曙红,而应选荧光黄。表 2-5-1 中列出了几种常用的吸附指示剂及其应用。

表 2-5-1 常用吸附指示剂

指示剂	被测离子	滴定剂	滴定条件	终点颜色变化
荧光黄	Cl^-、Br^-、I^-	$AgNO_3$	pH 值为 7~10	黄绿→粉红
二氯荧光黄	Cl^-、Br^-、I^-	$AgNO_3$	pH 值为 4~10	黄绿→红
曙红	Br^-、SCN^-、I^-	$AgNO_3$	pH 值为 2~10	橙黄→红紫
溴酚蓝	生物碱盐类	$AgNO_3$	弱酸性	黄绿→灰紫

②由于吸附指示剂颜色变化发生在沉淀表面,因此要求胶体颗粒有较大的比表面积和足够的稳定性,因此常加入糊精等保护胶体,同时避免大量电解质存在于溶液中。

③待测离子浓度不能太低,否则生成的沉淀少,终点变色不明显。用 $AgNO_3$ 标准溶液测定 Cl^- 含量时,Cl^- 浓度要求 0.005 mol/L 以上,测定 Br^-、I^- 或 SCN^- 时,浓度为 0.001 mol/L 仍可准确滴定。

④带有吸附指示剂的卤化银胶体,对光极其敏感,遇光易分解析出金属银,因此滴定时应避免阳光直射。

(3)适用范围

吸附指示剂常用于银量法,可以用于测定 Cl^-、Br^-、I^-、SCN^-、Ag^+,还可用于测定 SO_4^{2-}。

三、银量法的应用

1.标准溶液的配制与标定

银量法中常用 $AgNO_3$ 标准溶液和 NH_4SCN 标准溶液。

(1)$AgNO_3$ 标准溶液的配制和标定

纯净的 $AgNO_3$ 试剂可以直接用来配制标准溶液,配制前在烘箱内烘干,以出去水分。一般的 $AgNO_3$ 试剂往往含有重金属汞,有机物、$AgNO_2$ 标及铵盐等杂质,所以应先配制成近似浓度的溶液,然后再 NaCl 作基准物来进行标定。

NaCl 易吸潮,使用前应在 500~600 ℃下干燥。使用前将 NaCl 置于洁净的瓷坩埚中,加热至不再有爆破声为止,然后放入干燥器中冷却备用。

准确称量一定质量的基准试剂 NaCl,用铬酸钾作指示剂,采用莫尔法进行标定。

例 2-5-1 称取基准试剂 NaCl 0.200 0 g,加入 K_2CrO_4 指示剂,用 $AgNO_3$ 标准溶液滴定,消耗 $AgNO_3$ 标准溶液 21.22 mL,计算 $AgNO_3$ 标准溶液的浓度。

解:$Ag^+ + Cl^- = AgCl\downarrow$

化学计量点时,NaCl 与 $AgNO_3$ 物质的量相等,即 $n_{NaCl} = n_{AgNO_3}$

$n_{NaCl} = m_{NaCl}/M_{NaCl}$;$n_{AgNO_3} = c_{AgNO_3} \cdot V_{AgNO_3}$

$$m_{NaCl}/M_{NaCl} = c_{AgNO_3} \cdot V_{AgNO_3}$$

$$c_{AgNO_3} = \frac{m_{NaCl}}{M_{NaCl}V_{AgNO_3}} = \frac{0.2000}{58.44 \times 21.22 \times 10^{-3}} = 0.1613 \text{ (mol·L}^{-1}\text{)}$$

(2) NH_4SCN 标准溶液的配制和标定

NH_4SCN 一般含有杂质，易潮解，不易采用直接法配制，可采用佛尔哈德法，用已经标定好的 $AgNO_3$ 标定，也可采用 NaCl 作基准试剂，同时标定 $AgNO_3$ 标准溶液和 NH_4SCN 标准溶液。

例 2-5-2 称取基准试剂 NaCl 0.2000 g，溶于水后，加入 $AgNO_3$ 标准溶液 50.00 mL，以铁铵矾为指示剂，用 NH_4SCN 标准溶液滴定至微红，用去 NH_4SCN 标准溶液 25.00 mL，已知 1.00 mL $AgNO_3$ 标相当于 1.20 mL NH_4SCN，计算 $AgNO_3$ 标准溶液和 NH_4SCN 标准溶液的浓度。

解：在 NaCl 溶液中加入已知量过量的 $AgNO_3$，溶液中的反应如下：

$$Ag^+ + Cl^- =\!=\!= AgCl\downarrow \text{（白色）}$$

剩余的 $AgNO_3$ 溶液发生如下反应：

$$Ag^+ + SCN^- =\!=\!= AgSCN\downarrow \text{（白色）}$$

根据 NH_4SCN 溶液和 $AgNO_3$ 体积关系可知：后剩余的 $AgNO_3$ 溶液体积为：

$$V_{过量} = \frac{1.20 \times 25.00}{1.00} = 30.00 \text{(mL)}$$

则与 NaCl 反应的 $AgNO_3$ 体积为：

$$V_{AgNO_3} = 50.00 - 30.00 = 20.00 \text{(mL)}$$

根据 NaCl 与 $AgNO_3$ 物质的量相等的关系得：

$$m_{NaCl}/M_{NaCl} = c_{AgNO_3} \cdot V_{AgNO_3}$$

$$c_{AgNO_3} = \frac{m_{NaCl}}{M_{NaCl}V_{AgNO_3}} = \frac{0.2000}{58.44 \times (50.00-30.00) \times 10^{-3}} = 0.1711 \text{ (mol·L}^{-1}\text{)}$$

根据 NH_4SCN 与 $AgNO_3$ 物质的量相等的关系得：

$$c_{NH_4SCN}V_{NH_4SCN} = c_{AgNO_3} \cdot V_{AgNO_3}$$

$$c_{NH_4SCN} = \frac{c_{AgNO_3}V_{AgNO_3}}{V_{NH_4SCN}} = \frac{0.1711 \times 20.00}{25.00} = 0.2052 \text{ (mol·L}^{-1}\text{)}$$

2. 应用实例

(1) 天然水中 Cl^- 含量的测定

各种类型的天然水中几乎都含有 Cl^-，但在不同的水体中其含量变化很大，海水、盐湖及某些地下水中 Cl^- 含量很高，河流、湖泊中 Cl^- 含量较低。水中中 Cl^- 含量测定一般采用莫尔法，若水中同时含有 SO_4^{2-}、PO_4^{3-}、S^{2-} 等，宜采用佛尔哈德法测定。

(2) 有机卤化物中卤素含量的测定

有机物中所含卤素多为共价键化合物，需要经过适当处理使其转化为卤离子后才能用银量法进行测定。如农药"六六六"，即六氯环己烷（$C_6H_6Cl_6$），通常是将试样与 KOH 乙醇溶液一起加热回流煮沸,使有机氯以 Cl⁻ 形式转入溶液。

$$C_6H_6Cl_6 + 3\,OH^- \longrightarrow C_6H_3Cl_3 + 3Cl^- + 3H_2O$$

溶液冷却后,加 HNO_3 调节至酸性,用佛尔哈德法测定释出的 Cl^-。

(3)银合金中银的测定

用硝酸溶解试样并除去氮的氧化物后,用佛尔哈德法直接滴定即可测得银含量。

 习题

一、选择题

1. 莫尔法所用的标准溶液和指示剂分别为( )。

A. $NaCl$、$AgNO_3$ B. $AgNO_3$、K_2CrO_4

C. $AgNO_3$、$K_2Cr_2O_7$ D. $NaCl$、K_2CrO_4

2. 莫尔法指示剂用量正确的是( )。

A. 大于 5 mol/L   B. 5×10^{-3} mol/L   C. 10 mol/L   D. 2×10^{-10} mol/L

3. 莫尔法应控制的条件正确的是( )。

A. 强酸性溶液 B. 强碱性溶液

C. 中性或弱碱性溶液 D. 以上都可以

4. 佛尔哈德法所用的标准溶液和指示剂为( )。

A. $KSCN$、NH_4SCN

B. $KSCN$、$NH_4Fe(SO_4)_2 \cdot 12H_2O$

C. NH_4SCN、$(NH_4)_2Fe(SO_4)_2 \cdot 12H_2O$

D. $KSCN$、$NaCl$

5. 佛尔哈德法测定 Cl^- 时,向待测液中加入二甲苯,主要作用是( )。

A. 防止 AgCl 沉淀转化成 AgSCN

B. 防止 AgCl 沉淀生成

C. 提高反应速率

D. 以上都对

6. 佛尔哈德法溶液适宜的 H^+ 浓度为( )。

A. 0.1~1 mol/L B. 10 mol/L

C. 2~3 mol/L D. 应在强碱性溶液中进行

7. 用佛尔哈德法不能测定的离子为( )。

A. Ag^+ B. SO_4^{2-} C. Cl^- D. I^-

8. 法扬司法加入糊精的作用是( )。

A. 保护胶体 B. 加速 AgCl 沉淀的形成
C. 促进 AgCl 沉淀的溶解 D. 作指示剂指示滴定终点

三、判断题

1. 以生成难溶银盐为基础的滴定方法称为银量法。

2. 莫尔法在滴定时需要剧烈摇动,防止沉淀吸附 Cl^-,使终点提前出现。

3. 沉淀滴定法所加指示剂量大时,终点变色敏锐,滴定误差小。

4. 佛尔哈德法终点时,指示剂 Fe^{2+} 与 SCN^- 生成沉淀,呈红色。

5. 用佛尔哈德法返滴定 Br^- 时,AgBr 沉淀不会转化成硫氰酸银,因此,不用加有机溶剂。

6. 法扬司法用吸附指示剂指示滴定终点。

三、计算题

1. 称取纯 NaCl 0.143 3 g,加水溶解后,以 K_2CrO_4 为指示剂,用 $AgNO_3$ 溶液滴定,共用去 23.30 mL,求 $AgNO_3$ 溶液物质的量浓度($AgNO_3$ 式量为 169.87)。

2. 准确吸取生理盐水 10.00 mL,加入 K_2CrO_4 指示剂,用 0.104 5 $mol \cdot L^{-1}$ 的 $AgNO_3$ 溶液滴定至砖红色出现,用去 $AgNO_3$ 溶液 14.58 mL,计算生理盐水中 NaCl 的百分含量(1 mL 生理盐水约为 1 g)。

3. 吸取 10.00 mL 水样于锥形瓶中,加入 5 mL 1:2 的硝酸,由滴定管中加入 0.171 1 $mol \cdot L^{-1}$ 的 $AgNO_3$ 溶液 10 mL,加入硝基苯后充分摇动,再加入 1 mL 铁铵矾指示剂,以 0.205 3 $mol \cdot L^{-1}$ 的 NH_4SCN 标准溶液滴定至稳定的淡红色,共用去 5.2 mL,求水中 Cl^- 含量。

第六单元　分光光度法

▶ **教学目标**

1. 掌握分光光度法测定基本原理
2. 显色反应及条件选择
3. 掌握标准曲线的绘制与应用
4. 掌握比较法和标准系列法的应用

▶ **知识导入**

日常生活中我们看到不同的物质呈现不同的颜色。例如：衣服五颜六色，$KMnO_4$ 溶液呈紫红色，$K_2Cr_2O_7$ 溶液呈橙色。另外，许多物质的溶液本身是无色或浅色的，但它们与某些试剂发生反应后生成有色物质，例如 Fe^{3+} 与 SCN^- 生成血红色配合物；Fe^{2+} 与邻二氮菲生成红色配合物。当含有这些物质的溶液的浓度改变时，溶液颜色的深浅度也会改变，这些都与物质对光的作用有关。我们不仅可以利用物质与光的作用确定物质的结构，也可以利用其测定物质的含量。

一、分光光度法的基本原理

（一）分光光度法概述

分光光度法是一种基于物质对光的选择性吸收而建立起来的一种分析方法，包括可见分光光度法、紫外-可见分光光度法和红外光谱法等，同滴定分析法、重量分析法相比，有以下一些特点：

① 灵敏度高。一般适用于微量组分的分析，被测组分的最低浓度可达 $10^{-5} \sim 10^{-7}$ mol/L。

② 准确度高。相对误差为 2%～5%，其准确度虽不如滴定分析法及重量法，但对微量成分来说，还是比较满意的，因为在这种情况下，滴定分析法和重量法也不够准确了，甚至无法进行测定。而分光光度法能够满足微量组分测定对准确度的要求。

③ 操作简便，分析速度快。仪器简单，只要将样品处理成适于测定的溶液，上机测定即可得到结果。

④ 应用广泛。由于各种各样的无机物和有机物在紫外可见区都有吸收，因此几乎所有的无机离子和有机化合物都可直接或间接地用此法进行测定。

基于上述特点，分光光度法被称作现代分析化学的"常规武器"。

（二）物质对光的选择性吸收

如果我们把具有不同颜色的各种物体放置在黑暗处，则什么颜色也看不到，而在白天我们能欣赏到多姿多彩的世界。由此可见物质呈现的颜色与光有着密切的关系，一种物质呈现何种颜色,是与光源和物质本身的结构有关的。

1. 光的基本性质

光是一种电磁波或电磁辐射,是一种不需要任何物质做传播媒介的能量(E),具有波粒二象性。波动性是指光按波动形式传播,主要用于解释光的反射、折射、衍射、偏振和干涉等现象,可以用波长、频率和速度等参数来描述,关系为:

$$\upsilon = \frac{c}{\lambda}$$

式中:υ——光的频率,Hz;

c——光的传播速度,2.9979×10^8 m/s;

λ——光的波长,nm。

光同时又具有粒子性,主要用于解释光的吸收、放射、光电效应等现象。光是由大量以光速运动的粒子流组成,这种粒子叫光子,光子的能量取决于频率或波长,其关系为:

$$E = h\upsilon = \frac{hc}{\lambda}$$

式中:h——普朗克常数,6.626×10^{-34} J·s;

E——光子的能量。

上式表明,光的能量与其波长成反比,或与频率成正比。光的波长越短(或频率越高),光子能量就越高。把电磁辐射按照波长大小顺序排列起来就形成电磁波谱,在不同的光谱区域有不同的分析方法,如表 2-6-1。

表 2-6-1 电磁波谱及相应分析方法

光谱名称	γ-射线	X-射线	紫外线	可见光	红外线	微波	无线电波
波长范围	$10^{-3} \sim 0.1$ nm	$0.1 \sim 10$ nm	$10 \sim 400$ nm	$400 \sim 760$ nm	$760 \sim 10^{-3}$ m	$10^{-3} \sim 1$ m	$1 \sim 1\,000$ m
分析方法	γ射线光谱法	X射线光谱法	紫外分光光度法	可见分光光度	红外光谱法	微波光谱法	核磁共振光谱法

我们人眼所能看见有颜色的光叫做可见光,其波长范围大约在 400~760 nm 之间。不同颜色的光具有一定的波长范围,其关系如表 2-6-2 所示。

表 2-6-2 不同色光的波长范围　　　　　　　　　　　　单位:nm

光的颜色	红色	橙色	黄色	绿色	青色	蓝色	紫色
波长范围	760~610	610~595	595~560	560~500	500~480	480~435	435~400

具有同一波长的光称为单色光,含有多种波长的光称为复合光,如日常所见的日光、白炽灯光,都是由红、橙、黄、绿、青、蓝、紫七种不同波长的光所组成的复合光,它们由各种不同颜色的光按一定的强度比例混合而成。如果让一束白光通过三棱镜,就分解为红、橙、黄、绿、青、蓝、紫七种颜色的光,这种现象称为光的色散。

实验证明,不仅七种单色光可以混合成白光,如果把适当颜色的两种单色光按一定的强度比例混合,也可以成为白光。这两种单色光就叫做互补色光。图2-6-1中直线相连的两种色光为互补色光,如绿光和紫光互补,蓝光和黄光互补,等等。

2.溶液对光的选择性吸收及溶液颜色

对固体物质来说,当白光照射到物质上时,物质对于不同波长的光线吸收、透过、反射、折射的程度不同而使物质呈现出不同的颜色。如果物质对各种波长的光完全吸收,则呈现黑色;如果完全反射,则呈现白色;如果对各种波长的光吸收程度差不多,则呈现灰色;如果物质选择性地吸收某些波长的光,那么,这种物质的颜色就由它所反射或透过光的颜色来决定,也就是物质的颜色是其吸收光的互补色。

图2-6-1 互补色光示意图

对溶液来说,当白光通过溶液时,如果各种颜色的光透过程度相同,没有吸收和反射,则溶液为无色溶液。如果只让一部分波长的光透过,其他波长的光被吸收,则溶液就呈现出透过光的颜色,也就是溶液呈现的是与它吸收的光成互补色的颜色。例如硫酸铜溶液因吸收了白光中的黄色光而呈蓝色;高锰酸钾溶液因吸收了白光中的绿色光而呈现紫色。

任何一种溶液,由于其组成和结构不同,对不同波长的光的吸收程度是不同的。如果将不同波长的单色光依次通过某一固定浓度和厚度的有色溶液,测量该溶液对各种单色光的吸收程度(用吸光度(A)表示),以波长(λ)为横坐标,以吸光度(A)为纵坐标作图,画出一条吸光度随波长变化的曲线,此曲线即称为光吸收曲线或吸收光谱曲线。

光的吸收曲线能够清楚地描述溶液对不同波长的光的吸收程度,曲线上吸收度最大的地方叫吸收峰,它对应的波长称为最大吸收波长(λ_{max})。不同物质的吸收曲线,其形状和最大吸收波长都各不相同,可利用吸收曲线作为物质定性分析的依据。KCr_2O_7和$KMnO_4$吸收曲线比较如图2-6-2所示。

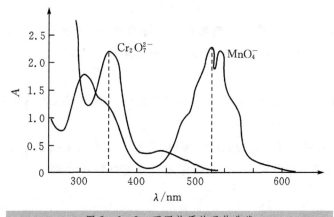

图2-6-2 不同物质的吸收曲线

相同物质的溶液,浓度不同时,其吸收曲线的形状相似,最大吸收波长也一样。几种不同浓度的 $KMnO_4$ 溶液的光吸收曲线如图 2-6-3 所示。从图中可以看出,不同浓度的溶液,在可见光区内,$KMnO_4$ 溶液对波长为 525 nm 左右的绿色光的吸收程度最大,即 $KMnO_4$ 溶液 $\lambda_{max}=525$ nm。另外,浓度不同时,其最大吸收波长不变,但浓度越大,吸收程度(光的吸光度)越大,吸收峰会越高。在分光光度法中,利用吸收峰高度(吸光度 A)与溶液浓度的关系作为定量分析的依据。

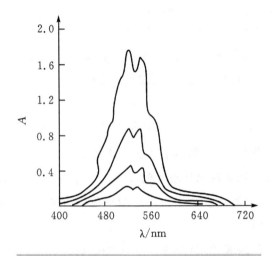

图 2-6-3 $KMnO_4$ 溶液不同浓度的吸收曲线

(三)光吸收定律

1. 透光率和吸光度

当一束平行的波长为 λ 的单色光照射到任何均匀、非散射的介质(固体、液体或气体),例如一均匀的有色溶液时,光的一部分被容器的表面反射回来,一部分被溶液吸收,一部分则透过溶液。如果入射光的强度为 I_0,吸收光的强度为 I_a,透过光的强度为 I_t,反射光的强度为 I_r,根据能量守恒定律

$$I_0 = I_r + I_a + I_t$$

在分光光度测定中,盛溶液的比色皿材质和厚度相同,反射光的强度基本上是不变的(一般约为入射光强度的 4%),其影响可以相互抵消,于是可简化为:

$$I_0 = I_a + I_t$$

当入射光的强度 I_0 一定时,如果 I_a 越大,I_t 就越小,即透过光的强度越小,表明有色溶液对光的吸收程度就越大,反之亦然。

用透过光强与入射光强之比得到透光率(或透光度),表示光线透过溶液的强度,用符号 T 表示,取值范围为 $0 \sim 1$,由于 $T < 1$,所以常用百分透过率表示,即

$$T = \frac{I_t}{I_0} \times 100\%$$

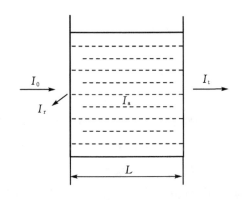

图 2-6-4 光通过溶液的情况

用透光率倒数的对数或透光率的负对数表示物质对光的吸收程度,即吸光度,用符号 A 表示,即

$$A = \lg \frac{1}{T} = \lg \frac{I_0}{I_t} \quad \text{或} \quad A = -\lg T$$

当 $I_t = I_0$ 时,$\lg \frac{I_0}{I_t} = 0$,说明溶液对光完全不吸收;I_t 值越小,则 $\lg \frac{I_0}{I_t}$ 值越大,说明溶液对光的吸收程度越大。

2. 朗伯-比耳定律

朗伯(Lambert)和比耳(Beer)分别于1760年和1852年研究了光的吸收与溶液层的厚度及溶液浓度的定量关系,奠定了分光光度分析法的理论基础。

(1)朗伯定律

当一束平行的单色光通过溶液时,若溶液浓度保持不变,在入射光的波长、强度及溶液的温度等条件不变的情况下,溶液对光的吸收程度(A)与溶液的液层厚度(L)成正比,可表示为 $A \propto L$。

(2)比耳定律

当一束平行的单色光通过溶液时,若液层厚度保持不变,在入射光的波长、强度及溶液的温度等条件不变的情况下,溶液对光的吸收程度与溶液的浓度(c)成正比,可表示为 $A \propto c$。

(3)朗伯-比耳定律

如果同时考虑溶液的浓度和液层的厚度都变化,都影响物质对光的吸收,则上述两个定律可合并为朗伯-比耳定律,也称为光的吸收定律。即当一束平行的单色光通过均匀、非散射的稀溶液时,在入射光的波长、强度及溶液的温度等条件不变的情况下,溶液对光的吸收程度与溶液的浓度及液层厚度的乘积成正比,这是进行定量分析的理论基础,其数学表达式为:

$$A = \lg \frac{I_0}{I_t} = KcL$$

式中：A——吸光度；

c——有色溶液的浓度，mg/L 或 mol/L；

L——液层厚度，cm；

K——吸光系数，L/(mg·cm) 或 L/(mol·cm)。

在一定条件下是一常数，表示物质对某一特定波长光的吸收能力。在温度和波长等条件一定时，K 仅与吸收物质本身的性质有关，而与待测物浓度、液层厚度无关。

若浓度 c 用质量浓度，单位以 mg/L 表示，液层厚度 L 的单位以 cm 表示时，比例常数 K 称为质量吸光系数，用 a 表示，其单位为 L/(mg·cm)，适用于摩尔质量未知的化合物。它表示在入射光波长一定的条件下，溶液浓度为 1 mg/L、液层厚度为 1 cm 时的吸光度；若浓度 c 用物质的量浓度，单位以 mol/L 表示，液层厚度 L 的单位以 cm 表示时，比例常数 K 称为摩尔吸光系数，用 ε 表示，其单位为 L/(mol·cm)。它表示在入射光波长一定的条件下，溶液浓度为 1 mol/L、液层厚度为 1 cm 时的吸光度。定律的数学表示式可写成

$$A = \varepsilon c L$$

同一吸收物质在不同波长下的 K 值是不同的。我们平时所说的有色物质的摩尔吸光系数是在最大波长处的摩尔吸光系数，用 ε_{max} 表示。ε_{max} 表明了该吸收物质最大限度的吸光能力，也反映了光度法测定该物质可能达到的最大灵敏度。ε_{max} 越大表明该物质的吸光能力越强，用光度法测定该物质的灵敏度越高。

例 2-6-1 用 1,10-二氮菲比色测定铁，已知含 Fe^{3+} 浓度为 500 μg/L，吸收池长度为 2 cm，在波长 480 nm 处测得吸光度 $A = 0.197$。假设显色反应进行很完全，计算摩尔吸光系数 ε。

解：$c_{Fe^{3+}} = \dfrac{\rho_{Fe^{3+}}}{M_{Fe^{3+}}} = \dfrac{500 \times 10^{-6}}{55.85} = 8.95 \times 10^{-6}$ mol/L

$\varepsilon = \dfrac{A}{cL} = \dfrac{0.197}{8.95 \times 10^{-6} \times 2} = 1.1 \times 10^4$ L/(mol·cm)

答：此摩尔吸光系数为 1.1×10^4 L/(mol·cm)。

例 2-6-2 K_2CrO_4 的碱性溶液在 372 nm 有最大吸收。已知浓度为 3.00×10^{-5} mol/L 的碱性溶液，在 372 nm 波长处的摩尔吸光系数 ε 为 4 800 L/(mol·cm)，若用 1 cm 的吸收池进行测定，求该溶液的吸光度。若吸收池改用 3 cm 时，该溶液的吸光度和透光率分别为多少？

解：$A = \varepsilon \times c \times L = 4\,800 \times 3.00 \times 10^{-5} \times 1 = 0.144$

若改用 3 cm 的吸收池进行测定，则 $A' = 3A = 3 \times 0144 = 0.432$

$A' = -\lg T'$，即 $0.432 = -\lg T'$

$T' = 37.0\%$

答：用 1 cm 的吸收池吸光度为 0.144，3 cm 的吸收池其吸光度为 0.432，透光率为 37.0%。

(四)分析方法

1. 目视比色法

用眼睛观察样品溶液,与标准色阶比较颜色的深浅,确定被测物质含量的方法称为目视比色法。常用的目视比色法是标准系列法,即配制标准色阶。具体方法为:

使用一组由同种玻璃制成的大小、形状完全相同的具塞比色管,将标准溶液按照体积量由少到多的顺序依次加入到同一系列的比色管中,然后分别加入等量的显色剂,用蒸馏水或其他溶剂稀释到相同体积,摇匀,配成一套颜色逐渐加深的标准色阶。与此同时,另取一支比色管加入一定量样品溶液,同样的方法进行显色反应,其颜色深度应在标准色阶范围内。然后从管口垂直向下观察,将样品溶液与标准色阶进行比较。如果试液颜色与标准色阶中某一标准溶液的颜色相同,则其浓度也相同。如果试液颜色介于相邻两标准溶液的颜色之间,则其浓度为两标准溶液浓度的平均值。

目视比色法所用仪器简单、操作方便、快速,适用于低浓度溶液的测定,而且常用于分析试样中待测杂质含量是否在规定的界限范围内。但是,此方法由于人的眼睛对颜色的敏感程度不同,主观误差较大而影响分析结果的准确度。

2. 标准系列法

标准系列法也成为标准曲线法,是最常用的方法。在朗伯-比尔定律的浓度范围内,配制一系列不同浓度的标准溶液(标准溶液与被测物质含有相同组分),按所需条件显色后,在相同条件下分别测定各溶液的吸光度,然后以标准溶液的浓度为横坐标,以吸光度为纵坐标,绘制吸光度与浓度的关系曲线,理论上得到一条过原点的直线,该直线称为标准曲线或工作曲线,如图 2-6-5 所示。然后在与标准溶液相同的条件下,测定样品溶液的吸光度 A_x。

根据 A_x 值,从标准曲线上查得试液的浓度,进而计算试样中待测组分的含量。这种方法对大批样品的测定简便、快速。

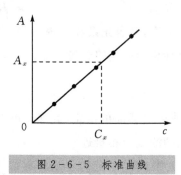

图 2-6-5 标准曲线

例 2-6-3 用丁二肟镍光度法测定镍,镍的标准溶液每毫升含镍 10 μg,为了绘制标准曲线,测得数据如下:

镍标准溶液/mL (稀释至 100 mL)	0.0	2.0	4.0	6.0	8.0	10.0
含镍/μg	0.00	20	40	60	80	100
吸光度 A	0.000	0.120	0.234	0.350	0.466	0.590

取试样 10.00 mL 稀释至 100 mL 后,取稀释后的溶液 5 mL,在与标准曲线相同条件下显色定容。测得吸光度为 0.315,试求试样中镍的含量 mg/L。

解:以标准溶液含镍质量为横坐标,吸光度 A 为纵坐标,绘制工作曲线,如图 2-6-6 所示。

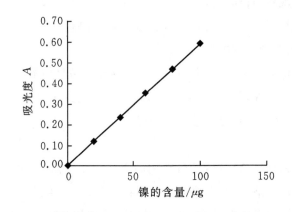

图 2-6-6 丁二肟镍工作曲线

从工作曲线查得吸光度为 0.315 时,对应的镍含量为 53.4 μg。

3. 比较法

比较法又称标准对照法,该法是标准曲线法的简化。在相同的条件下,分别测定标准溶液(c_s)和样品溶液(c_x)的吸光度 A_s 和 A_x,根据朗伯-比尔定律,应有下式

$$A_x = Kc_xL \qquad A_s = Kc_sL$$

由于是同种物质,测定条件一样,则吸光系数 K 和液层厚度 L 均相同,所以两溶液的浓度比就等于吸光度之比,从而可计算出被测组分的浓度。

即 $\dfrac{A_x}{A_s} = \dfrac{c_x}{c_s}$ 从而:$c_x = \dfrac{A_x}{A_s} c_s$ \hfill (2-6-5)

这种方法适用于单个样品或少量样品的测定,其准确度较标准曲线法低,因此,为减少测定误差,标准溶液和被测溶液的浓度应相接近。

例 2-6-4 光度法测定土壤试样中磷的含量。称取 1.000 g 土样,消化处理($P \rightarrow PO_4^{3-}$),定容至 100.0 mL,取 10.0 mL 于 50.0 mL 容量瓶中,显色,定容,用 1 cm 比色皿,测得 $A_x = 0.250$;吸取 4.00 mL 浓度为 10.00 mg·L^{-1} 的磷标准溶液于 50.0 mL 容量瓶中,在相同条件下显色,测得 $A_s = 0.125$,求土样中磷的质量分数。

解:磷标准溶液的浓度为:$c_s = 4.00 \times 10.00/50.0 = 0.800$ mg/L

根据式(2-6-5),测定溶液的浓度:

$$c_x = \frac{A_x}{A_s} c_s = \frac{0.250}{0.125} \times 0.800 = 1.60 \text{ mg/L}$$

那么,试液中磷的浓度:$c_x' = c_x \dfrac{50.0}{10.0} = 1.60 \times 5 = 8.00$ mg/L

磷的质量分数:$w(P) = \dfrac{8.00 \times 100.0 \times 10^{-3} \times 10^{-3}}{1.000} \times 100\% = 0.08\%$

答:土样中磷的质量分数为0.08%。

4. 示差分光光度法

当被测组分含量较高,溶液的浓度较大时,其吸光度值就会超出准确测量的读数范围,往往会引起较大的测量误差,这时可采用示差分光光度法。

示差光度法与普通光度法的主要区别在于它采用的参比溶液不同,它不是以 $c=0$ 的试剂空白作参比,而是以一个浓度比待测试液 c_x 稍小的标准溶液 c_s 作参比,然后再测定待测试液的吸光度。根据朗伯-比尔定律得到:

$$A_x = Kc_x L \qquad A_s = Kc_s L$$

实际测得吸光度为:$\Delta A = A_x - A_s = KL(c_x - c_s) = KL\Delta c$

根据测定结果,以浓度差 Δc 为横坐标,相对吸光度 ΔA 为纵坐标,绘制标准曲线,根据测得的待测试液的吸光度,在图中查出相应的 Δc,则

$$c_x = c_s + \Delta c$$

此方法由于采用一个浓度比待测试液 c_x 稍小的标准溶液 c_s 作参比,测得的相对吸光度值将处于 0.2~0.8 的适宜读数范围内,因而在测定高含量组分时,其测定的相对误差仍然较小,提高了测定的准确度。

从仪器构造上讲,示差光度法需要一个发射强度较大的光源,才能将高浓度参比溶液的吸光度调至零,因此必须采用专门设计的示差分光光度计。

二、测定条件的选择

(一)显色反应及其条件的选择

1. 显色反应

由前所述,可见分光光度法要求被测组分有一定的颜色,而实际溶液大部分是无色的或颜色较浅,不能直接测定,这就需要将试样中被测组分转变成有色化合物,其化学反应称为显色反应。在显色反应中,与被测组分化合成有色物质的试剂叫显色剂。同一组分常常可以与多种显色剂反应,生成多种不同的有色化合物,那究竟选择哪种显色反应更利于获得较好的测定结果,可根据以下标准进行选择:

① 选择性要好。一种显色剂最好只与一种被测组分发生显色反应,这样干扰就少,或者干扰物质容易被消除,或者显色剂与被测组分和干扰离子生成的有色化合物的吸收峰相隔较远。

② 灵敏度要高。要求生成的有色物质的摩尔吸光系数 ε 足够大。一般认为 $\varepsilon \geqslant 6 \times 10^4$ L/(mol·cm)时,该显色反应具有较高的灵敏度。

③ 有色化合物的组成要恒定,化学性质要稳定。有色化合物的组成若不确定,测定的再现性就较差。有色化合物若易受空气中的氧、日光的照射而分解,就会引入测量误差。

④ 对比度要大。即如果显色剂有颜色,则有色化合物与显色剂的最大吸收波长的差别要大,一般要求在 60 nm 以上。

⑤ 显色反应的条件要易于控制。如果条件要求过于严格,难以控制,测定结果的再现性就差。

2. 显色剂

显色剂分为无机显色剂和有机显色剂两类。其中,无机显色剂与金属离子形成的化合物不够稳定,灵敏度和选择性也不高,应用较少。有机显色剂能与金属离子形成稳定的螯合物,显色反应灵敏度高,选择性好,在光度分析中应用最广泛。表 2-6-3 列出了一些常用的显色剂,寻找高选择性、高灵敏度的有机显色剂,是光度分析发展和研究的重要内容。

表 2-6-3 常用显色剂

分类	显色剂	测定离子
无机显色剂	硫氰酸盐	Fe^{2+},M(Ⅴ),W(Ⅴ)
	钼酸盐	Si(Ⅳ),P(Ⅴ)
	邻二氮菲	Fe^{2+}
	双硫腙	Pb^{2+},Hg^{2+},Zn^{2+},Bi^+ 等
	丁二酮肟	Ni^{2+},Pd^{2+}
有机显色剂	铬天青 S(CAS)	Be^{2+},Al^{3+},Y^{3+},Ti^{4+},Zr^{4+},Hf^{4+}
	茜素红 S	Al^{3+},Ga^{3+},Zr(Ⅳ),Ti(Ⅳ),Th(Ⅳ),F^-
	偶氮砷*	UO_2^{2+},Th^{4+},Re^{3+},Y^{3+},Cr^{3+},Ca^{2+} 等
	4-(2-吡啶氮)-间苯二酚(PAR)	Co^{2+},Pb^{2+},Ga^{3+},Nb(Ⅴ),Ni^{2+}
	1-(2-吡啶氮)-萘(PAN)	Co^{2+},Pb^{2+},Ni^{2+},Zn^{2+}
	4-(2-噻唑偶氮)-间苯二酚(TAR)	Co^{2+},Pb^{2+},Ni^{2+},Cu^{2+}

3. 显色条件

用分光光度法测定物质的含量,除了选择合适的显色剂外,还应严格控制显色反应条件,以便得到可靠的数据和准确的分析结果,其显色条件主要有以下几个方面:

(1) 显色剂的用量

为使显色反应进行完全,需加入过量的显色剂,但不能过量太多,否则会引起副反应,对测定反而不利。因此,在实际工作中应严格按照实验要求控制显色剂的用量。

显色剂用量的确定根据吸光度与显色剂用量的关系曲线得到。保持待测组分的浓度不变,只改变显色剂的用量,分别测定其相应的吸光度值,由此得到如图2-6-7所示的三种情况。

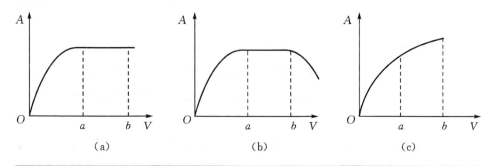

图2-6-7 吸光度与显色剂用量的关系曲线

由图(a)中出现a至b平坦区域,可在ab区间选择合适的显色剂用量,这是常见情况,而有些情况随着显色剂用量的增加,吸光度与显色剂用量的关系曲线在达到平坦区域后,出现下降趋势如图(b),甚至不出现平坦区域如图(c),这些情况都应更加严格控制显色剂用量,否则测定结果不准确。

(2)溶液的酸度

溶液酸度对显色反应的影响很大,这是由于溶液的酸度直接影响着金属离子的存在形式、显色剂的浓度和颜色以及有色化合物的组成和稳定性。例如邻二氮菲与Fe^{2+}的反应,酸度太高,邻二氮菲将发生质子化副反应,降低反应的完全度;酸度太低,Fe^{2+}又会水解甚至沉淀,故合适pH是2~9。再如,二甲酚橙在溶液的pH>6.3时呈红色,在pH<6.3时呈柠檬黄色,在pH=6.3时,呈中间色,故pH=6.3时,是它的变色点。而二甲酚橙与金属离子的络合物却呈现红色。因此,二甲酚橙只有在pH<6的酸性溶液中可作为金属离子的显色剂。如果在pH>6的酸度下进行光度测定,就会引入很大误差。因此,必须通过实验确定出合适的酸度范围,并在测定过程中严格控制。具体方法:固定待测组分及显色剂浓度,只改变溶液的pH值,分别测定相应的吸光度A,作A-pH值关系曲线,选择曲线中较平坦区域所对应的pH值范围就是适宜的酸度范围。如图2-6-8所示。

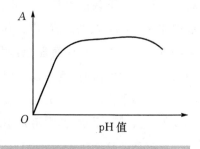

图2-6-8 酸度曲线

(3)显色温度

显色反应通常在室温下进行,但是有些显色反应需要加热至一定温度才能完成。但温度过高,可能使某些显色剂分解。因此,应根据不同的情况选择适当的温度进行显色。温度对光的吸收及颜色的深浅也有一定的影响,故标样和试样的显色温度应保持一样。

(4) 显色时间

显色时间指有色物质形成所需的时间及有色物质稳定的时间。也就是说,显色反应可能瞬间完成,也可能反应一段时间才能完成,或者反应较快,但产物颜色需要一段时间保持稳定。因此,根据具体情况,需要掌握适当的显色时间,在颜色稳定的时间内进行测定。显色时间的确定同样根据实验绘制曲线来确定。

(5) 共存离子的干扰与消除

在实际工作分析中,被测样品中往往存在多种共存离子,如果共存离子本身有颜色,或共存离子能与显色剂反应生成有色物质干扰测定,那就必须想办法将其分离或掩蔽,消除干扰。具体方法如下:

① 控制溶液的酸度:这是常用的、简便有效的方法。例如用二苯硫腙法测 Hg^{2+} 时,共存的 Cu^{2+}、Zn^{2+}、Cd^{2+}、Pb^{2+} 等离子也能与二苯硫腙生成有色化合物,但在强酸性条件下,其稳定性较差,因此在稀 H_2SO_4 介质中萃取分离,可消除干扰。

② 加入掩蔽剂,掩蔽干扰离子:在显色溶液里加入一种能与干扰离子反应生成无色配合物的试剂,也是消除干扰的有效而常用的方法。例如用硫氰酸盐作显色剂测定时,Fe^{3+} 有干扰,可加入氟化物,使 Fe^{3+} 与 F^- 结合生成无色而稳定的 FeF_6^{3-},就可以消除干扰。

③ 改变干扰离子的价态以消除干扰:例如用铬天青 S 测定 Al^{3+} 时,Fe^{3+} 有干扰,可加入抗坏血酸将 Fe^{3+} 还原为 Fe^{2+},可消除干扰。

④ 选择适当的入射光波长消除干扰:例如在 $\lambda_{max}=525$ nm 处测定 MnO_4^- 时,共存的 $Cr_2O_7^{2-}$ 也有吸收而产生干扰,为此可改在 545 nm 处测定 MnO_4^-。此时虽然测定 MnO_4^- 的灵敏度有所降低,但由于 $Cr_2O_7^{2-}$ 在此波长无吸收,它的干扰被消除。

⑤ 选择合适的参比溶液: 在光度分析中,选择合适的参比溶液调节仪器的吸光度零点,在一定程度上可消除显色剂和某些共存离子的干扰。例如用铬天青 S 测定 Al^{3+} 时,在 $\lambda_{max}=525$ nm 下共存的 Co^{2+}、Ni^{2+} 等有色离子也有吸收而产生干扰。此时可将一份待测试液中加入 NH_4F 及铬天青,以此作为参比溶液。由于 Al^{3+} 可与 F^- 形成稳定的无色配合物,无法再与铬天青等反应而显色,而此时 Co^{2+}、Ni^{2+} 等有色物质仍然在溶液中。因此当以此溶液作为参比溶液时,就可以抵消共存离子的干扰。

⑥ 分离干扰离子:若上述方法均不能满足要求,则考虑采用分离、沉淀、离子交换或溶剂萃取等方法消除干扰,其中溶剂萃取分离应用较多。

4. 测量条件

为了使测定结果有较高的灵敏度和准确度,除了严格控制显色条件外,还应选择适当的测量条件,主要从以下几个方面考虑:

(1) 测量波长的选择

入射光波长的选择应根据光的吸收曲线,以"吸收最大,干扰最小"为原则。通常选择最大吸收波长(λ_{max})作为入射光波长,此时测定灵敏度最高。如果λ_{max}处有共存组分干扰时,则应考虑选择灵敏度稍低但能避免干扰的入射光波长。

例如,显色剂和钴配合物在420 nm处都有最大吸收峰,如图2-6-9所示。如果在此波长下测定钴,则未反应的显色剂就会干扰测定结果,而在500 nm处显色剂没有吸收。因此,选择500 nm为入射光波长,虽然灵敏度有所下降,但消除了干扰,提高了测定的准确度和选择性。

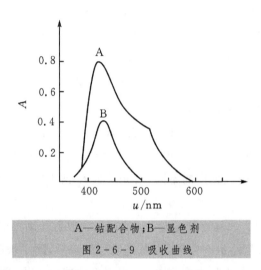

A—钴配合物;B—显色剂
图2-6-9 吸收曲线

(2)参比溶液的选择

在分光光度法测定中,测量试液的吸光度时,先用参比溶液调节透光度为100%,以消除溶液中其他组分、吸收池和溶剂对入射光的反射和吸收所带来的误差。参比溶液的选择方法如下:

第一,若仅被测组分与显色剂反应产物在测定波长处有吸收,其他所加试剂均无吸收,用"纯溶剂"作参比溶液,如蒸馏水;

第二,若显色剂在测定波长处略有吸收,而试液本身无吸收,用"试剂空白"作参比溶液,即用蒸馏水代替样品,往其加入与样品测定完全相同的试剂,此溶液是最常用的一种参比溶液;

第三,若待测试液中存在其他有色离子,在测定波长处有吸收,而显色剂等在此无吸收,用"样品空白"作参比溶液,即不加显色剂的样品溶液;

第四,若显色剂、试液中其他组分在测量波长处均有吸收,则可在试液中加入适当掩蔽剂,将被测组分掩蔽起来,使之不再与显色剂作用,而显色剂及其他试剂均按试液测定方法加入,以此作为参比溶液。

(3)吸光度范围的控制

根据理论推导和经验测试,一般将标准溶液和待测溶液的吸光度控制在0.2~0.8之间,这样浓度测量的相对误差较小,作为适宜的吸光度范围。

在实际测量中,可通过调节被测溶液的浓度或选用不同厚度的吸收池,使测量结果在适宜的吸光度范围内。

(4) 测试过程可能产生的误差

① 溶液偏离朗伯-比尔定律。在分光光度分析中,经常出现标准曲线不呈直线的情况,特别是当吸光物质浓度较高时,明显地看到通过原点向浓度轴弯曲的现象(吸光度轴弯曲)。这种情况称为偏离朗伯-比尔定律,如图 2-6-10 所示。

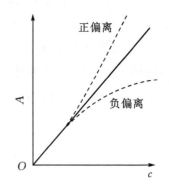

图 2-6-10　偏离朗伯-比尔定律工作曲线

若在曲线弯曲部分进行定量,将会引起较大的误差。主要产生原因有以下几方面:

A. 单色光不纯。严格地讲,朗伯-比耳定律只对一定波长的单色光才成立。但在实际工作中,目前各种分光光度计得到的入射光实际上都是具有一定波长范围的单色光。那么,由于物质对不同波长光的吸收程度的不同,吸光系数 K 值不能作为常数,导致了对朗伯-比尔定律的偏离。

B. 介质不均匀。朗伯-比耳定律是建立在均匀、非散射基础上的一般规律,如果被测溶液不均匀,呈胶体、乳浊、悬浮状态存在,入射光通过溶液后,除了被吸收之外,还会有反射、散射作用,使透射比减少,实测吸光度增加,导致标准曲线向吸光度轴弯曲。故在光度法中应避免溶液产生胶体或混浊。

C. 溶液浓度过高。朗伯-比耳定律是建立在吸光质点之间没有相互作用的前提下。但当溶液浓度较高时,吸光物质的分子或离子间的平均距离减小,相互作用增强,从而改变物质对光的吸收能力,即改变物质的摩尔吸收系数。因此,在高浓度范围内摩尔吸收系数不恒定而使吸光度与浓度之间的线性关系被破坏。

D. 化学变化。溶液中吸光物质常因解离、缔合、形成新的化合物或互变异构等化学变化而改变其浓度,破坏了吸光度 A 与分析浓度之间的线性关系,从而产生对朗伯-比耳定律的偏离。

② 仪器误差。仪器测量误差主要是指光源不稳定,光电效应的非线性,电位计的非线性、杂散光的影响、滤光片或单色器的质量差(谱带过宽),吸收池的透光率不一致,透光率与吸光度的标尺不准等因素。对给定的光度计来说,透光率或吸光度的读数的准确度是仪器精度的主要指标之一,也是衡量测定结果准确度的重要因素。

③ 操作误差。由于仪器未预热,未选择合适的测量波长,显色反应不充分,参比溶液选择不当,样品溶液与标准溶液的处理没有按相同的条件和步骤进行,如显色剂用量、放置时间、反应温度等,吸收池选择或配套使用不当,吸收池位置不妥,吸收池透光面不清洁,吸收池内装液高度不够或过多,没有用待测溶液润洗吸收池,读取数据不准确等等,都属于主观

误差。

三、分光光度法的应用

分光光度法是各类分析方法中应用较广的一种分析方法,该方法测定准确度和精密度较高。而且设备简单,操作简便、快速,仪器成本相对较低,是大部分分析实验室的基本常备仪器,应用领域涉及制药、医疗卫生、化学化工、环保、食品、生物、农业等领域中的科研、教学、生产中质量控制、原材料和产品检验等各个方面,用来进行定性分析、纯度检查、结构分析、络合物组成及稳定常数的测定等。这里仅介绍下面几个应用示例。

1. 定性检测

例如,无水乙醇精制过程中要用苯,测定无水乙醇中是否残留苯,测定其吸收光谱,乙醇在 210~600 nm 之间无吸收峰,而苯在 250、254 nm 有吸收峰,以无水乙醇为参比,对样品进行分析,如果在 250、254 nm 处出现吸收峰,则说明有苯残留。

2. 钼锑抗法测定磷

氮和磷是形成水体富营养化的主要因素,也是水体富营养化评价和预测的重要指标,例如当赤潮发生时,磷酸态的磷被爆发的赤潮藻类大量吸收,水体会出现暂时低磷现象,这种现象可作为赤潮预报的重要依据。其测定原理是在酸性条件下,正磷酸盐与钼酸铵、酒石酸锑氧钾反应,生成磷钼杂多酸,被还原剂抗坏血酸还原,形成蓝色配合物,在 700 nm 处有最大吸收峰,蓝色的深浅与磷的含量成正比,从而测定吸光度计算磷的含量。

3. 邻二氮菲法测定微量铁

在食品、化工产品、饮用水和工业废水中常常需要测定微量铁,其测定方法较多,邻二氮菲法是较常用的一种方法,试样经溶解、分离干扰物质后,在试液中加入盐酸羟胺将铁全部还原为 Fe^{2+},在 pH 值为 3~9 的溶液中与邻二氮菲(又称邻菲罗啉)生成稳定的橙红色配合物,在 510 nm 波长处测定吸光度,从而求得微量铁的含量。

4. 双硫腙法测定金属离子

双硫腙分光光度法是以双硫腙为螯合剂,使之与金属离子反应生成带色物质,而后用分光光度法测定该金属离子的方法。这是环境监测、食品分析、化工生产中常用的一种间接、萃取分光光度法。

(1)铅的测定

在 pH 值为 8.5~9.5 的氨性柠檬酸盐-氰化物的还原性介质中,铅与双硫腙形成可被氯仿萃取的淡红色双硫腙铅螯合物,在 510 nm 波长处可进行分光光度测定,从而求出铅的含量。

(2)镉的测定

在强碱溶液中,镉离子与双硫腙生成红色螯合物,氯仿萃取后,于 518 nm 波长处进行分光光度法测定,用标准曲线法定量,其测定浓度范围为 1~60 μg/L。

该方法适用于受镉污染的天然水和废水中镉的测定。水样中含铅 20 mg/L、锌 30 mg/L、铜 40 mg/L、锰和铁 4 mg/L,不干扰测定;镁离子浓度达到 20 mg/L 时,需要多加酒石酸钾钠掩蔽。

(3)锌的测定

在 pH 值为 4.0~5.5 的乙酸盐缓冲液介质中,锌离子与双硫腙生成红色螯合物,用四氯化碳萃取后,在 535 nm 波长处进行分光光度测定。水样中存在少量铅、汞、铜、镉、镍、钴、铋、津、钯、铟、牙锡等金属离子时,对锌的测定有干扰,但可用硫代硫酸钠作掩蔽剂和控制 pH 值予以消除。

(4)汞的测定

水样在酸性介质中于 95 ℃用高锰酸钾溶液和过硫酸钾(氧化剂)溶液消解,将无机汞和有机汞转化为二价汞后,用盐酸羟胺溶液还原过剩的氧化剂,加入双硫腙溶液,与汞离子反应生成橙色螯合物,用三氯甲烷或四氯化碳萃取,再加入碱液洗去萃取液中过量的双硫腙,于 485 nm 波长处测其吸光度,以标准曲线法定量。

 习题

一、填空题

1. 物质呈现的颜色是物质对不同波长的光_____的结果,高锰酸钾吸收绿色的光,透过紫红色的光,绿色光和紫红色光互为_____。

2. 符合朗伯-比尔定律的某有色溶液,当有色物质的浓度增加时,其最大吸收波长_____,摩尔吸光系数_____,吸光度_____。

3. 分光光度法中,入射光波长的选择应根据吸收曲线,通常以选择_____的波长为宜。

4. 各种物质都有特征的吸收曲线和最大吸收波长,这种特性可作为物质_____的依据;同种物质的不同浓度溶液,任一波长处的吸光度随物质的浓度的增加而增大,这是物质_____的依据。

5. 透光率是指_____与_____之比,透光度用符号_____表示;吸光度是_____倒数的对数,吸光度用符号_____表示。

6. 用分光光度法测定时,标准曲线是以_____为横坐标,以_____为纵坐标绘制的。

7. 已知某有色络合物在一定波长下,用 1 cm 吸收池测定时其吸光度 $A=0.340$,若在相同条件下改用 2 cm 吸收池测得的吸光度 A 为_____,透光度 T 为_____。

8. 用分光光度法测量时,要选择最适合的条件,包括选择_____、吸光度范围

和_____。

9. 如果显色剂或其他试剂对测量波长也有一些吸收,应选_____为参比溶液;如试样中其他组分有吸收,但不与显色剂反应,则当显色剂无吸收时,可用_____作参比溶液。

10. 多组分分光光度法可用解联立方程的方法求得各组分的含量,这是基于_____。

二、选择题

1. 某溶液在波长为 525 nm 处有最大吸收峰,吸光度是 0.70;测定条件不变,入射光波长改为 550 nm,则吸光度将会(   )。
   A. 增大   B. 减小   C. 不变   D. 不能确定

2. 目视比色法中,常用的标准系列法是比较(   )。
   A. 透过溶液的光强度   B. 溶液吸收光的强度
   C. 溶液对白色的吸收程度   D. 一定厚度溶液的颜色深浅

3. 某有色溶液用 2.0 cm 吸收池测定时,吸光度是 0.22;若用 1.0 cm 吸收池测定,吸光度是(   )。
   A. 0.22   B. 0.11   C. 0.33   D. 0.44

4. 符合比尔定律的有色溶液稀释时,将会产生(   )。
   A. 最大吸收峰向长波方向移动
   B. 最大吸收峰向短波方向移动
   C. 最大吸收峰波长不移动,但峰值降低
   D. 最大吸收峰波长不移动,但峰值增大

5. 朗伯-比尔定律说明,一定条件下(   )。
   A. 透光率与溶液浓度、光路长度成正比关系
   B. 透光率的对数与溶液浓度、液层厚度成正比关系
   C. 吸收度与溶液浓度、液层厚度成指数函数关系
   D. 吸收度与溶液浓度、液层厚度成正比关系

6. 在符合朗伯-比尔定律的范围内,溶液的浓度、最大吸收波长、吸光度三者的关系是(   )。
   A. 增加、增加、增加   B. 减小、不变、减小
   C. 减小、增加、减小   D. 增加、不变、减小

7. 在公式 $A=\varepsilon cL$ 中,ε 的大小与下列哪种因素有关?(   )
   A. 仪器型号   B. 液层厚度   C. 溶液浓度   D. 物质性质

8. 当百分透光度 $T\%=100$ 时,吸光度 A 为(   )。

A. 0.100 B. ∞ C. 0 D. 以上均不对

9. 有两个完全相同的 1 cm 厚度的比色皿,分别盛有甲、乙两种不同浓度同一有色物质的溶液,在同一波长下测得的吸光度分别为甲 0.260,乙 0.390,若甲的浓度为 4.40×10^{-3} mol/L,则乙的浓度为( )。

A. 2.20×10^{-3} mol/L
B. 3.30×10^{-3} mol/L
C. 4.40×10^{-3} mol/L
D. 6.60×10^{-3} mol/L

10. 在分光光度法测定中,为使测量结果有较高的准确度,溶液的吸收度应控制在( )。

A. 0.00~2.00 范围
B. 0.3~1.0 范围
C. 0.2~0.8 范围
D. 0.1~1.0 范围

11. 测量试液的吸光度时,如果吸光度值不在要求的范围内,可采取的措施为( )

A. 改变试液的浓度或吸收池的厚度

B. 延长校准曲线

C. 改变参比溶液

D. 换台仪器

12. 某显色剂在 pH 值为 3~6 时显黄色,pH 值为 6~12 时显橙色,pH 值大于 13 时呈红色,该显色剂与某金属离子配合后呈现红色,则该显色反应应在( )。

A. 弱酸溶液中进行
B. 弱碱溶液中进行
C. 强酸溶液中进行
D. 强碱溶液中进行

13. 在光度分析中,为了达到测定的精密度和准确度,对于显色反应要进行严格的条件选择,下列不属于显色条件的( )。

A. 显色时间 B. 入射光波长 C. 显色的温度 D. 显色剂的用量

14. 在紫外可见分光光度法测定中,使用参比溶液的作用是( )。

A. 调节仪器透光率的零点
B. 吸收入射光中测定所需要的光波
C. 调节入射光的光强度
D. 消除试剂等非测定物质对入射光吸收的影响

15. 分光光度法用于测定的物质为( )。

A. 适用于微量组分的有机或无机试样的分析

B. 适用于常量组分的各种有机或无机试样的分析

C. 适用于无色样品的分析

D. 适用于胶态和悬浊液样品分析

三、判断题

1. 分光光度法是基于有色物质对光的选择性吸收而建立起来的一种分析方法。(   )
2. 分光光度法对微量组分样品测定准确度高。(   )

3. 白光是由7种颜色的光复合而成,因此两种光不可能成为互补色光。（　）

4. 有色溶液的最大吸收波长随溶液浓度的增大而增大。（　）

5. 摩尔吸光系数较大,说明该物质对某波长的光吸收能力较强。（　）

6. 分光光度法中,有色溶液稀释可使显色溶液的波长改变,但摩尔吸光系数不变。（　）

7. 物质摩尔吸光系数 ε 的大小,只与该有色物质的结构特性有关,与入射光波长和强度无关。（　）

8. 同一物质,浓度不同,入射光波长相同,则摩尔吸光系数相同;同一浓度,不同物质,入射光波长相同,则摩尔吸光系数一般不同。（　）

9. 有色溶液的透光率随着溶液浓度的增大而减小,所以透光率与溶液的浓度成反比关系;有色溶液的吸光度随着溶液浓度的增大而增大,所以吸光度与溶液的浓度成正比关系。（　）

10. 透光率和吸光度互成倒数关系。（　）

11. 分光光度法中溶液透光率与待测物质的浓度成正比。（　）

12. 在光度分析法中,溶液浓度越大,吸光度越大,测量结果越准确。（　）

13. 标准曲线就是光的吸收曲线。（　）

14. 朗伯-比尔定律适用于稀溶液。（　）

15. 溶液本身的化学因素会引起朗伯-比尔定律的偏离,而物理性质不会引起朗伯-比尔定律的偏离。（　）

四、问答题

1. 有色物质的溶液为什么会有颜色?

2. 什么是吸收曲线?制作吸收曲线的目的是什么?

3. 朗伯-比尔定律及适用条件是什么?

4. 分光光度法常用的单组分定量分析方法有哪几种?

5. 吸光光度分析中选择测定波长的原则是什么?若某一种有色物质的吸收光谱如图所示,你认为选择哪一种波长进行测定比较合适?说明理由。

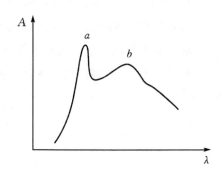

6. 简述导致偏离朗伯-比尔定律的原因。

7. 什么是标准曲线？为什么一般不以透光度 $T \sim c$ 绘制标准曲线？

8. 试讨论分光光度法中工作曲线有时不能通过原点的原因。

五、计算题

1. 某试液用 2 cm 比色皿测量时，$T=60\%$，若改用 1 cm 或 3 cm 比色皿，T 及 A 等于多少？

2. 有一溶液，每毫升含铁 0.056 mg，吸取此试液 2.00 mL 于 50 mL 容量瓶中显色，用 1 cm 吸收池于 508 nm 处测得吸光度 $A=0.400$，计算吸光系数 a 和摩尔吸光系数 ε。

3. 称取 0.500 g 钢样，溶于酸后，使其中的锰氧化成高锰酸根，在容量瓶中将溶液稀释至 100 mL。稀释后的溶液用 2.0 cm 厚度的比色皿，在波长 520 nm 处测得吸光度为 0.620，高锰酸根离子在波长 520 nm 处的摩尔吸光系数为 2 235 L/(mol·cm)，计算钢样中锰的质量分数。

4. 摩尔质量为 180 某物质的有色溶液的摩尔吸光系数为 $\varepsilon=6\times10^3$，稀释 10 倍后，用 1 cm 吸收池测定，得 $A=0.30$，计算 1 L 溶液中含有这种吸光物质多少克。

5. 称取某药物一定量，用 0.1 mol/L 的 HCl 溶解后，转移至 100 mL 容量瓶中用同样 HCl 稀释至刻度。吸取该溶液 5.00 mL，再稀释至 100 mL。取稀释液用 2 cm 吸收池，在 310 nm 处进行吸光度测定，欲使吸光度为 0.350。问需称样多少克？（已知：该药物在 310 nm 处摩尔吸收系数 $\varepsilon=6\ 130$ L/(mol·cm)，摩尔质量 $M=327.8$）

6. 光度法测定土壤试样中磷的含量。已知一土壤含磷 P_2O_5 为 0.40%，其溶液显色后的吸光度为 0.320，测得未知试样的吸光度为 0.280，求该土壤的 P_2O_5 含量。

7. 测定水中微量铁含量时，已显色的标准溶液 Fe_2O_3 浓度为 0.25 mg/L，测得 A_s 为 0.37；将水样稀释 5 倍后，在同样条件下显色，测得 $A_x=0.41$，求原水样铁的质量浓度(mg/L)。（已知：$M(Fe_2O_3)=159.69$ g/mol，$M(Fe)=55.85$ g/mol）

8. 今有 A、B 两种药物组成的复方制剂溶液。在 1 cm 吸收池中，分别以 295 nm 和 370 nm 的波长进行吸光度测定，测得吸光度分别为 0.320 和 0.430。浓度为 0.01 mol/L 的 A 对照品溶液，在 1 cm 的吸收池中，波长为 295 nm 和 370 nm 处，测得吸收度分别为 0.08 和 0.90；同样条件，浓度为 0.01 mol/L 的 B 对照品溶液测得吸收度分别为 0.67 和 0.12。计算复方制剂中 A 和 B 的浓度(假设复方制剂其他试剂不干扰测定)。

9. 用磺基水杨酸比色法测定铁的含量，加入标准铁溶液及有关试剂后，在 50 mL 容量瓶中稀释至刻度，测得下列数据：

标准铁溶液质量浓度/(μg/mL)	2.0	4.0	6.0	8.0	10.0	12.0
吸光度 A	0.097	0.200	0.304	0.408	0.510	0.613

称取矿样 0.386 6 g,分解后移入 100 mL 容量瓶中,吸取 5.0 mL 试液置于 50 mL 容量瓶中,在与工作曲线相同条件下显色,测得溶液的吸光度 $A=0.250$,求矿样中铁的质量分数。

10.用分光光度法测定加碘盐中碘酸钾的含量,标准使用液每升溶液含有 10.00 mg 碘酸钾,测得数据如下:

碘酸钾标准使用液/mL	0.00	1.00	2.00	3.00	4.00	5.00
浓度/(mg/L)	0.0	0.2	0.4	0.6	0.8	1.0
吸光度 A	0.000	0.156	0.304	0.455	0.606	0.767

得到标准曲线方程如下:$y=0.762\ 3x+0.000\ 2$,称取 3.000 g 碘盐,加蒸馏水溶解定容至 50 mL,取其中的 10 mL,测得吸光度 $A=0.315$,试求碘盐中碘酸钾的含量(mg/g 碘盐)。

第七单元　现代分析方法简介

▶ **教学目标**

1.了解现代分析方法的主要类型
2.了解现代分析方法的特点及应用

▶ **知识导入**

在生产和科研工作中，人们需要了解物质的化学组成、含量、它们的分布及内部结构。一般的化学分析法是以物质的特性及其化学反应性为基础的分析方法。它要把分析试样进行破坏——化学处理，转化成原子、离子或其他化合物等状态来加以检测。这种分析方法所用试样量较多，手续较繁，工时较长，因此对于试样量极少、试样表面某微区、表层物种的分布、快速分析、动态的或瞬时过程的分析、非破坏性分析、分子结构的分析等等都已显得无能为力了。为此20世纪40年代以来，现代化的仪器设备逐渐进入定量分析领域，仪器分析法逐渐发展起来。

一、现代分析方法概述

现代分析方法集测量物质的物理性质或物理化学性质为基础来确定物质的化学组成、含量以及化学结构，这类方法通常需要使用较特殊的分析仪器，故习惯上称为"仪器分析"。与化学分析相比，仪器分析具有用样量少、测定快速、灵敏、准确和自动化程度高等优点，常用来测定微量、痕量组分，是分析化学的主要发展方向。特别是新的仪器分析方法不断出现，其应用也日益广泛，从而使仪器分析在分析化学中所占比重不断增大，并成为现代分析化学的重要支柱。现代分析方法很多，若根据分析的基本原理分类，主要有光学分析法、电化学分析法、色谱分析法、还有其他分析法。

1.光学分析法

光学分析是建立在物质与电磁辐射互相作用基础上的一类分析方法，包括原子发射光谱法、原子吸收光谱法、紫外-可见吸收光谱法、红外吸收光谱法、核磁共振波谱法和荧光光谱法。

2.电化学分析法

电化学分析是建立在溶液电化学基础上的一类分析方法，包括电位分析法、电解和库仑分析法、伏安法以及电导分析法等。

3.色谱分析法

色谱分析是利用混合物中各组分在互不相溶的两相（固定相和流动相）中吸附能力、分配系数或其他亲合作用的差异而建立的分离、测定方法。包括：气相色谱、高效液相色谱、离子色谱、超临界流体色谱、高效毛细管电泳等。

4. 其他分析法

包括质谱分析、元素分析、表面分析、热分析等。

二、常用的仪器分析法

(一)原子发射光谱分析

原子发射光谱分析是根据处于激发态的待测元素原子回到基态时发射的特征谱线对待测元素进行分析的方法。发射光谱通常用化学火焰、电火花、电弧、激光和各种等离子体光源激发而获得。

1. 基本原理

原子发射光谱定量分析主要是根据谱线强度与被测元素含量的关系来进行的。当温度一定时谱线强度 I 与被测元素含量 c 成正比,即

$$I=ac$$

当考虑到谱线自吸时,有如下关系式:

$$I=ac^b$$

式中,a 为比例系数,与试样的蒸发、激发过程以及试样的组成等有关;b 为自吸系数,随浓度 c 增加而减小,当浓度很小无自吸时,$b=1$。这个公式由赛伯(Schiebe G)和罗马金(Lomakin B A)先后独立提出,故称赛伯-罗马金公式。

2. 原子发射光谱仪

ICP-AES 光谱仪器的基本结构由三部分组成,即激发光源、分光系统和检测器以及数据处理、记录(计算机)等部分组成。

原子发射光谱仪的激发光源有直流电弧、交流电弧、高压火花、电感耦合等离子体光源(ICP)。ICP 具有优越的性能,已成为目前最主要的应用方式。ICP 由高频发生器和等离子体炬管和工作气体组成。

原子发射光谱仪的分光系统目前采用棱镜分光和光栅分光两种。

原子发射光谱的检测目前采用照相法和光电检测法两种。前者用感光板,后者以光电倍增管或 CCD 作为接收与记录光谱的主要器件。

3. 定量分析方法

试样中待测元素浓度越高,其激发态原子的密度也越大,则其辐射出的谱线强度也越强,因此测量待测元素特征谱线的相对强度,即可进行定量分析。定量分析方法通常有标准曲线法、内标法和标准加入法,可根据实际工作需要选择使用。

4. 原子发射光谱分析法的特点

在近代各种材料的定性、定量分析中,原子发射光谱法发挥了重要作用,成为仪器分析中最重要的方法之一。

原子发射光谱分析法的特点:

①多元素同时检测能力。可同时测定一个样品中的多种元素。每一样品经激发后,不同元素都发射特征光谱,这样就可以同时测定多种元素。

②分析速度快。若利用光电直读光谱仪,可在几分钟内同时对几十种元素进行定量分析。分析试样不经化学处理,固体、液体样品都可直接测定。

③选择型好。每种元素因原子结构不同,发射各自不同的特征光谱。对于一些化学性质极相似的元素具有特别重要的意义。例如,铌和钽、锆和铪、十几个稀土元素用其他方法分析都很困难,而发射光谱分析可以毫无困难地将他们区分开来,并分别加以测定。

④检出限低。一般光源可达 $10\sim 0.1~\mu g/g$(或 $\mu g/cm^3$),绝对值可达 $1\sim 0.01~\mu g$。电感耦合高频等离子体(ICP)检出限可达 ng/g 级。

⑤准确度较高。一般光源相对误差约为 5%~10%,ICP 相对误差可达 1% 以下。

⑥试样消耗少。

⑦ICP 光源校准曲线线性范围宽,可达 4~6 个数量级,可测定元素各种不同含量(高、中、微含量)。一个试样同时进行多元素分析,又可测定各种不同含量。目前 ICP-AES 已广泛地应用于各个领域之中。

⑧常见的非金属元素如氧、硫、氮、卤素等谱线在远紫外区,目前一般的光谱仪尚无法检测;还有一些非金属元素,如 P、Se、Te 等,由于其激发电位高,灵敏度较低。

(二)原子吸收光谱分析

原子吸收光谱分析法,又称原子吸收分光光度法,是基于待测元素的基态原子蒸气对同种原子辐射的特征光谱能量的吸收作用,并依据辐射的吸收程度来测定该元素含量的一种仪器分析方法。

1. 基本原理

当强度为 I_0 的光通过吸收厚度为 L 的基态原子蒸气时,辐射光的强度会因基态原子蒸气的吸收而减弱,其透过光的强度 I 服从朗伯-比尔定律,即

$$A = \lg I_0/I = KcL$$

式中,A 为吸光度;K 为频率吸光系数;c 为基态原子的浓度;L 为吸收层厚度。此式即为原子吸收光谱分析定量的依据。

当吸收层厚度固定时,则

$$A = Kc$$

即在一定条件下,基态原子蒸气的吸光度与该元素在试样中的浓度呈线性关系,式中 K 为与实验有关的常数。

2. 原子吸收光谱仪

原子吸收光谱仪又称原子吸收分光光度计,由光源、原子化器、分光器、检测系统等部分

构成。

(1)光源

原子吸收法要求使用锐线光源,即光源发射线的半宽度应明显地小于吸收线的半宽度。锐线光源发射线半宽度很小,并且发射线与吸收线中心频率一致。锐线光源辐射强度高,稳定,可得到更好的检出限。目前普遍使用的锐线光源是空心阴极灯,之外还有高频无极放电灯、蒸气放电灯等。光源应能满足辐射光强度大、稳定性好、背景辐射小等要求。

(2)原子化器

其功能是提供能量,使试样干燥,蒸发和原子化。在原子吸收光谱分析中,试样中被测元素的原子化是整个分析过程的关键环节。实现原子化的方法,最常用的有两种:

①火焰原子化法:是原子光谱分析中最早使用的原子化方法,至今仍在广泛地被应用。

②非火焰原子化法:其中应用最广的是石墨炉电热原子化法。

(3)分光器

它由入射和出射狭缝、反射镜和色散元件组成,其作用是将所需要的共振吸收线分离出来。分光器的关键部件是色散元件,商品仪器都是使用光栅。

(4)检测系统

原子吸收光谱仪中广泛使用的检测器是光电倍增管,一些仪器也采用电荷耦合器件(CCD)作为检测器。

3. 定量分析方法

原子吸收光谱法进行定量测定时,常使用标准曲线法进行定量分析。步骤如下:配制一组合适的标准溶液,由低浓度到高浓度,依次喷入火焰,分别测定其吸光度 A。以测得的吸光度为纵坐标,待测元素的含量或浓度 c 为横坐标,绘制 $A-c$ 标准曲线。在相同的试验条件下,喷入待测试样溶液,根据测得的吸光度,由标准曲线求出试样中待测元素的含量。

4. 原子吸收光谱分析法的特点

原子吸收光谱分析法具有灵敏度高、精密度好、准确度高、选择性好、方法简便、分析速度快、应用广泛等优点。

与原子发射光谱分析比较,原子吸收法不能对多种元素进行同时测定,若要测定不同元素,需改变分析条件和更换不同的光源灯。对某些元素如稀土、锆、钨、铀、硼等测定灵敏度较低,对成分比较复杂的样品,干扰仍然比较严重,这些是其应用上的局限性。尽管如此,原子吸收法仍然是测定微量元素一种较好的定量分析方法,是无机痕量分析的重要手段之一。

(三)电位分析法

电化学分析法是仪器分析的一个重要组成部分。它是依据溶液或其他介质中物质的电化学性质及其变化规律来进行分析的方法,以电导、电位、电流和电量等电化学参数与被测物质的某些量之间的关系作为计量的基础。

按照测定的参数不同,一般可将电化学分析法分为电位分析法、伏安分析法、电导分析法、电解法、库仑分析法等。本节主要讨论电位分析法的原理和操作技术。

1. 基本原理

电化学分析法是利用滴定过程中电极电位的突变来指示滴定终点的滴定分析方法。其实验装置如图所示。

在电位分析中,用一个电极电位随被测物质浓度变化而变化的知识点击和一个电极电位保持恒定的参比电极与试液组成原电池,中间串联一个电子电位计,以指示滴定过程中电动势的变化。当滴定到化学计量点附近,待测离子浓度不断下降,指示电极的电位也发生突变,从而引起电池电动势的突变。根据电池电动势的变化就可确定滴定终点。

2. 指示电极和参比电极

电位分析法的实验装置如图 2-7-1 所示。

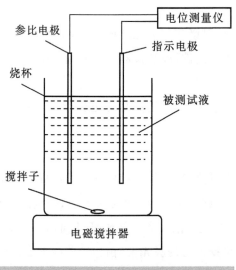

图 2-7-1 电位分析装置示意图

(1) 指示电极

在电位滴定法中,用电极电位来指示待测离子的浓度的电极称为指示电极。指示电极的电极电位可以反映电化学池中待测液浓度变化的情况。理想的指示电极应该能够快速、稳定地响应被测离子,其电极电位与有关离子活度(一般情况下可用浓度代替)之间关系必须符合能斯特方程,另外还要求其具有很好的重现性。

常用的指示电极有金属指示电极和离子选择性电极两大类。

① 金属指示电极。是以金属为基体的电极,这一类电极可分为金属-金属离子电极(如银电极)、金属-金属难溶盐电极(如甘汞电极)及惰性金属电极等。

② 离子选择性电极。是基于离子交换的膜电极,这类电极具有灵敏度好、选择性高、便于携带等特点,应用较为广泛。例如,用于测定溶液 pH 值的玻璃电极就是一种常用的离子

选择性电极。

(2)参比电极

在电位滴定法中,能提供相对标准电位的电极称为参比电极。参比电极的电位不受待测溶液组成变化的影响而保持恒定。对于参比电极,在选择时应满足三个条件:电极电位值已知且恒定;具有良好的重现性;在测量时,受温度等环境因素影响小,具有很好的稳定性。重要和常用的参比电极有氢电极、甘汞电极和银-氯化银电极,使用较多的是饱和甘汞电极。

3. 定量分析方法

电位定量分析方法通常有直接比较法、标准曲线法和标准加入法,可根据实际工作需要选择使用。

在实际工作中,单一电极的电位是无法直接测量的。电位分析法是将一个指示电极与另一个参比电极,同时插入被测样品溶液中组成工作电池来测量其电动势。构成电池的两个电极中,指示电极的电极电位与待测组分活度(在一定条件下可以用浓度代替活度)有定量函数关系,符合能斯特方程;参比电极的电极电位在测定条件下恒定,为常数。

若以指示电极为正极、参比电极为负极,在一定温度下,电池电动势(ξ)与待测物质含量(a)的关系为:

$$\xi = E_{参比} - E_{指示} = K - \frac{RT}{nF}\ln a$$

式中:$E_{参比}$、$E_{指示}$——分别为参比电极电位、指示电极电位;

R——气体常数;

T——热力学温度;

n——电极反应中转移的电子数;

F——法拉第常数;

a——待测物质活度(或浓度)。

由上式可知,待测物质的活度(或浓度)可以通过测量电池电动势来求得,这是电位分析法定量分析的依据。

4. 电化学分析法的特点

电化学分析方法与其他分析方法相比,具有独特的优点。它不仅可以快速测定含量较高的物质,如血液中的 Na^+、Cl^-、HCO_3^- 等,而且也可以测定痕量物质,如农作物中的重金属、血液中的药物代谢物等。电化学分析法测量时,试样的体积可以很小,可少至微升范围。用微升级的试样结合低检出限分析方法,可检出 10~18 mol/L 的物质,甚至单分子检出已成为可能。在其他分析方法的测量中,需要将分析信号转换成电信号,而电化学分析方法的电化学电池可直接提供原始的电信号,测量方法简单快速,仪器便于自动化。

(四)气相色谱分析法

当组分从色谱柱流出后,记录仪记录的信号随时间或载气流出体积而分布的的曲线成为色谱流出曲线,简称色谱图,如图 2-7-2 所示。色谱流出曲线是由基线和色谱峰组成。色谱峰的保留时间是定性指标,峰高和峰面积是定量指标。

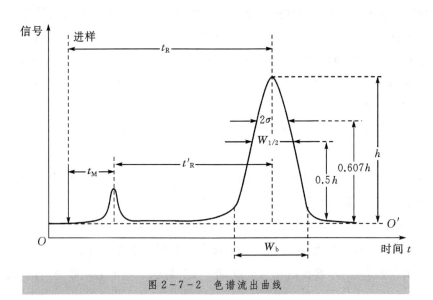

图 2-7-2 色谱流出曲线

① 基线:当操作条件稳定后,无样品组分进入检测器时,记录到的信号称为基线。稳定的基线是一条直线。

② 色谱峰:当组分进入检测器时,检测器响应信号随时间变化的峰形曲线。

③ 峰高(h):峰顶点到基线的距离。

④ 峰宽(W_b):在色谱峰拐点处做切线,与基线相交的两点之间的距离。

⑤ 半峰宽($W_{1/2}$):峰高一半处的色谱峰宽度,常用来表示色谱峰的宽度。

⑥ 死时间(t_M):指不被固定相或吸收的气体通过色谱柱所需的时间。

⑦ 保留时间(t_R):指组分从进样开始到色谱峰最大值出现的时间,以 s 或 min 表示。

⑧ 调整保留时间(t_R'):是某组分的保留时间与死时间的差值($t_R - t_M$),即组分保留在固定相内的总时间。

从色谱流出曲线可获得以下重要信息:

① 根据色谱峰的个数,可以判断样品中所含组分的最少个数。

② 根据色谱峰的保留值,可以进行定性分析。

③ 根据色谱峰的面积或峰高,可以进行定量分析。

④ 色谱峰的保留值及其区域宽度,是评价色谱柱分离效能的依据。

⑤ 色谱峰两峰间的距离,是评价固定相选择是否合适的依据。

1. 基本原理

被分离混合物由流动相载气推动进入色谱柱,根据各组分在固定相及流动相中的吸附能力、分配系数的差异进行分离,得到色谱图。根据色谱图中各组分的色谱峰的峰位置和出峰时间,可对组分进行定量分析;根据色谱峰的峰高或峰面积,可对组分进行定量分析。

2.气相色谱仪

气相色谱仪的型号和种类繁多。气相色谱仪的主要部件及一般流程如图2-7-3所示,它们由气路系统、进样系统、分离系统、检测系统、温控系统等部分组成。其工作原理是:载气由高压钢瓶中流出,通过减压阀、净化器、稳压阀、流量计,以稳定的流量连续不断地流经进样系统的汽化室,将气化后的样品带入色谱柱中进行分离,分离后的组分随载气先后流入检测器,检测器将组分浓度或质量信号转换成电信号输出,经放大由记录仪记录下来,得到色谱图。

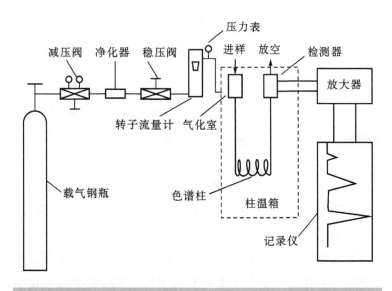

图2-7-3 气相色谱仪的主要部件及一般流程

3.定量分析方法

气相色谱定量分析的基础是根据检测器对被测组分等产生的响应信号与被测组分的量成正比的原理,通过色谱图上的峰面积或峰高,计算样品中被测组分的含量。由于同一检测器对含量相同的不同组分其响应信号不同,因而组分峰面积之比并不一定等于响应组分的含量之比,为准确定量,需对峰面积或峰高进行校正,因此,引入定量校正因子的概念。

在一定色谱操作条件下,被测物质 i 的质量 m_i 或其在载气中的浓度 c_i 与进入检测器的响应信号 E(色谱流出曲线上表现为峰面积 A_i 或峰高 h_i)成正比,有

$$m_i = f_i A_i$$

这就是气相色谱定量分析方法的依据。其中 f_i 称为定量校正因子。

要准确进行定量分析,必须解决三个问题:准确测量峰面积、测定校正因子及选择合适的定量方法。

(1)峰面积的测量

常用计算方法有峰高乘半峰宽法、峰高乘峰底宽度法、峰高乘平均峰宽法、峰高乘保留时间法、自动积分和微机处理法等。

(2)定量校正因子的计算

校正因子的意义为单位峰面积(或峰高)所代表的组分含量。由于色谱条件的波动及进样量的微小差异带来的偏差,很难准确测定 f_i。因而,一般使用相对定量校正因子 f_i',其定义为被测样品中各组分的定量校正因子与标准物质的定量校正因子之比,即:

$$f_i' = \frac{f_i}{f_s} = \frac{A_s W_i}{A_i W_s}$$

式中,i 和 s 分别表示组分和内标物质。实际色谱应用中,一般为相对定量校正因子,但一般将"相对"略去。

(3)定量方法

常用的定量方法有面积归一化法,外标法,内标法等。

①面积归一化法。面积归一化法就是把所有流出的色谱峰的峰面积加起来,其中某个峰面积的百分数即为该组分的百分含量,其计算公式为:

$$w_i = \frac{A_i}{\sum A_i} \times 100\%$$

此法仅适用于试样中所有组分全部出峰的情况。归一化法简便、准确,进样量的准确性和操作条件的变动对测定结果影响不大。

②外标法。外标法也称标准曲线法。此法是利用试样中某特定组分的纯物质配制一系列标准溶液进行色谱定量分析。对 $A_i(h_i)$-c_i 作图得到标准曲线,根据测定组分的 A_i 或 h_i,从标准曲线上求出 c_i。使用条件是适用于大批量试样的快速分析。

外标法操作简单,是广泛应用的定量方法之一,且准确性较高。对进样量的控制要求较高,操作条件变化对结果准确性影响较大。

③内标法。将一定量的纯物质 m_s 作为内标物加入到已知量 W 的试样中,根据被测组分 i(质量 m_i)与内标物(质量 m_s)在色谱图上相应响应峰面积的比,求出 c_i。

内标物需满足的要求:试样中不含有该物质;加入量及性质与被测组分比较接近;不参与化学反应;出峰位置应位于被测组分附近而又不影响组分峰。

内标法定量准确性较高,操作条件和进样量的稍许变动对定量结果影响不大;但操作较繁琐,不适合大批量试样的快速分析。

4. 气相色谱法的特点

①分离效率高,分析速度快。可分离复杂混合物,如有机同系物、异构体、手性异构体等。一般在几分钟或几十分钟内可以完成一个试样的分析。

②样品用量少,检测灵敏度高,可以检测出 $\mu g/g(10^{-6})$ 级甚至 $ng/g(10^{-9})$ 级的物质。

一次进样量仅为 0.001～0.1 mg。

③应用范围广。在色谱柱温度条件下,可分析有一定蒸气压且热稳定性好的样品,一般来说,气相色谱法可直接进样分析沸点低于 400 ℃ 的各种有机或无机试样。目前气相色谱法所能分析的有机物,约占全部有机物的 15%～20%。

④不足之处。难以对被分离组分定性。

(五)液相色谱分析法

1.基本原理

被分离混合物由流动相液体推动进入色谱柱,根据各组分在固定相及流动相中的吸附能力、分配系数、离子交换作用或分子尺寸大小的差异进行分离。按分离原理的不同,高效液相色谱法可分为液-液色谱法、液-固色谱法、键合相色谱法、离子交换色谱法、空间排阻色谱法及亲和色谱法。

2.液相色谱仪

高效液相色谱仪种类很多,根据其功能不同,主要分为分析型、制备型和专用型。虽然不同类型的仪器性能各异,应用范围不同,但其基本组成是类似的。主要由输液系统、进样系统、分离系统、检测系统、记录及数据处理系统组成,包括储液瓶、高压泵、进样器、色谱柱、检测器、记录仪(或数据处理装置)等主要部件,其中对分离、分析起关键作用的是高压泵、色谱柱和检测器三大部件。此外,还可根据需要配置流动相在线脱气装置、梯度洗脱装置、自动进样系统、馏分收集装置、柱后反应系统等,现代高效液相色谱仪还带有微机控制系统,进行自动化仪器控制和数据处理。图 2-7-4 是典型的高效液相色谱仪结构示意图。

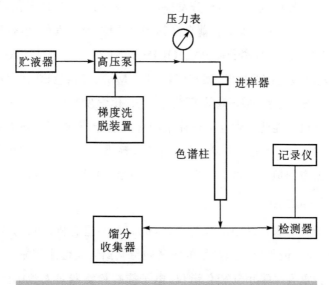

图 2-7-4 高效液相色谱仪结构示意图

液相色谱仪工作过程为:高压泵将储液瓶中的流动相经进样器以一定的速度送入色谱

柱,然后由检测器出口流出。当样品混合物经进样器注入后,流动相将其带入色谱柱中。由于各组分的性质不同,它们在柱内两相间作相对运动时产生了差速迁移,混合物被分离成单个组分,依次从柱内流出进入检测器,检测器将各组分浓度转换成电信号输出给记录仪或数据处理装置,得到色谱图。

3. 定量分析方法

同气相色谱法。

4. 液相色谱法的特点

液相色谱法和气相色谱法一样,具有高效、高速度、高灵敏度的特点。高效液相色谱的体系和类型比气相色谱更为多样化,样品易于回收制备,应用范围更广。因其分析对象不受极性、沸点和热稳定性限制,特别适合于分离分析大分子、高沸点、强极性、热不稳定性化合物,以及具有生物活性的物质和多种天然产物。据估计大约有70%的不挥发化合物,可用高效液相色谱法分析。

三、仪器分析法应用简介

现代科学技术的发展,各学科的相互渗透、相互促进、相互结合,新兴领域不断出现,使得仪器分析的适用领域也越来越广泛。仪器分析正进入一个在新领域中广泛应用的时期。它不但在工业、农业、轻工业等领域的应用越来越广泛,现代生命科学、环境科学等飞速发展的学科也越来越离不开仪器分析。

仪器联用技术的发展已成为当今仪器分析的重要发展方向。多种现代分析技术的联用、优化组合,使各种仪器的优点得到充分发挥,缺点得到克服,展现了仪器分析在各自领域的巨大生命力。目前,已经实现了电感耦合高频等离子体-原子发射光谱(ICP-AES)、傅里叶变换-红外光谱(FT-IR)、等离子体-质谱(ICP-MS)、气相色谱-质谱(GC-MS)、液相色谱-质谱(LC-MS)、高效毛细管电泳-质谱(HPCE-MS)、气相色谱-傅里叶变换红外光谱-质谱(GC-FTIR-MS)、流动注射-高效毛细管电泳-化学发光(FI-HPCE-CL)等联用技术。尤其是现代计算机智能化技术与上述体系的有机融合,实现了人机对话,使仪器联用技术得到飞速发展,开拓了一个又一个研究的新领域,解决了一个又一个技术上的难题,带来了一个又一个令人振奋的惊喜。以下几个例子用来说明仪器分析在各领域中的应用。

(一) 在农业中的应用

气相色谱可用于测定农产品中的农药残留,例如人参里有机氯农药残留的测定。人参是我国独特的名贵药材,但是由于人参里的农药残留会给人类健康带来危害,所以人参中农残的测定就显得尤为重要。采用气相色谱仪,电子捕获检测器对人参中的有机氯农药的残留量进行测定,具有分析时间短,灵敏度高,结果准确的特点。

使用仪器:岛津 GC-14C,ECD 检测器,N-2000 工作站

色谱条件:色谱柱:Rtx-5,30 m×0.25 mm×0.25 μm

进样口温度:250 ℃

程序升温:120 ℃→180 ℃(20 ℃/min)→220 ℃(4 ℃/min)→250 ℃(10 ℃/min)

检测器:ECD,温度:280 ℃

载气:N_2

柱头压力:98 kPa(恒压)

进样量:2 μL

进样方式:分流,分流比:5∶1

尾吹气流量:30 mL/min(N_2)

测定方法:用丙酮∶石油醚(2∶3)提取样品,层析法净化、浓缩后,用带电子捕获检测器的气相色谱仪测定。图2-7-5为国家标准规定的9种有机氯农药标样色谱图,图2-7-6为人参样品的色谱图。

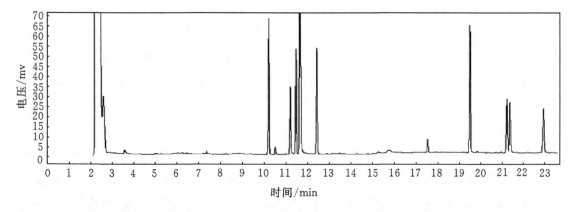

图2-7-5 9种有机氯农药标样色谱图

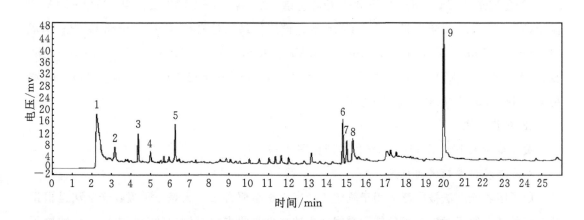

图2-7-6 人参样品色谱图

由气相色谱图得出定性结果:1 为 α-BHC;2 为 β-BHC;3 为 γ-BHC;4 为 PCNB;5 为 δ-BHC;6 为 p,p′-DDE;7 为 p,p′-DDD;8 为 o,p′-DDT;9 为 p,p′-DDT。

样品经有机溶剂均质提取,采用 Rtx-5 石英毛细管柱程序升温分析,并用电子捕获检测器(ECD)检测,外标法定量。平均回收率为 81%～110%,完全可以应用于人参中的九种有机氯农药残留量检测。实验可以看出,该方法的稳定性良好,对实际样品检测也得到了很好的结果。

(二)在食品科学领域的应用

黄曲霉毒素对有机体具有致突、致癌、致畸性,被列为可能的人体致癌物质。黄曲霉毒素在多种人类食物中被发现,如玉米、坚果、花生等,以 B1、B2、G1、G2 的形式存在。黄曲霉毒素 B1(AFTB1)在动物体内可转变成两种主要代谢产物 AFTM1 和 AFTQ,前者的毒性和致癌性与 AFTB1 相近,主要存在于动物的尿和乳汁中。

黄曲霉毒素可使用正相和反相液相色谱法分离,反相色谱法操作较容易、流动相毒性也较低,被广泛采用。使用反相液相色谱检测时,可通过柱前衍生法或柱后衍生法,提高 AFTB1、AFTG1 的检测灵敏度,使之与 AFTB2、AFTG2 在相近水平下检测。柱前衍生法无需专用柱后衍生反应系统,方法简单。本方法通过三氟乙酸(TFA)柱前衍生,HPLC 检测黄曲霉毒素 B1。该方法可用于 4 种黄曲霉毒素 B1、B2、G1、G2 同时检测,也可用于 AFTM1 检测。

(1)样品前处理

取 50 μL 黄曲霉毒素 B1 标样溶液(10 ng/mL,溶剂苯+乙腈溶液(98∶2,体积比)),用氮气吹干,加入 200 μL 正己烷和 100 μL 三氟乙酸,混匀 1 min,室温下放置 10 min,氮气吹干,用乙腈+水溶液(85∶15,体积比)50 μL 重新溶解,混匀 30 s,经 0.45 μm 滤膜过滤,供液相色谱仪检测用。

(2)色谱条件:Shimadzu LC-20A 液相色谱系统(含 LC-20AT 二元泵、CTO-20A 柱温箱,RF-10AxL 荧光检测器,LC solution 色谱工作站);色谱柱:Shim-pack GVP-ODS(10 mm×4.6 mm i.d.,5 μm);Shim-pack VP-ODS(150 mm×4.6 mm i.d.,5 μm);流动相:甲醇+乙腈+水(1∶3∶6,体积比);流速:1.0 mL/min;检测波长:激发波长 365 nm,发射波长 425 nm;柱温:40 ℃;进样量:10 μL。

(3)色谱分离

黄曲霉毒素 B1(AFTB1)标样色谱图见图 2-7-7。

3.在环境科学领域的应用

原子吸收光度法被广泛应用于测定工业废水重金属含量。火焰原子吸收光度法是根据某元素的基态原子对该元素的特征谱线产生选择性吸收来进行测定的分析方法。影响原子吸收法的主要干扰是基体的化学干扰,由于试样和标准溶液基体的不一致,试样中存在的某

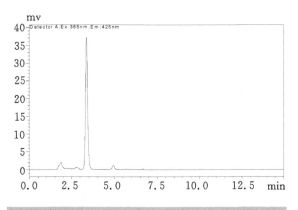

图 2-7-7 衍生后 AFTB1 标样色谱图

些基体常常影响被测元素的原子化效率。一般说来,铜、锌的基体干扰不太严重,工业排放废水(如有色冶炼、电镀、化工、印染等行业),某些农药和抑藻剂中常含有铜、锌、铬等金属元素。水中铜含量超过 1 mg/L 时,会使织物着色,超过 1.5 mg/L 时,会有苦味。水中铜会抑制藻类生长影响水产的养殖。水中铬有三价和六价两种价态,它们均对人体健康有害,一般认为,六价铬毒性强,更易为人体吸收,而且在体内蓄积影响内部组织损坏。锌对人体毒性较小,但对鱼类毒性要大得多,水中锌浓度达到 0.01 mg/L 以上时,可使鱼类致死,然而工业废水中(特别是电镀、有色冶炼、化工)常含有大量的锌。为了保护我们赖以生存的环境,保护生态平衡,对工业废水的排放进行质量监控是必要的。而原子吸收光度法是快速、准确、灵敏度高的首选方法。

(1)实验仪器与试剂

日本岛津 AA-6200 型原子吸收分光光度计;铜、铁、锌空心阴极灯,上海产;可控温电热板等。

硝酸、盐酸、高氯酸(均为优级纯),水(去离子水);铜、锌(光谱纯),重铬酸钾(基准试剂);铜、锌、铬标准储备液:分别称取各试剂适量,用适当的溶剂溶解,必要时加热,用去离子水稀释至一定体积,配成浓度均为 1 000 mg/L 的标准溶液。

(2)采样方法

采样用聚乙烯塑料瓶。使用前用 2% 的硝酸水溶液浸泡 24 h,然后用去离子水冲洗干净。采样时,用水样洗涤容器 2~3 次。水样采集后,每 1 000 mL 水样立即加入 2.0 mL 浓硝酸(pH 值约为 1.5)。

(3)样品预处理

①不含悬浮物的废水直接测定。

②比较浑浊的废水,每 100 mL 水样加入 1 mL 浓硝酸,置于电热板上微沸消解 10 分钟,冷却后用快速定量滤纸过滤,滤纸用 0.2% 硝酸洗涤数次,然后用 0.2% 硝酸稀释到一定

体积,供测定用;

③含悬浮物和有机质较多的废水,每100 mL水样加入5~7 mL浓硝酸,在电热板上加热消解到10 mL左右,稍冷却,再加入5 mL浓硝酸和2 mL高氯酸(含量70%~72%),继续加热消解,蒸至近干。冷却,用0.2%硝酸溶解残渣(可加热)。冷却后用快速定量滤纸过滤,把滤纸用0.2%硝酸洗数次,并同滤液收集于容量瓶中,用0.2%硝酸稀释至一定体积,供测定用。

(4)样品的测定

将(1)中处理好的溶液按仪器操作规程直接(或按不同稀释倍数稀释后)测定铜、锌、铬的含量。

仪器的工作条件如表2-7-1所示。

表2-7-1 仪器工作条件

元素	波长/nm	火焰	狭缝宽度/nm	灯电流/mA	燃气流速/(L/min)
铜	342.7	空气—乙炔	0.7	6	1.8
锌	213.9	空气—乙炔	0.2	8	2.0
铬	357.9	空气—乙炔	0.7	10	2.8

用该法分析工业废水中铜、锌、铬元素含量来控制废水的排放质量能满足环保要求,效果良好。

4. 在医药分析领域的应用

中药是我国的传统医药,是中华民族的瑰宝。中药作为天然药物,因其毒副作用小、疗效好、使用安全而受到人们的青睐,并越来越被国际社会所接受。但因中药在栽培、加工、贮存和生产炮制等过程中可能受到不同程度有毒、有害物质的污染,因而影响其安全性。例如中药本身存在或受污染而使重金属含量超标就是一个比较突出的问题。20世纪90年代以来发生了多起"中药中重金属超标事件"并被媒体报道,成为国际医药市场的热门话题,严重损害了中药形象,给我国造成了极大的经济损失,因此中药材中重金属含量的控制是急需解决的问题。为保证药品质量、确保人民用药安全有效、质量可控,以及药品研制、生产、经营、使用和管理有法可依,我们国家颁布了最新《中国药典》(2010年版),并于2010年7月正式实施。新版药典进一步提高了对高风险品种的质控要求,进一步加强了对重金属或有害元素、杂质、残留溶剂、抑菌剂等的控制。同时,2001年7月1日国家对外贸易经济合作部出台和实施的《药用植物及制剂进出口绿色行业标准》限量指标为:重金属总量应≤20.0 mg/kg,铅(Pb)≤5.0 mg/kg,镉(Cd)≤0.3 mg/kg,汞(Hg)≤0.2 mg/kg,铜(Cu)≤20 mg/kg,砷(As)≤2.0 mg/kg。

电感耦合等离子原子发射光谱法(Inductively Coupled Plasma Atomic Emission Spectrometry,ICP-AES)是近年来发展迅速的分析方法,具有检出限低,灵敏度高,精密度好,线性范围宽,同时检测多种元素的优点,已广泛应用于生物样品中微量元素的测定。

采用微波消解电感耦合等离子发射光谱法对中药材金银花、黄连和鱼腥草中《药用植物及制剂进出口绿色行业标准》限量的五种重金属元素 As、Cd、Cu、Hg 和 Pb 进行测定,为这些药用植物的全面利用和进一步加强对重金属元素的控制提供科学依据。

(1) 主要试剂

实验所用器皿均为玻璃制品;实验所用酸均为优级纯试剂,校准曲线用标准溶液为百灵威化学技术公司生产的原子吸收用单元素标准溶液。实验用水为超纯去离子水。

(2) 标准曲线的配制

配制 As、Cd、Cu、Hg、Pb 五种重金属元素的混合标准溶液(见表 2-7-2)。

表 2-7-2　校准曲线标准系列　　　　　　　　　　　　单位:μg/L

元素	1	2	3	4	5
As	0.00	10.00	20.00	50.00	500.00
Cd	0.00	1.00	5.00	20.00	100.00
Cu	0.00	10.00	10.00	50.00	500.00
Hg	0.00	10.00	10.00	50.00	500.00
Pb	0.00	10.00	10.00	50.00	500.00

(3) 仪器与工作条件

岛津 ICPE-9000 全谱发射光谱仪,仪器工作参数如下:

高频频率:27.12 MHz

高频输出功率:1.2 kW

同心雾化器,旋流雾室

冷却气流速:10 L/min

等离子气流速:0.6 L/min

载气流速:0.7 L/min

观测方向:轴向

岛津 ICPE-9000 软件[助手功能]可自动进行测定元素的波长选择,选择共存元素谱线干扰小,检出限和信噪比高的谱线(见表 2-7-3)。

表 2-7-3　分析线波长

元素	As	Cd	Cu	Hg	Pb
波长/nm	189.042	214.438	224.700	184.950	220.353

(4) 样品测定

As、Cd、Cu、Hg、Pb 五种元素标准曲线的相关系数分别为 0.9996、1.00000、1.00000、0.99956 和 0.99999。采用微波消解 ICP-AES 法测定 3 种中药材样品分析结果列于表 2-7-4。

表2-7-4　样品测定结果（$n=3$）　　　　　　　　　单位：mg/kg

名称	As	Cd	Cu	Hg	Pb
金银花	1.05	0.07	12.89	ND	1.71
黄连	1.66	0.60	17.68	ND	1.91
鱼腥草	1.90	0.63	11.68	ND	4.88

ND：未检出

方法的检出限、精密度和回收率见表2-7-5，由方法的回收率在90.4%～103.74%之间，从而表明该测定结果的数据可靠。

表2-7-5　溶液中检出限、精密度及回收率

元素	As	Cd	Cu	Hg	Pb
检出限/（μg/L）	2.37	0.13	1.13	1.31	2.92
精密度 RSD/(%)	6.01	2.02	5.29	4.74	3.78
回收率/(%)	101.00	1.03.74	103.00	90.40	100.50

本实验采用微波消解 ICP-AES 法测定了中药材金银花、黄连和鱼腥草中的 As、Cd、Cu、Hg 和 Pb 的含量，结果表明：使用该方法安全、快速、易操作、空白值低、方法精密度高、数据准确，并且回收率高。适用于质检部门以及卫生部门对中药材及类似样品中重金属含量的快速检验。

习题

1. 简述原子吸收光谱法的基本原理和定量分析方法。
2. 在原子吸收光谱法中，为什么要使用锐线光源？
3. 从原理上比较原子发射光谱法和原子吸收光谱法的异同点。
4. 电位分析法中指示电极和参比电极在测定时各起什么作用？
5. 什么是色谱法，其主要作用是什么？
6. 色谱流出曲线指什么？
7. 色谱分析方法的分离原理是什么？

模块三 定量分析技术

第一单元 常用定量分析仪器

▶ **教学目标**

1. 掌握定量分析中常用玻璃仪器的操作和使用
2. 掌握分析天平、酸度计、分光光度计等仪器的操作和使用
3. 通过实验，掌握酸碱滴定法、配位滴定法、氧化还原滴定法、沉淀滴定法以及光度分析法的测定技术

▶ **知识导入**

本单元主要介绍定量分析实验中的常用仪器，包括玻璃量器、分析天平、酸度计和分光光度计等，着重介绍了其工作原理、使用方法以及使用过程中的注意事项等。通过本单元知识的学习，理解和掌握定量分析仪器使用的基础知识，为后续定量分析实验的操作提供扎实的理论基础。

一、常用的玻璃仪器

（一）玻璃仪器分类

定量分析常用的仪器中，大部分为玻璃制品和一些瓷质类仪器。玻璃仪器种类很多，按用途大体可分为容器类、量器类和其他仪器类。

容器类包括试剂瓶、烧杯、烧瓶等。根据它们能否受热又可分为可加热的仪器和不宜加热的仪器。

量器类有量筒、移液管、滴定管、容量瓶等。量器类一律不能受热。

其他仪器包括具有特殊用途的玻璃仪器，如冷凝管、分液漏斗、干燥器、分馏柱、砂芯漏斗、标准磨口玻璃仪器等。

标准磨口玻璃仪器，是具有标准内磨口和外磨口的玻璃仪器。使用时根据实验的需要选择合适的容量和口径。相同编号的磨口玻璃仪器，它们的口径是统一的，连接是紧密的，使用时可以互换，可以组装各种类型的成套仪器装置。由于玻璃仪器的大小和用途不同，其

标准磨口的大小也不同。通常以整数数字表示标准磨口的系列编号,这个数字是锥形磨口最大端直径(以 mm 为单位)最接近的整数。常用标准磨口系列见表 3-1-1。有时也用 D/H 两个数字表示标准磨口的规格,如 14/23,即大端直径为 14.5 mm,锥体长度为 23 mm。

表 3-1-1 常用标准磨口系列

编号	10	12	14	19	24	29	34
口径/mm(大端)	10.0	12.5	14.5	18.8	24.0	29.2	34.5

定量分析中常用的玻璃仪器见表 3-1-2 图示。

表 3-1-2 实验室常用的玻璃仪器

名称	规格	主要用途	注意事项
烧杯	(1)玻璃品质:硬质或软质 (2)容积(mL) (3)有 50、100、250、500 mL 等规格,还有 5、10 mL 的微量烧杯	(1)反应容器,可以容纳较大量的反应物 (2)配制溶液 (3)物质和加热溶解 (4)蒸发溶剂或溶液中析出晶体、沉淀	(1)加热前要把烧杯外壁擦干,加热时放在石棉网上,不得直接加热 (2)反应液体不得超过烧杯容量的 2/3,以免液体外溢(塑料烧杯不得加热)
烧瓶	(1)玻璃品质:圆底、平底、长颈、短颈、细口、厚口等 (2)容积(mL) (3)有 100、250、500 mL 等规格	(1)反应容器,在长时间加热时用 (2)瓶底烧瓶可作洗瓶 (3)装配气体发生器	加热前要把烧杯外壁擦干,固定在铁架台上,放在石棉网上,均匀加热
锥形瓶	(1)玻璃品质:硬质或软质 (2)容积(mL) (3)有 50、100、250 mL、等规格	(1)反应容器,震荡方便,口径小,因而能减少反应物的蒸发 (2)装配气体发生器	(1)硬质锥形瓶可以加热至高温,软质锥形瓶要注意勿使温度变化过于激烈 (2)盛液不宜太多,以免震荡时溅出
称量瓶	(1)玻璃制品 (2)上口有磨口塞 (3)分高形和扁形两种,按瓶高(mm)×瓶颈(mm)表示,40×20、60×30、25×40 等	(1)精确称量试样和基准物 (2)质量小,可直接在天平上称量	(1)不能直接加热 (2)称量瓶盖要密合 (3)不用时应洗净,在磨口处垫上纸

续表

名称	规格	主要用途	注意事项
吸量管和移液管	(1)玻璃制品分单刻度移液管和吸量管两种 (2)容积(mL) (3)有1、2、5、10、25、50 mL等微量的有0.1、0.25、0.5 mL等规格	(1)量出容器,用于准确量取一定体积的液体 (2)吸取一定量准确体积的液体时用	(1)不能加热或烘干 (2)使用时注意下端尖嘴部位不受磕碰 (3)尖嘴剩余的液体不得吹出,如刻有"吹"字要把剩余部分液体吹出
容量瓶	(1)玻璃品质 (2)容积(mL) (3)有10、25、50、100、250、500、1 000、2 000 mL等规格	配制标准溶液	(1)不能加热 (2)不能替代试剂瓶存储溶液 (3)磨口塞必须密合并且要避免打碎、遗失、搞混
碱式、酸式滴定管	(1)玻璃品质 (2)分酸式和碱式两种 (3)容积(mL) (4)有10、25、50 mL等规格	用于滴定分析滴加标准溶液,有时也作简易色谱柱	(1)用滴定管时管壁不得有水珠悬挂,滴定的活塞下部也要充满液体,全管不得留有气泡 (2)玻璃制品避免打碎、遗失或互相搞混
表面皿	(1)玻璃制品 (2)容积(mm) (3)有45、65、90 mm等规格	(1)用作烧杯等容器的盖子 (2)观察小晶体及结晶过程 (3)用来进行点滴反应	不得用火直接加热
漏斗	(1)玻璃品质 (2)容积(cm) (3)有30、40、60、100、120 cm等规格	(1)沉淀过滤用 (2)引导液体或粉末状固体入小口容器中时用	(1)不能用火直接加热,可以过滤热的液体 (2)用时放在漏斗架上以防止产生的气体逸出

续表

名称	规格	主要用途	注意事项
分液漏斗	(1)玻璃品质 (2)容积(mL) (3)有 50、100、250、500 mL 等规格	(1)用于加液 (2)用于分离两互不相溶的液体 (3)萃取试验	(1)不得用火直接加热 (2)磨口活塞必须密合,不得混乱,否则会引起漏液 (3)萃取时,震荡初期应放气数次,以免漏斗内压力过大
量筒 量杯	(1)玻璃品质 (2)容积(mL) (3)有 5、10、25、50、100、500、1 000、2 000 mL 等规格	用于量取一定体积的溶液	(1)不能加热或烘烤 (2)不可用作反应器 (3)读取数字时视线方向应与液面弯月形底部相切
坩埚	(1)瓷质、铁、银、铂、刚玉、石英等金属 (2)容积(mL) (3)有 25、50mL 等规格	用于灼烧坩体耐高温	(1)灼烧时可直接放在泥三角上加热 (2)烧热的坩埚避免骤冷或溅水 (3)烧热时不能直接放在桌子上
碘量瓶	(1)玻璃品质 (2)容积(mL)	用于碘量法	(1)塞子及瓶口边缘磨口勿擦伤,以免产生漏隙 (2)滴定时打开塞子,用蒸馏水将瓶口及塞子上的碘液洗入瓶内

续表

名称	规格	主要用途	注意事项
试管	(1)玻璃品质 (2)容积(mm) (3)无刻度试管按外径(mm)×管长(mm)分类,有 12×120、12×100、10×100、10×75、8×70等规格	(1)可作为少量试剂的反应器,便于操作和现象观察 (2)可做为收集少量气体的容器 (3)具支试管常用于装配气体发生器、洗气装置	(1)试管(尤其是硬质管)可用于直接加热 (2)加热后的试管不能骤冷,否则容易爆裂 (3)使用后的试管应及时洗涤干净,以避免久置而难洗涤
细口瓶 广口瓶	(1)分玻璃和塑料的,有无色和棕色、磨口和不磨口 (2)容积(mL) (3)有500、250、125、100 mL等规格	(1)细口瓶盛装液体试剂 (2)广口瓶盛装固体试剂	(1)不能加热 (2)取用试剂时瓶盖倒放在桌上,不能弄脏、弄乱 (3)碱性物质要用橡皮塞,稳定性差的物质用棕色瓶
干燥器	(1)厚玻璃制 (2)容积(mm) (3)有100、150、180、200 mm等规格	用于存放易吸湿试样,也可存放已经烘干和坩埚等物品	(1)干燥剂不要放得太满 (2)干燥器内干燥剂要定期更换 (3)磨口处要涂凡士林
研钵	(1)瓷质、玻璃、玛瑙或铁质 (2)容积(mm) (3)有45、75、90 mm等规格	研磨固体药品或固-液磨匀	(1)只能研磨不可敲打 (2)不可用火直接加热
布氏漏斗和吸滤瓶	(1)布氏漏斗:瓷质,通常直径表示为(cm) (2)容积(mL) (3)有50、100、250、500 mL等规格	用于减压过滤,常与抽滤瓶配套使用	(1)过滤前先抽气,再倾注溶液 (2)不得加热 (3)滤纸要小于漏斗内径

(二)玻璃仪器的洗涤与干燥

1. 玻璃仪器的洗涤

(1)洗涤液的选择

洗涤玻璃仪器时,应根据实验要求、污物的性质及玷污程度,合理选用洗涤液。实验室常用的洗涤液有以下几种:

① 水:水是最普通、最廉价、最方便的洗涤液,可用来洗涤水溶性污物。

② 热肥皂液和合成洗涤剂:是实验室常用的洗涤液,洗涤油脂类污垢效果较好。

③ 碱性 $KMnO_4$ 溶液:该洗液能除去油污和其他有机污垢。使用时倒入待洗仪器,浸泡一会儿后再倒出,但会留下褐色 MnO_2 痕迹,可以用盐酸或草酸洗涤液洗去。

④ 铬酸洗涤液:铬酸洗涤液具有强酸性和强氧化性,适用于洗涤有无机物玷污和器壁残留少量油污的玻璃仪器。用洗液浸泡玷污仪器一段时间,洗涤效果更好。洗涤完毕后,用过的洗涤液要回收在指定的容器中,不可随意乱倒。此洗液可重复使用,当其颜色变绿时即为失效。该洗液要密闭保存,以防吸水失效。注意铬酸洗液腐蚀性极强,且对人体有害,使用时应注意安全。

⑤ 有机溶剂:乙醇、乙醚、丙酮、汽油、石油醚等有机溶剂均可用来洗涤各种油污。但有机溶剂易着火,有的甚至有毒,使用时应注意安全。

⑥ 特殊洗涤液:用一般的洗涤液不能除去的一些污物,可根据污物的性质,采用适当的试剂进行处理。如硫化物玷污可用王水溶解,沾有硫磺时可用 Na_2S 处理,AgCl 玷污可用 $NH_3 \cdot H_2O$ 或 $Na_2S_2O_3$ 处理。

一般方法很难洗净的有机玷污,可用乙醇-浓硝酸溶液洗涤。先用乙醇润湿器壁并留下约 2 mL,再向容器内加入 10 mL 浓硝酸静置片刻,立即发生剧烈反应并放出大量的热,反应停止后用水冲洗干净。此过程会产生红棕色的 NO_2 有毒气体,必须在通风橱内进行。注意,绝不可事先将乙醇和硝酸混合!

(2)洗涤的一般程序

洗涤玻璃仪器时,通常先用自来水洗涤,不能洗净时再用肥皂液、合成洗涤剂等刷洗,仍不能除去的污物,应采用其他洗涤液洗涤。洗涤完毕后,都要用自来水冲洗干净,此时仪器内壁应不挂水珠,这是玻璃仪器洗净的标志。必要时再用少量蒸馏水淋洗 2～3 次。

(3)洗涤方法

洗涤玻璃仪器时,可采用下列几种方法:

① 振荡洗涤。又叫冲洗法,是利用水把可溶性污物溶解而除去。往仪器中注入少量水,用力振荡后倒掉,连洗数次。

② 刷洗法。仪器内壁有不易冲洗掉的污物,可用毛刷刷洗。先用水湿润仪器内壁,再用毛刷蘸取少量肥皂液等洗涤液进行刷洗。刷洗时要选用大小合适的毛刷,不能用力过猛,

以免损坏仪器。

③ 浸泡洗涤。对不溶于水、刷洗也不能除掉的污物,可利用洗涤液与污物反应转化成可溶性物质而除去。先把仪器中的水倒尽,再倒入少量洗液,转几圈使仪器内壁全部润湿,再将洗液倒入洗液回收瓶中。用洗液浸泡一段时间效果更好。

2. 玻璃仪器的干燥

实验室中往往要需要洁净干燥的玻璃仪器,将玻璃仪器洗涤干净后,要采取合适的方法对玻璃仪器进行干燥,玻璃仪器的干燥一般采取下列几种方法:

(1)晾干

对不急于使用的仪器,洗净后将仪器倒置在格栅板上或实验室的干燥架上,让其自然干燥。

(2)烤干

烤干是通过加热使仪器中的水分迅速蒸发而干燥的方法。加热前先将仪器外壁擦干,然后用小火烘烤。烧杯等放在石棉网上加热,试管用试管夹夹住,在火焰上来回移动,试管口略向下倾斜,直至除去水珠后再将管口向上赶尽水汽。

(3)吹干

将仪器倒置沥去水分,用电吹风的热风或气流烘干玻璃仪器。

(4)快干(有机溶剂法)

在洗净的仪器内加入少量易挥发且能与水互溶的有机溶剂(如丙酮、乙醇),转动仪器使仪器内壁湿润后,倒出混合液(回收),然后晾干或吹干。一些不能加热的仪器(如比色皿等)或急需使用的仪器可用此法干燥。

(5)烘干

将洗净的仪器控去水分,放在电热恒温干燥箱里,105~110 ℃左右烘干。

带有精密刻度的计量容器不能用加热方法干燥,否则会影响仪器的精度,可采用晾干或冷风吹干的方法干燥。

(三) 几种常用量器及使用

1. 容量瓶

容量瓶是带有磨口玻璃塞或橡皮塞的细颈梨形平底瓶,瓶颈有一刻度和温度,用以标记容量瓶在该温度时的容积。作为量入容器,容量瓶主要用来配制标准溶液或将溶液稀释到一定的体积。

使用前必须先检查一下容量瓶是否漏水,方法是:瓶中加入自来水至标线附近,盖好瓶盖,右手指尖托住瓶底边缘,左手持瓶颈,食指按住瓶盖,将容器瓶倒立两分钟(图 3-1-1),观察瓶塞是否漏水,不漏水的容量瓶才能使用。

按玻璃仪器的清洗方法用冲洗或洗液洗涤法洗净容量瓶,注意容量瓶不能刷洗也不能用待装液洗涤。

将溶液定量转移到容量瓶中时,右手拿玻璃棒悬空放入容量瓶内,玻璃棒下端靠在瓶颈内壁上(但不能与磨口接触),左手拿烧杯,烧杯嘴紧靠玻璃棒,使溶液沿着玻璃棒慢慢流入容量瓶(图3-1-2)。当溶液流完后,将烧杯嘴沿玻璃上提,同时使烧杯直立。将玻璃棒取出放入烧杯内,用少量蒸馏水淋洗烧杯和玻璃棒,淋洗液再次全部转移到容量瓶中。如此重复淋洗2~3次。然后,加蒸馏水稀释至容量瓶的标线下方1~2 cm处,最后用滴管滴加蒸馏水至弯月面正好与标线相切。盖上瓶盖,一手按住瓶盖,一手托住瓶底,将瓶倒立,让气泡上升到顶部后,摇荡数次,再倒转过来。如此反复多次,使溶液充分混匀(图3-1-1)。

图3-1-1 容量瓶的检漏

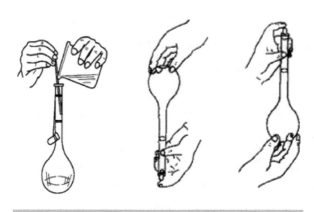

图3-1-2 容量瓶的使用

如果要定量稀释溶液,只要用移液管量取一定体积的溶液放入容量瓶中,按以上操作准确稀释到一定体积。

配好的溶液如需保存,应转移到磨口试剂瓶中。容量瓶不宜长期贮存试剂。

容量瓶用完后,应立即清洗干净。清洗后的容量瓶如长期不用,磨口处应擦干,并用纸将磨口隔离开。

2. 移液管、吸量管

移液管属于量出容器,用于精确量取一定体积的仪器。移液管通常分为两类,一类是中间有一胖肚,下部有一拉尖滴液口的玻璃管,上部的细颈上有一标线,当抽吸溶液至其弯月面与标线相切时,此时放出的溶液体积等于管上所标的体积。常用的移液管有10、25和50 mL等几种。另一类是带有分度的移液管,常称为吸量管,有10、5、1 mL等,可用于准确量取少量体积的溶液。

经清洗后的移液管移取溶液前,必须用少量待移溶液荡洗2~3次,以保证所移溶液浓度不改变。

移液时,将移液管插入待取溶液液面以下 1~2 cm 处(不要插得太深以免外壁沾的溶液太多;也不能插得太浅以免液面下降时吸入空气)。一只手的拇指和中指拿住移液管标线以上部分,另一只手拿洗耳球,用排尽空气的洗耳球缓缓吸上溶液(注意液面和移液管的位置)(图 3-1-3)。当溶液吸至标线以上时,迅速用食指堵住管口。将移液管取出液面,并将管的下部插入溶液的部分沿所吸溶液容器内壁轻转两周,以除去外壁的溶液。倾斜容器,将移液管下端紧贴容器的内壁成 45°,微微松动食指,使液面缓慢下降。直到视线平视时弯月面标线相切,立即按紧食指。使接受容器倾斜成 45°,小心将移液管移入接受容器内,使移液管下端与接受容器内壁

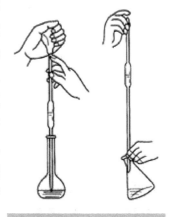

图 3-1-3 移液管的使用

上方接触,松开食指使溶液沿容器内壁自由流下。待溶液流尽后,再保持 15 s 后方可取出移液管。注意,除标有"吹"字的移液管外,不要把残留在管尖的少量溶液吹出,因为在校准移液管体积时,没有把这部分溶液考虑进去。

用吸量管吸取溶液时,操作与以上相同。如果吸量管上标有"吹"字,则在液体放出后将残留在管尖的少量溶液用洗耳球吹出,否则不能吹出。

移液管用完后,应放在移液管架上。实验完毕,立即用清水洗干净,再用蒸馏水淋洗,放在移液管架上。

3. 滴定管

滴定管是定量分析中用于准确测量滴定体积的玻璃仪器。一般有酸式滴定管和碱式滴定管两种。酸式滴定管用来盛放酸性或氧化性溶液,其下部有一玻璃活塞,用以控制滴定时液滴滴加速度。碱式滴定管用来盛放碱性以及对玻璃有腐蚀作用的溶液,刻度管与尖嘴玻璃管之间由橡皮管相连,橡皮管内装有一颗玻璃珠,用以控制滴定时的滴速。

滴定管的使用包括洗涤、涂油、检漏、排气泡和读数等步骤。主要步骤具体操作如下:

(1)洗涤

用自来水冲洗或用细长的刷子蘸肥皂水(不能用去污粉)刷洗。如果内壁仍有油污则可用铬酸洗液荡洗或浸泡。最后用自来水冲洗干净,再用蒸馏水润洗三遍,洗净后的管内壁应均匀地润上薄薄的一层水而不挂水珠。外壁用吸水纸擦干。

(2)涂凡士林

如果活塞转动不灵活,则需在活塞上涂凡士林。将滴定管平放在试验台上,取出活塞,用吸水纸把活塞和活塞套擦干。用手指在活塞的大头表面,另用纸条或火柴棒在活塞套的小头内壁均匀地涂上一薄层凡士林,也可以均匀的涂在活塞的两头(图 3-1-4)。注意不能涂在活塞孔上,以免旋转时堵塞活塞孔。然后将活塞插入活塞套中,向同一方向旋转,直到活塞和活塞套全部透明且没有纹路,活塞转动灵活。最后,在活塞的小头套上橡皮圈用以固定活塞。

图 3-1-4 酸式滴定管涂凡士林的方法

(3) 检漏

用自来水充满滴定管,外壁用吸水纸擦干,放在滴定管架上放置 1 min,观察是否漏水,再将活塞旋转 180°,重新检查,如果漏水,必须重涂凡士林。

(4) 装液与赶气泡

装入标准溶液前先用蒸馏水荡洗 2~3 次,每次为 10 mL 左右。然后用待装的标准溶液荡洗 2~3 次。荡洗时,两手平拿滴定管,慢慢旋转,让溶液遍及全管内壁,然后从下端放出。荡洗完毕,装入标准溶液至"0"刻度以上。检查活塞附近有无气泡。如有气泡,应将其排出。排除气泡时,用右手拿住滴定管上部无刻度处,并使之倾斜 30°,左手迅速打开活塞,使溶液急速冲下,将气泡赶出。

使用碱式滴定管时,先检查乳胶管和玻璃管是否完好,若胶管老化,玻璃球过大或过小,则更换塞有玻璃珠的橡皮管。加入标准溶液后,如下端尖嘴玻璃管中有气泡,可将橡皮管向上弯曲,用左手拇指和食指捏住玻璃珠的右上方,向右上方轻挤乳胶管(如图 3-1-5),气泡即可排出。

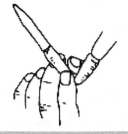

图 3-1-5 除去碱式滴定管乳胶管中气泡的方法

(5) 读数

滴定管在装满溶液和放出溶液后,必须等 1~2 min,使附着在内壁的溶液流下来,才能读数。读数时,滴定管保持垂直,视线在弯月液面下缘最低处,且与液面成水平。如果溶液颜色太深,可读液面两侧的最高点,视线与此成水平。若为蓝线滴定管,应当取蓝线上下两尖端相对点的位置读数。读数应读到小数点后 2 位。

(6) 滴定

滴定管垂直地夹在滴定管架上。使用酸式滴定管时,左手无名指和小指向手心弯曲,用其余三指控制活塞的转动(如图 3-1-6(a))。注意不要向外拉活塞,以免漏液;也不要过分往里扣,以免活塞转动困难。

使用碱式滴定管时,左手无名指和小手指夹住管口,拇指和食指在玻璃珠右上方轻挤乳胶管(如图 3-1-6(b)),使溶液在玻璃珠旁空隙处流出。不要捏玻璃珠下方的乳胶管,以免进气泡。

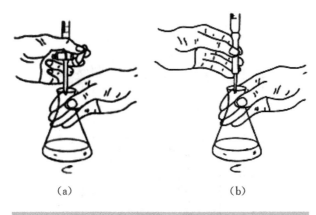

图 3-1-6　滴定管的使用方法

二、常用的称量仪器

（一）分析天平

分析天平是定量分析中最重要的仪器之一。了解分析天平的原理、结构，正确地进行称量，是无机及分析化学的重要基本操作技术之一。分析天平按其工作原理可分为两大类：杠杆式机械天平和电子天平。目前，常用的分析天平主要有半自动电光天平和电子天平等。

1. 工作原理

半自动电光分析天平就是根据上杠杆原理用砝码质量来表示物体质量的一种衡器，砝码的质量即为被称物体的质量。

电子天平是根据电磁原理设计的，它利用电子装置完成电磁力补偿的调节，使物体在重力场中实现力的平衡。电子天平有不同的型号和精度，如称量至 0.01 g 的天平及称量至 0.000 1 g 的天平等。称量时根据实验需要正确选择天平的精度。

2. 分析天平的结构和使用

(1) 半自动电光天平的结构和使用

半自动电光天平，最大的载荷重量为 200 g，可以精确称量到 0.1 mg。其结构如图 3-1-7 所示，主要有由天平梁、吊耳、空气阻尼器、天平盘、投影屏、调屏拉杆、升降旋钮、圈码和圈码指数盘等部分构成。

半自动电光天平的使用方法如下：

①称量前检查：天平是否处于水平状态；天平梁、吊耳、天平盘、环码等各部件安放是否正确；圈码盘是否在"000"位置；两盘是否干净（用小毛刷将称盘清扫）。

②调节零点：接通电源，旋转升降旋钮，调节零点调节杆，使小标尺 0.00 与投影屏的刻线重合，零点即调好。

③检查灵敏度：在天平盘上加 10 mg 片码，天平的指针偏转 98～102 格即为合格。

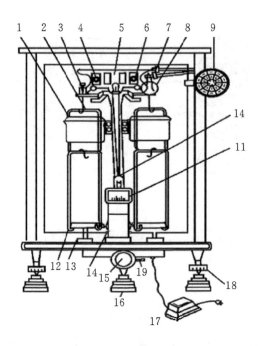

图 3-1-7 半自动电光天平的正面图

1—空气阻尼器；2—挂钩；3—吊耳；4、6—平衡螺丝；5—天平梁；7—环码钩；8—环码；9—圈码指数盘；10—指针；11—投影屏；12—天平盘；13—托盘；14—光源；15—旋钮；16—脚垫；17—变压器；18—螺旋脚；19—调屏拉杆

④称量：先将被称量物体在电子称上粗称，然后将其置于天平盘的中央，关上天平门。按照"由大到小，中间截取，逐级试重"的原则加减砝码。试重时应半开天平，观察标尺移动方向，标尺总是向较重天平盘方向移动，判断所加砝码是否合适以及如何调整。先调好克以上的砝码（用镊子取放），关闭天平门。再依次调整百毫克组和十毫克组的圈码，每次都从中间量（500 mg 和 50 mg）开始调节。调好十毫克组的圈码后，再开完全开启天平，准备读数。

⑤读数：全开天平 待标尺稳定后读数。称量物体质量等于克组砝码数、指数盘圈码读数、投影屏上微分标尺读数之和，记录读数，保留到小数点后 4 位。

⑥复原：称量完毕，关闭天平，取出被称量物体，砝码归位，检查天平内外的清洁，关好天平门。指数盘回零。检查并调回零点。关闭天平。将使用情况登记天平使用本上。罩上天平罩。

(2)电子天平的结构和使用

电子天平按结构可分为上皿式和下皿式电子天平。秤盘在支架上面为上皿式，秤盘挂在支架下面为下皿式。目前，广泛使用的是上皿式电子天平。

以 FA1004 型电子天平为例，简要介绍电子天平的使用方法如下：

①称量前的检查：检查天平是否处于水平状态，若不水平，调节底座螺丝，使气泡位于水平仪中心。检查天平盘内是否干净。检查硅胶是否变色失效。

②预热:接通电源预热 30 min 以上,方可开启使用。

③校准与称量:关好天平门,轻按"开/关"键,LTD 指示灯全亮,松开手,天平先显示型号,稍后显示为 0.000 0 g,即可开始使用。将被测物小心置于秤盘上,关闭天平门,待数字不再变动后即得被测物的质量。取出被测物,关闭天平门。

④称量结束后的工作:称量结束后,按"开/关"键关闭天平,将天平还原。在天平的使用记录本上记录。

分析天平使用时需注意以下几点:

第一,在开关门、放取称量物体时,动作必须轻缓,切不可用力过猛或过快,以免造成天平损坏。

第二,对于过热或过冷的称量物,应使其回到室温后方可称量。

第三,称量物体的总质量不能超过天平的称量范围。在固定质量称量时要特别注意。

第四,所有称量物体都必须置于一定的洁净干燥容器(如烧杯、表面皿、称量瓶等)中进行称量,以免沾染腐蚀天平。

第五,为避免手上的油脂汗液污染,不能用手直接拿取容器。称取易挥发或易与空气作用的物质时,必须使用称量瓶以确保在称量的过程中物质质量不发生变化。

第六,半自动电光天平使用时,开关天平门、放取被称量物质以及加减砝码等等都要先关闭天平;试重时应半开天平,以防天平严重失去平衡,天平盘剧烈摆动,损坏支点刀口等。

第七,称量瓶应垫干净的纸或戴干净的棉纱手套拿取。

3. 试剂的称量方法

根据试样的性质和分析要求,可以分别采用以下三种方法进行称量:

(1)直接称量法

用于称量在空气中不吸湿的试样或试剂,如金属、合金等,已经用于称量烧杯的质量、重量分析实验中称量坩埚的质量等。

(2)固定质量称量法

固定质量称量法又称增量法,用于称量某一固定质量的试剂(基准物质)或试样。这种称量操作的速度很慢,适用于称量不易吸潮,在空气中能稳定存在的粉末或小颗粒(最小颗粒应小于 0.1 mg)样品,以便精确调节其质量。此法不适于称量块状物质。

称量步骤:用左手手指轻击右手腕部,将牛角匙中样品慢慢震落于容器内(如图 3-1-8),当达到所需质量时停止加样,关上天平门,显示平衡后即可记录所称取试样的质量。固定质量称量法要求称量精度在 0.1 mg 以内。若加入量超出,则需重新称量试样,已用试样必须弃去,不能放回到试剂瓶中。操作中不能将试剂撒落到容器以外的地方。称好的试剂必须定量地转入接收器中,不能有遗漏。

(3)差减称量法

又称递减法,即两次称量之差为称量的质量。用于称量一定范围内的样品和试剂。主

图 3-1-8 固定质量称量法

要针对易挥发、易吸水、易氧化和易与二氧化碳反应的物质。

称量步骤:用滤纸条从干燥器中取出称量瓶(如图 3-1-9(a)),放入电子称上称出称量瓶的质量,用纸片夹住瓶盖柄打开瓶盖,用牛角匙加入适量试样(多于所需总量,但不超过称量瓶容积的三分之二),盖上瓶盖,在电子称上称出称量瓶加试样的质量,称为粗称。再放入分析天平中,称出称量瓶加试样的准确质量。用滤纸条取出称量瓶,在接收器的上方倾斜瓶身,用瓶盖轻击瓶口使试样缓缓落入接收器中(如图 3-1-9(b))。当试样接近所需量时,继续用瓶盖轻击瓶口,同时将瓶身缓缓竖直,用瓶盖敲击瓶口上部,使粘于瓶口的试样落入瓶中,盖好瓶盖。将称量瓶放入天平,准确称取其质量。两次质量之差即为试样质量。若一次不能得到符合质量范围要求的试样,可再次敲出试样,但一般要求不超过 3 次。若敲出质量多于所需质量时,则需重新称量,已取出试样不能收回,须弃去。

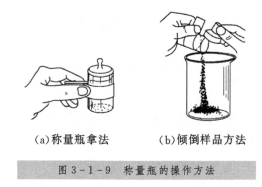

(a)称量瓶拿法　　(b)倾倒样品方法

图 3-1-9 称量瓶的操作方法

(二)酸度计

酸度计也称 pH 计,它是利用测量电动势来测量水溶液 pH 值的仪器。利用酸度计也可以测定电极电势等。目前,常用的酸度计有 pH-25(雷磁 25)型、pHS-2 型、pHS-3 型和 pHS-3E 型等。

1. 工作原理

利用酸度计测量溶液的 pH 值,是在待测溶液中插入一对工作电极(一支为电极电势已知、恒定的参比溶液,另一支为电极电势随待测溶液离子浓度变化而变化的指标电极)构成原电池,并接上精密的电势差计,即可测得该电池的电动势。由于待测溶液的 pH 值不同,所产生的电动势也不同,在用酸度计测量溶液电动势的同时,即可测得待测溶液的 pH 值。

为了省去将电池电动势换算为 pH 值的计算手续,通常将测得的电池电动势在点表盘上直接用 pH 刻度值表示出来。同时仪器还安装了定位调节器。测量时,先用 pH 标准缓冲溶液,通过定位调节器使仪器上指针恰好指在标准溶液的 pH 值处。这样,在测定未知液时、指针就直接指示待测溶液的 pH 值。通常把前一步骤称为定位,后一步骤称为测量。

2. 酸度计的构造

酸度计的种类和型号很多,但是它们都是由参比溶液(常用甘汞电极)、指示电极(常用玻璃电极)及精密电势差计三部分组成。图 3-1-10、3-1-11、3-1-12 和 3-1-13 分别为雷磁 25 型、pHS-2 型、pHS-3 型和 pHS-3E 型酸度计的外观图(或板面图)。

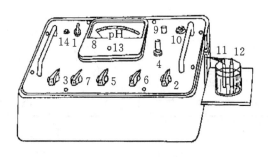

图 3-1-10 雷磁 25 型酸度计

1—电源开关;2—零点调节器;3—定位调节器;4—读数开关;5—pH-mV 开关;6—量程选择开关;7—温度补偿器;8—电流计;9—参比电极连线柱;10—玻璃电极插孔;11—甘汞电极;12—玻璃电极;13—电表机械调节;14—指示灯

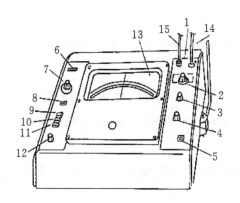

图 3-1-11 pHS-2 型酸度计

1—电极接头与插孔;2—分档开关;3—校正调节器;4—定位调节器;5—读数开关;6—指示灯;7—温度补偿调节;8—电源按键;9—pH 按键;10—+mV 按键玻璃;11—-mV 按键;12—零点调节器;13—指示表;14—接指示电极;15—接参比电极

无机与分析化学

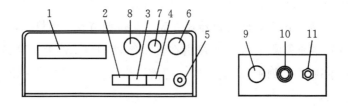

图 3-1-12　pHS-3型酸度计面板旋钮图

1—显示器；2—关电源键；3—pH 按键；4—mV 按键；5—测量开关；6—定位调节器；
7—零点调节器；8—温度调节器；9—调速；10—指示灯；11—电源

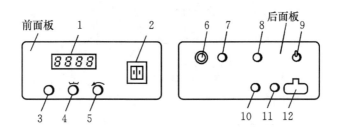

图 3-1-13　pHS-3E型酸度计面板旋钮图

1—31/2LED 显示器；2—温度补偿器；3—定位调节器；4—功能选择；5—斜率补偿调节器；6—输入电极插座；
7—参比接线柱；8—调零电势差器；9—电源开关；10—地线接线柱；11—保险丝盒；12—电源插座

3. 酸度计的使用方法

不同型号的酸度计使用方法会有差异，大致步骤如下：

(1) 仪器的校正：

①调仪器零点；②打开电源开关，预热仪器；③温度补偿，将温度补偿调节器调到待测溶液的温度位置；④把 pH-mV 开关转到 pH 挡（如测电动势就放到 mV 挡）。

(2) 仪器的定位

把连接好的电极插入 pH 标准缓冲溶液，按下读数按键，调节定位旋钮，使指针指在该标准缓冲溶液的 pH 值上。

(3) 测定

取出电极用蒸馏水洗净并用滤纸轻轻吸去电极表面水分，将电极插入待测溶液中，按下读数按键，待稳定后，读出读数，即为待测溶液的 pH 值。

另外，使用时注意以下事项：

①各型号酸度计不同，使用方法不尽相同，具有操作步骤请按实验时所用酸度计的说明书进行或按指导教师讲授的方法进行。

②玻璃电极为易碎品，使用时要特别小心。

③玻璃电极使用前须用蒸馏水浸泡24 h以上方可使用,甘汞电极应及时补充饱和KCl溶液,以保持足够的液压差,不要将电极长时间浸泡。

④防止仪器与潮湿气体接触。潮气的浸入会降低仪器的绝缘性,使其灵敏度、精确度、稳定性都降低。

⑤如果酸度计指针抖动严重,应更换玻璃电极。

(三)分光光度计

分光光度计是通过测量和记录待测物质对可见光的吸收来进行定量分析的仪器。目前,实验化学中最常用的有721型分光光度计和722型分光光度计。

1. 工作原理

分光光度计的工作原理就是利用物质的对不同波长的光呈现选择性吸收现象来进行物质的定性和定量分析。当一束可见光照射待测物质的溶液时,其将对该频率(或波长)的可见光产生选择性的吸收。用可见光分光光度计可以测量和记录其吸收程度(吸光度A)。由于在一定条件下吸光度A与待测物质的浓度c成正比,符合朗伯-比耳定律,即

$$A = Kbc$$

所以,在测得吸光度A后可采用标准曲线法、比较法及标准加入法等方法进行定量分析,求出待测物质的浓度。

2. 分光光度计的构造

可见分光光度计的种类和型号甚多,最为常用的是721型和722型。但不管何种类型和型号,基本结构相似,都是由光源、单色器、吸收池、检测器、信号显示器等五部分组成。

721型分光光度计采用光电管作为光电转换原件,工作波段范围为360~780 nm,单色器、稳压器和检流计几个部件合装为一个整体。其结构和外型如图3-1-14、图3-1-15所示。

722型分光光度计是以碘钨灯为光源,衍射光栅为色散元件,端窗式光电管为光电转换器的单光束、数显式可见光分光光度计。可用波长为330~800 nm,吸光度显示范围为0~1.999,试样架可置四个吸收池(比色皿)。其结构和外型如图3-1-16、图3-1-17所示。

3. 使用方法

(1) 721型分光光度计的使用方法

①检查仪器各调节钮的起始位置是否正确,接通电源开关,打开吸收池暗箱盖,此时光路自动关闭,使电表指针处于"0"位,预热20 min。

②根据实验要求,转动波长调节器,选择需要的波长。

③旋转灵敏度档,选择合适的灵敏度档,固定在某一档。选择原则是在能使参比溶液调到$T = 100\%$处时,尽量使用灵敏度较低的档,以提高仪器的稳定性。改变灵敏度档后,应重新调"0"和"100"。

④轻轻旋转调"0"旋钮,使投射比指针在$T = 0\%$处。

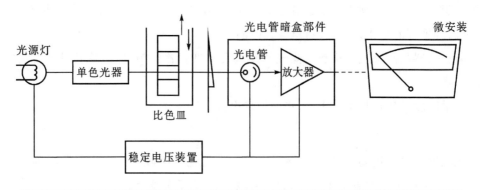

图3-1-14　721型分光光度计结构

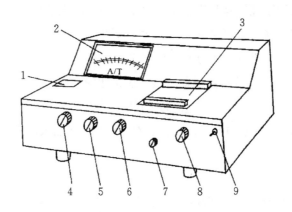

图3-1-15　721型分光光度计外型

1—波长读数盘；2—读数表头灵敏度档；3—吸收池暗箱盖；4—波长选择钮；5—调"0"电位器；
6—100％透光度调节旋钮；7—吸收池架拉杆；8—灵敏度档；9—电源开关

⑤在同一规格的比色皿内分别装入参比溶液和待测溶液，将装有参比溶液的比色皿置于第一格，待测溶液放在其他格内。盖上吸收池盖，使光电管受光，推动试样架拉手，使参比溶液池置于光路上，调节100％透射比调节器，使电表指针为$T=100\%$。重复进行，打开吸收池盖，调0，盖上样品室盖，调透射比为100％的操作至仪器稳定。

⑥盖上吸收池盖，推动试样架拉手，使样品溶液池置于光路上，读出吸光度值。读数后应立即打开样品室盖。

⑦测量完毕，取出比色皿，洗净后倒置于滤纸上晾干。各旋钮置于最初位置，电源开关置于"关"，拔下电源插头。

(2)722型分光光度计的使用方法

①预热仪器。将选择开关置于"T"，打开电源开关，使仪器预热20分钟。为了防止光电管疲劳，不要连续光照，预热仪器时和不测定时应将吸收池盖打开，使光路切断。

②选定波长。根据实验要求，转动波长手轮，调至所需要的波长。

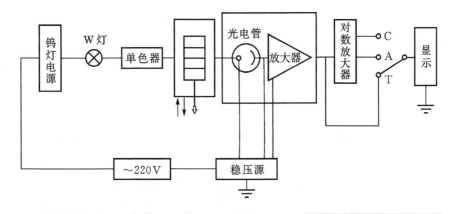

图 3-1-16　722 型分光光度计结构

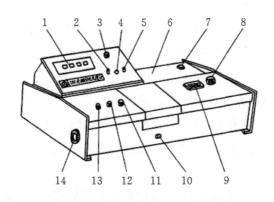

图 3-1-17　722 型分光光度计外型

1—数字显示器；2—吸光度调零旋钮；3—选择开关；4—吸光度调斜率电位器；5—浓度旋钮；6—光源室；
7—电源开关；8—波长手轮；9—波长刻度窗；10—试样架拉手；11—100%T 旋钮；12—0% T 旋钮；
13—灵敏度调节旋钮；14—干燥器

③固定灵敏度档。在能使空白溶液很好地调到"100%"的情况下，尽可能采用灵敏度较低的挡，使用时，首先调到"1"挡，灵敏度不够时再逐渐升高。但换挡改变灵敏度后，须重新校正"0%"和"100%"。选好的灵敏度，实验过程中不要再变动。

④调节 $T=0\%$。轻轻旋动"0%"旋钮，使数字显示为"00.0"，（此时吸收池盖是打开的）。

⑤调节 $T=100\%$。将盛空白溶液（或参比溶液）的比色皿放入比色皿座架中的第一格内，并对准光路，把吸收池盖子轻轻盖上，调节透过率"100%"旋钮，使数字显示正好为"100.0"。

⑥吸光度 A 的测定。将选择开关置于"A"，盖上吸收池盖盖子，将空白溶液置于光路中，调节吸光度调节旋钮，使数字显示为".000"。将盛有待测溶液的比色皿放入比色皿座架

中的其他格内,盖上吸收池盖,轻轻拉动试样架拉手,使待测溶液进入光路,此时数字显示值即为该待测溶液的吸光度值 A。读数后,打开吸收池盖,切断光路。重复上述测定操作 1~2 次,读取相应的吸光度值,取平均值。

⑦浓度 c 的测定。选择开关由"A"旋置"c",将已标定浓度的样品放入光路,调节浓度旋钮,使得数字显示为标定值,将被测样品放入光路,此时数字显示值即为该待测溶液的浓度值。

⑧关机。实验完毕,切断电源,将比色皿取出洗净,并将比色皿座架擦净。

4. 注意事项

①使用前,应该首先了解该仪器的结构、原理以及各旋钮的功能。

②仪器应在安全性检查完毕后再打开电源。仪器停止工作时,必须把开关放在"关"上再切断电源。

③仪器不要连续使用太长时间,以免光电管疲劳。

④拿取比色皿时,手指不能接触其透光面。比色皿里装入待测溶液时,应先用该溶液清洗比色皿内壁 2~3 次,装至比色皿高度的 4/5 处,不宜过满。盛好溶液后,应先用滤纸轻轻吸去比色皿外部的水分,再用擦镜纸轻轻擦拭透光面,直至洁净透明。另外,还应注意比色皿内部不得粘附细小气泡,否则影响投射比的测定。

⑤在测定一系列溶液的吸光度时,通常都是按从稀到浓的顺序进行以减少误差。

⑥必要时比色皿可用盐酸或适当溶剂浸洗,切忌用碱或强氧化剂洗涤,也不能用毛刷刷洗,以免损伤比色皿。

⑦在实际分析中,通常根据溶液中被测物含量的不同,选用厚度不同的比色皿,使溶液的吸光度控制在 0.1~0.7 范围之内。

第二单元　滴定分析技术

▶ 知识导入

滴定分析法是一种简便、快速和应用广泛的定量分析方法,在常量分析中有较高的准确度,广泛地应用于实际生产和科学研究中。通过以下实验的联系与训练,不仅可以掌握滴定分析法的基本操作技能,也同时培养分析工作者的基本素养,包括敏锐的观察能力、分析能力、严谨的数据记录与运算能力等,为后续课程和直接应用于生产实际打下良好而坚定的基础。

实验一　酸碱标准溶液的配制和标定

一、实验目的

1. 掌握用差减法称量基准物的方法
2. 掌握酸碱标准溶液的配制方法
3. 掌握用硼砂标定 HCl 溶液的方法
4. 掌握用 $KHC_8H_4O_4$ 标定 NaOH 溶液的方法
5. 掌握滴定操作技术

二、实验原理

酸碱滴定法中常用的酸碱标准溶液是 HCl 和 NaOH 溶液。由于市售的盐酸含有杂质、浓度不确定且易挥发,氢氧化钠易吸收空气中的二氧化碳和水分,故二者的标准溶液只能采用间接法配制,即先配制近似浓度的溶液,再用基准物质或已知准确浓度的标准溶液来标定。

常用标定盐酸标准溶液常用的基准物质有无水碳酸钠 Na_2CO_3 和硼砂 $Na_2B_4O_7 \cdot 10H_2O$。由于硼砂较易提纯,不宜吸湿,性质比较稳定,而且摩尔质量大,可以减少称量误差,故本实验采用硼砂,它与盐酸的反应如下:

$$Na_2B_4O_7 \cdot 10H_2O + 2HCl == 2NaCl + 4H_3BO_3 + 5H_2O$$

到达化学计量点时,溶液呈酸性(pH=5),可用甲基红作指示剂。根据所称硼砂的质量和滴定所用盐酸溶液的体积,可以求出 HCl 溶液的准确浓度。

常用标定氢氧化钠标准溶液的基准物质有草酸和邻苯二甲酸氢钾。本实验采用邻苯二甲酸氢钾,它与氢氧化钠的反应为:

$$KHC_8H_4O_4 + NaOH == KNaC_8H_4O_4 + H_2O$$

到达化学计量点时,溶液呈弱碱性,可用酚酞做指示剂。根据所称邻苯二甲酸氢钾的质量和滴定所用氢氧化钠溶液的体积,可以求出 NaOH 溶液的准确浓度。

三、仪器和试剂

仪器:分析天平、称量瓶、50 mL 酸式滴定管、50 mL 碱式滴定管,5 mL 量筒、50 mL 量筒、烧杯、洗瓶等。

试剂:氢氧化钠、浓盐酸、邻苯二甲酸氢钾、硼酸、甲基红指示剂、酚酞指示剂。

四、操作步骤

1. $0.1\ mol \cdot L^{-1}$ HCl 标准溶液的配制和标定

(1) $0.1\ mol \cdot L^{-1}$ HCl 溶液的配制

用量筒量取 4.2 mL 浓 HCl 溶液,倒入 500 mL 试剂瓶中,用蒸馏水稀释至 500 mL,盖上瓶塞,摇匀,贴好标签备用。

(2) 用硼砂标定盐酸溶液

用差减法称取硼砂 0.3~0.4 g(准确至 0.1 mg)3 份,分别置于 250 mL 锥形瓶中,各加 20~30 mL 蒸馏水充分溶解后,加入 3 滴甲基红指示剂,用待标定的 HCl 溶液滴至溶液由黄色变为橙色即为终点,记录所消耗的 HCl 溶液体积。

2. NaOH 标准溶液的配制和标定

(1) $0.1\ mol \cdot L^{-1}$ 的 NaOH 溶液的配制

用天平称取 2 g 固体 NaOH 于 500 mL 烧杯中,加入 50 mL 蒸馏水使之充分溶解,再用蒸馏水稀释至 500 mL,转移至 500 mL 试剂瓶中,盖上瓶塞,摇匀,贴好标签备用。

(2) 用 $KHC_8H_4O_4$ 标定 NaOH 溶液的浓度

用差减法称取邻苯二甲酸氢钾 0.37~0.47 g(准确至 0.1 mg)3 份,分别置于 250 mL 锥形瓶中,加入 50 mL 无 CO_2 的蒸馏水溶解,滴入 2 滴酚酞指示剂,用 NaOH 溶液滴定至溶液呈浅红色,30 s 内不褪色即为终点。记录读数,计算氢氧化钠溶液的准确浓度。

五、数据记录与处理

1. HCl 溶液的标定

$Na_2B_4O_7 \cdot 10H_2O$ 粗称：　　　　　　　　　　指示剂：

序号	1	2	3
$Na_2B_4O_7 \cdot 10H_2O$ + 称量瓶质量 / g			
倒出后 $Na_2B_4O_7 \cdot 10H_2O$ + 称量瓶质量 / g			
$Na_2B_4O_7 \cdot 10H_2O$ 质量 m / g			
HCl 初读数 / mL			
HCl 终读数 / mL			
V(HCl) / mL			
c(HCl) / (mol·L^{-1})			
c(HCl)平均值 / (mol·L^{-1})			
相对平均偏差			

2. NaOH 溶液的标定

$KHC_8H_4O_4$ 粗称：　　　　　　　　　　指示剂：

序号	1	2	3
$KHC_8H_4O_4$ + 称量瓶质量 / g			
倒出后 $KHC_8H_4O_4$ + 称量瓶质量 / g			
$KHC_8H_4O_4$ 质量 m / g			
NaOH 初读数 / mL			
NaOH 终读数 / mL			
V(NaOH) / mL			
c(NaOH) / mol·L^{-1}			
c(NaOH)平均值 / mol·L^{-1}			
相对平均偏差			

HCl 和 NaOH 标准溶液准确浓度的计算公式：

$$c(\text{HCl}) = \frac{m(Na_2B_4O_7 \cdot 10H_2O) \times 2 \times 1\,000}{V(\text{HCl}) \times M(Na_2B_4O_7 \cdot 10H_2O)}$$

$$c(\text{NaOH}) = \frac{m(KHC_8H_4O_4) \times 1\,000}{V(\text{NaOH}) \times M(KHC_8H_4O_4)}$$

1. 为什么不能直接配制准确浓度的 NaOH 和 HCl 标准溶液?
2. 滴定过程中,往锥形瓶中加入少量的去离子水,对滴定的结果有无影响,为什么?
3. 用 HCl 标准溶液滴定 NaOH 标准溶液时是否可用酚酞作指示剂?

实验二 食醋总酸量测定

一、实验目的

1. 掌握食醋总酸含量的测定原理和方法
2. 进一步熟练滴定操作技术

二、实验原理

食醋的主要成分是醋酸(质量分数约为 3%~5%),还有其他有机弱酸(如乳酸)。当弱酸的电离常数较大时,可以被强碱滴定。食醋中以醋酸为主的有机弱酸氢氧化钠溶液反应如下:

$$NaOH + CH_3COOH = CH_3COONa + H_2O$$
$$nNaOH + H_nAc = Na_nAc + nH_2O$$

用 NaOH 标准溶液滴定时,电离常数较大的弱酸与 NaOH 完全反应,可以测出总酸量,此时溶液 pH 值为 8.7,在滴定突跃碱性范围内,可先用酚酞做指示剂。由于醋酸为食醋的主要成分,因此测定结果可以用醋酸表示。

其他食品经处理后也可以用同样的方法测定总酸含量,如果颜色较深可以稀释或用活性碳脱色。如果样品脱色后颜色仍然过深,不能用指示剂指示滴定终点,则采用电位滴定法确定滴定终点。

三、仪器和试剂

仪器:10 mL、25 mL 移液管、250 mL 容量瓶、50 mL 酸式滴定管、250 mL 锥形瓶。
试剂:0.1 mol·L^{-1}氢氧化钠溶液、食醋、酚酞指示剂。

四、操作步骤

首先,用移液管吸取 10.00 mL 食醋移入 250 mL 容量瓶中,用无 CO$_2$ 蒸馏水稀释到刻度,摇匀。

然后，用移液管移取上述稀释的食醋 25 mL，放入 250 mL 锥形瓶中各加 2 滴酚酞指示剂，混匀。用 NaOH 标准溶液滴定至溶液呈粉红色，且 30 s 不褪色即为终点。记录所消耗的氢氧化钠标准溶液的体积。平行测定 3 次。根据氢氧化钠标准溶液的浓度和所消耗的体积，计算食醋总酸度。

五、数据记录与处理

序号	1	2	3
食醋体积/mL	25.00	25.00	25.00
NaOH 终读数/mL			
NaOH 初读数/mL			
NaOH 溶液体积 V(NaOH) /mL			
NaOH 溶液浓度 c(NaOH) /(mol·L^{-1})			
ρ(HAc) /(g·L^{-1})			
ρ(HAc) 平均值/(g·L^{-1})			
相对平均偏差			

以醋酸含量表示的食醋总酸量的计算公式：

$$\rho(\text{HAc}) = \frac{c(\text{NaOH}) \times V(\text{NaOH}) \times M(\text{HAc}) \times 250.00}{10.00 \times 25.00}$$

思考题

1. 食醋稀释时，为什么要使用无 CO_2 蒸馏水？如何制备无 CO_2 蒸馏水？
2. 食醋总酸量的测定中，为什么使用酚酞作指示剂？可否使用甲基橙做指示剂？为什么？

实验三　混合碱的测定

一、实验目的

1. 进一步熟悉和掌握滴定操作并正确判断滴定终点
2. 掌握双指示剂法测定混合碱的原理和方法

二、实验原理

混合碱是 Na_2CO_3 与 NaOH 或 Na_2CO_3 与 $NaHCO_3$ 的混合物，可采用双指示剂法进行分析,测定各组分的含量。即用 HCl 标准溶液进行滴定,根据滴定过程中 pH 值的变化,选用两种不同的指示剂分别指示第一化学计量点、第二化学计量点,常称为"双指示剂法"。

如果以酚酞为指示剂,用 HCl 标准溶液滴定混合碱试样至溶液由红色变为无色则到达第一化学计量点,此时 NaOH 全部被中和,而 Na_2CO_3 被滴定为 $NaHCO_3$。所消耗 HCl 体积为 V_1,其滴定反应为:

$$NaOH + HCl = NaCl + H_2O$$

$$Na_2CO_3 + HCl = NaCl + NaHCO_3$$

再加入甲基橙作指示剂,继续用 HCl 标准溶液滴定,溶液由黄色变为橙色,到达第二化学计量点,溶液中 $NaHCO_3$ 被完全中和,所消耗 HCl 体积为 V_2,其滴定反应为:

$$NaHCO_3 + HCl = NaCl + H_2O + CO_2 \uparrow$$

根据 V_1 和 V_2 可以判断出混合碱的组成。当 $V_1 > V_2$ 时,试液为 NaOH 和 Na_2CO_3 的混合物;滴定 Na_2CO_3 所需的 HCl 标准溶液是分两次滴定加入的,从理论上讲,两次用量相等,故中和所有 Na_2CO_3 所消耗的 HCl 标准溶液的体积为 $2V_2$。而滴定 NaOH 所消耗的 HCl 标准溶液的体积则为 (V_1-V_2)。试样中各组分含量为:

$$w(Na_2CO_3) = \frac{c(HCl) \times V_2 \times M(Na_2CO_3)}{m \times \frac{25}{250} \times 1\,000}$$

当 $V_1 < V_2$ 时,试液为 Na_2CO_3 和 $NaHCO_3$ 的混合物。此时 V_1 仅为 Na_2CO_3 中和为 $NaHCO_3$ 所消耗 HCl 标准溶液体积,故中和 Na_2CO_3 所消耗的 HCl 标准溶液的体积为 $2V_1$,中和 $NaHCO_3$ 所消耗的 HCl 标准溶液的体积为 (V_2-V_1)。试样中各组分含量为:

$$w(Na_2CO_3) = \frac{c(HCl) \times V_1 \times M(Na_2CO_3)}{m \times \frac{25}{250} \times 1\,000} \times 100\%$$

$$w(NaHCO_3) = \frac{c(HCl) \times V_2 \times M(NaHCO_3)}{m \times \frac{25}{250} \times 1\,000}$$

三、仪器和试剂

仪器:分析天平、酸式滴定管、锥形瓶、移液管、容量瓶、烧杯。

试剂:混合碱试样、$0.1\,mol \cdot L^{-1}$ HCl 标准溶液、0.2%酚酞乙醇溶液、0.1%甲基橙水溶液。

四、操作步骤

①准确称取约 2 g(准确至 0.1 mg)混合碱试样于 150 mL 烧杯中,加入 50 mL 蒸馏水使其充分溶解,定量转移至 250 mL 容量瓶中定容,摇匀。

②用 25 mL 移液管移取上述溶液于 250 mL 锥形瓶中,加入 5 滴酚酞指示剂,用 HCl 标

准溶液滴定至红色恰好消失(接近终点时应逐滴加入且要充分摇动锥形瓶)。记录所消耗 HCl 标准溶液的体积 V_1。

③在上述滴定溶液中加入 2 滴甲基橙指示剂,继续用 HCl 标准溶液滴定溶液由黄色变成橙色(接近终点时应剧烈养的锥形瓶)。记录所消耗 HCl 标准溶液的 V_2。

④平行测定 3 次。计算混合碱试样中各组分含量。

五、数据记录与处理

指示剂:

序号	1	2	3
混合碱试样+称量瓶质量/g			
倒出后混合碱试样+称量瓶质量/g			
混合碱试样质量 m/g			
第一化学计量点 HCl 初读数/mL			
第一化学计量点 HCl 终读数/mL			
第一化学计量点 V_1(HCl)/mL			
第二化学计量点 HCl 初读数/mL			
第二化学计量点 HCl 终读数/mL			
第二化学计量点 V_2(HCl)/mL			
$w(Na_2CO_3)$			
$w(Na_2CO_3)$			
相对平均偏差			
$w(NaOH 或 NaHCO_3)$			
$w(NaOH 或 NaHCO_3)$			
相对平均偏差			

思考题

1．纯碱 Na_2CO_3 中常含有少量的 $NaHCO_3$,若要测定 Na_2CO_3 的含量,能否仅用酚酞作指示剂？为什么？

2．混合碱测定接近第一化学计量点时,滴定速度过快,锥形瓶摇动不充分,会对测定结果造成什么影响？为什么？

实验四 铵盐中含氮量测定

一、实验目的

1. 掌握甲醛法测定铵盐含氮量的原理和方法
2. 进一步熟练滴定操作技术

二、实验原理

常见的铵盐(如硫酸铵、氯化铵)是强酸弱碱盐,可用酸碱滴定法测定其含氮量。但由于 NH_4^+ 酸性太弱($K_a = 5.6 \times 10^{-10}$),不能用 NaOH 标准溶液直接滴定。铵盐中的含氮量一般采用甲醛法测定。甲醛溶液与铵盐发生的反应如下:

$$4NH_4^+ + 6HCHO = (CH_2)_6N_4 + 4H^+ + 6H_2O$$

生成质子化六次甲基四胺酸 $(CH_2)_6N_4H^+$($K_a = 7.1 \times 10^{-6}$)和游离的 H^+,均可用 NaOH 标准溶液滴定。化学计量点时,水溶液显微碱性,pH 值约为 8.8。可选用酚酞作指示剂。

三、仪器和试剂

仪器:分析天平,称量瓶,50 mL 碱式滴定管,250 mL 锥形瓶,量筒,洗瓶。

试剂:0.1 mol·L^{-1} 的 NaOH 标准溶液,$(NH_4)_2SO_4$ 试样,40% 甲醛溶液,酚酞指示剂。

四、操作步骤

1. 18% 中性甲醛的制备

甲醛中常含有微量甲酸,应先除去。取 40% 甲醛上层清液于烧杯中,用蒸馏水稀释 1 倍,加 2 滴酚酞指示剂,用 0.1 mol·L^{-1} 的 NaOH 标准溶液滴定至溶液呈淡粉红色。

2. 氮含量的测定

准确准确称取 1.5 g $(NH_4)_2SO_4$,加入 50 mL 蒸馏水使其溶解,转移到 250 mL 容量瓶中,稀释到刻度线,摇匀。如果试样中含有游离酸,也可以用 NaOH 溶液,应选用甲基红指示剂,终点颜色由红色变为橙色。

用移液管移取上述试液 25.00 mL,于 250 mL 锥形瓶中,加入 5 mL 18% 中性甲醛水溶液,加入 1~2 滴酚酞指示剂,充分摇匀后静置 5 min,使反应完全。用 0.1 mol·L^{-1} 的 NaOH 标准溶液滴定至粉红色,30 s 内不褪色,即为终点。记录所消耗 NaOH 标准溶液的体积。平行测定 3 次。根据 NaOH 标准溶液的浓度和滴定消耗的体积,计算试样的含氮量。

五、数据记录与处理

序号	1	2	3
$(NH_4)_2SO_4$＋称量瓶质量/g			
倾倒后$(NH_4)_2SO_4$＋称量瓶质量/g			
$(NH_4)_2SO_4$ 质量/g			
NaOH 溶液初读数/mL			
NaOH 溶液终读数/mL			
NaOH 体积 V(NaOH)/mL			
$(NH_4)_2SO_4$ 中氮的质量分数 w(N)/(%)			
$(NH_4)_2SO_4$ 中氮的质量分数 w(N) 平均值/(%)			
相对平均偏差			

铵盐中氮含量按下式计算：

$$w(\text{N}) = \frac{c(\text{NaOH}) \times V(\text{NaOH}) \times M(\text{N})}{m \times \frac{25}{250} \times 1\,000} \times 100\%$$

1. 铵盐中氮的测定时，NH_4^+ 能否直接用 NaOH 溶液滴定？为什么？
2. NH_4NO_3、NH_4HCO_3 中的含氮量能否用甲醛法测定？
3. 为什么中和甲醛试剂中的游离酸以酚酞作指示剂，而中和铵盐试样中的游离酸则以甲基红为指示剂？

实验五　水泥生料中碳酸钙滴定值的测定

一、实验目的

1. 掌握返滴定法测定碳酸钙含量的原理和方法
2. 复习巩固标准溶液的配制及标定方法

二、实验原理

取一定量的生料样品，加入一定量的过量的盐酸标准溶液，加热使生料中的碳酸钙、碳酸镁及其他耗酸物质进行反应。反应如下：

$$CaCO_3 + 2HCl == CaCl_2 + CO_2 \uparrow + H_2O$$

$$MgCO_3 + 2HCl == MgCl_2 + CO_2 \uparrow + H_2O$$

消耗相当量的盐酸，剩余的盐酸以酚酞为指示剂，用氢氧化钠标准溶液回滴定。

$$HCl + NaOH == NaCl + H_2O$$

根据盐酸的实际消耗量，计算生料的碳酸钙滴定值。

三、试剂

(1) 1‰酚酞酒精溶液：将1 g酚酞溶于100 mL酒精中

(2) 0.2‰甲基橙溶液：将0.2 g甲基橙溶于100 mL水中

(3) 0.5 mol·L^{-1}盐酸标准溶液

(4) 0.25 mol·L^{-1}氢氧化钠标准溶液

四、操作步骤

1. 0.5 mol·L^{-1}盐酸标准的配制及标定

(1) 配制方法

将420 mL浓盐酸（比重1:19）加水稀释至10 000 mL，充分托匀，标定后备用。

(2) 标定方法

基准试剂：无水碳酸钠（优级纯）标定

准确称取0.6～0.8 g已在130 ℃的温度下烘过2～3小时的无水碳酸钠，置于250 mL锥形瓶中。加100 mL水使其溶解完全。再加1～2滴0.2‰的甲基橙指示剂，用已配好的盐酸标准溶液滴定至溶液由黄色变为橙色。将溶液加热至沸，待大气泡出现后取下，流水冷却至室温。如此时溶液颜色又变为黄色，应继续以盐酸标准溶液滴定至橙色为止，记下消耗的盐酸的毫升数，盐酸标准溶液的浓度按下式计算：

$$c = \frac{m}{M(\frac{1}{2}Na_2CO_3)V}$$

式中：c——所测盐酸标准溶液的浓度，mol/L；

V——滴定消耗盐酸标准溶液的体积，mL；

m——称取无水碳酸钠的质量，g。

2. 0.25 mol·L^{-1}氢氧化钠标准溶液配制及标定

(1) 配制方法

称取100 g氢氧化钠溶于10 000 mL水中，充分摇匀，贮存带胶塞的硬质玻璃瓶或塑料瓶内（在瓶口应连接一盛有钠石灰的干燥管）。

（2）标定方法

基准物质:苯二甲酸氢钾标定

准确称取 1 g 苯二甲酸氢钾，置于 250 mL 锥形瓶中，加入 100 mL 新煮沸过的、并以氢氧化钠中和至酚酞呈微粉色的冷水，使其溶解。再加两滴酚酞指示剂，以氢氧化钠标准溶液滴定至微红色 30 s 不消失即为终点。

氢氧化钠的浓度按下式计算：

$$c = \frac{m}{M(\text{KHP})V}$$

式中：c——被测氢氧化钠标准溶液的浓度，mol·L^{-1}；

V——消耗氢氧化钠标准溶液的体积，mL；

m——称取苯二甲酸氢钾的质量，g。

3. 测定方法

准确称取生料样品 0.5000 g，置于 250 mL 的锥形瓶，用滴定管准确加入 20.00 mL 0.5000 mol·L^{-1}盐酸标准溶液，用少许水冲洗瓶壁，放小电炉上加热至沸，立刻取下再加水冲洗瓶壁，加 2～3 滴酚酞指示剂。以 0.25 mol·L^{-1}氢氧化钠标准溶液滴定至微红色 30 s 不消失为止。

计算碳酸钙滴定值按下式计算：

$$w_{\text{CaCO}_3} = \frac{[c(\text{HCl}) \times V(\text{HCl}) - c(\text{NaOH}) \times V(\text{NaOH})] \times M(\frac{1}{2}\text{CaCO}_3)}{m_s \times 1000} \times 100\%$$

式中：$c(\text{HCl})$——盐酸标准溶液的浓度，mol·L^{-1}；

$V(\text{HCl})$——盐酸标准溶液的体积，mL；

$c(\text{NaOH})$——氢氧化钠标准溶液的浓度，mol·L^{-1}；

$V(\text{NaOH})$——氢氧化钠标准溶液的体积，mL；

m_s——称取试样的质量，g。

测定应注意几点：

①应控制加入盐酸及氢氧化钠时的流速，不要太快，否则滴定管壁上的溶液来不及流下造成误差，使结果不稳定。

②样品不可能全部被 0.5000 mol·L^{-1}盐酸分解，加热至沸后仍有部分不溶物存在，加热至有大气泡出现后即可停止加热，否则影响分析结果。

③滴定时轻摇锥形瓶，使不溶物于瓶底转动，仔细观察上层清液的颜色变化情况。尤其半黑生料、全黑生料，由于煤的存在，影响终点观察，应慢滴。

五、数据记录与处理

序号	1	2	3
水泥生料＋称量瓶质量/g			
倾倒后水泥生料＋称量瓶质量/g			
水泥生料 /g			
盐酸的初读数/mL			
盐酸的终读数/mL			
盐酸溶液的体积/mL			
氢氧化钠初读数/mL			
氢氧化钠终读数/mL			
氢氧化钠溶液体积/mL			
$w(CaCO_3)/(\%)$			
$w(CaCO_3)$平均值/(%)			
相对平均偏差/(%)			

思考题

1. 试样溶解后溶液不是澄清透明的,对测定结果有无影响?
2. 水泥生料中碳酸钙滴定值的测定为什么用返滴定法?

实验六　离子交换法测定水泥中三氧化二硫的含量

一、实验目的

1. 掌握离子交换法测定水泥中三氧化二硫含量的方法
2. 学会树脂处理的方法

二、实验原理

我们知道水泥的主要组成为:C_3S、C_2S、C_3A、C_4S、AF、$CaSO_4 \cdot 2H_2O$。通过实验证明,在水溶液中,以 H 型强酸性阳离子交换树脂进行交换的条件下:

① C_3A、$C_4S\ AF$ 基本不被树脂交换,而保留于残渣中。

② C_2S 少量被交换。

③C_3S 绝大部分能水化,生成氢氧化钙,并被树脂所交换。

$$SiO_2 \cdot 3CaO + nH_2O \rightleftharpoons 3Ca(OH)_2 + SiO_2(n-3)H_2O$$

$$Ca(OH)_2 + R(SO_3H)_2 \rightleftharpoons R(SO_3)_2Ca + 2H_2O$$

④水泥中固体 $CaSO_4$,在水中溶解的速度比较缓慢,当加入 H 型强酸性阳离子交换树脂后由于离子交换作用,破坏了溶解平衡,使反应向继续溶解方向进行。交换的结果生成了 H^+,H^+ 瞬间即可被水化生成的氢氧化钙中和平衡向右移动更有利于硫酸钙的溶解。反应如下:

$$CaSO_4 \rightleftharpoons Ca^{2+} + SO_4^{2-}$$
$$+$$
$$R(SO_3H)_2$$
$$\parallel$$
$$R(SO_3)_2Ca + 2H^+$$
$$+$$
$$Ca(OH)_2$$
$$\parallel$$
$$Ca^{2+} + 2H_2O$$

总之,由于离子交换反应和中和反应时结果,就大大加速了硫酸钙的溶解速度,直至全部溶解生成硫酸为止,从而达到了水将样品中硫酸钙全部溶解的目的。

硫酸钙全部溶解后,树脂未饱和,继续与水泥水化生成的 $Ca(OH)_2$ 作用,至到全部失去交换能力。但由于 C_3S 继续水化的结果使溶液呈碱性,需进行第二次交换。其目的:

①中和溶液中存在的 $Ca(OH)_2$。

$$Ca(OH)_2 \rightleftharpoons Ca^{2+} + 2H_2O$$

$$Ca^{2+} + 2H_2O + R(SO_3H)_2 \rightleftharpoons R(SO_3)_2Ca + 2H_2O$$

消除了对测定结果的影响。

②将溶解的 $CaSO_4$ 全部转化成 H_2SO_4。

$$Ca^{2+} + SO_4^{2-} + R(SO_3H)_2 \rightleftharpoons R(SO_3)_2Ca + H_2SO_4$$

第二次交换完毕后三氧化硫全部形成 H2SO4 以氢氧化钠滴定生成硫酸钠。

$$H_2SO_4 + 2NaOH \rightleftharpoons Na_2SO_4 + 2H_2O$$

根据氢氧化钠的消耗量,计算三氧化硫的含量。

三、试剂与仪器

(1)732 苯乙烯型强酸性阳离子交换树脂或类似性能的树脂

市售的 732 苯乙烯型强酸性阳离子交换树脂都为钠型(即可交换离子为 Na^+),而本实验所需的树脂应为 H 型(即可交换离子为 H^+),钠型树脂转变为 H 型树脂处理方法如下:

将 500 g 732 苯乙烯型强酸性阳离子交换树脂置于 1 000 mL 烧杯中,加水浸泡 6～8 h,然后装入离子交换柱中(交换柱长 600 mm,直径 50 mm 或近似的规格),用 2 L 3 mol·L^{-1} 盐酸以 5 mL/min 的流速通过交换柱。然后用水逆洗交换柱中的树脂,直至流出液中氯根的反应消失为止(用硝酸银溶液检验)。将树脂倒出,用布氏漏斗以抽气泵或抽气管抽滤,然后贮存于广口瓶中备用(树脂久放后,使用时应再用水清洗数次)。或将树脂以 3 mol·L^{-1} 盐酸溶液浸泡三昼夜,并不时搅拌,然后倾出酸液以水洗至无氯根。

树脂的再生处理:将用过的带有水泥残渣的树脂,放入烧杯中,用水清洗数次,将树脂与水泥残渣分离后,再以稀盐酸溶解树脂中夹带的少量水泥残渣,并用水清洗数次。保存树脂,再用钠型树脂转变为氢型树脂的处理方法进行再生。

(2) 1% 酚酞指示剂:称取 1 g 酚酞溶于 100 mL 乙醇中

(3) 0.05 mol·L^{-1} 氢氧化钠标准滴定溶液

将 20 g 氢氧化钠于 10 L 水中,充分摇匀,贮存于带胶塞的硬质玻璃瓶或塑料瓶中(装有钠石灰干燥管)。

标定方法:准确称取约 0.3 g 苯二甲酸氢钾置于 400 mL 烧杯中,加 150 mL 新煮沸过的冷水(该液经冷却中和至酚酞呈微红色),使其溶解。然后加入 5～6 滴 1% 酚酞指示剂,以氢氧化钠标准滴定溶液滴定至微红色。氢氧化钠对三氧化硫的滴定度按下式计算:

$$T_{SO_3} = \frac{m \times 80.06 \times \frac{1}{2}}{V \times 204.2} \times 1000$$

式中:T_{SO_3}——氢氧化钠标准滴定溶液对三氧化硫的滴定度,mg·mL^{-1};

m——苯二甲酸氢钾的质量,g;

V——滴定时消耗氢氧化钠的体积,mL;

204.2——苯二甲酸氢钾的摩尔质量,g·mol^{-1};

80.06——三氧化硫的摩尔质量,g·mol^{-1}。

(4) 磁力搅拌器:200～300 r/min

四、操作步骤

准确称取约 0.5 g 试样置于 100 mL 烧杯中(预先放入 2 g 树脂和 10 mL 热水及一根磁力搅拌棒),摇动烧杯使试样分散。向烧杯中加入 40 mL 沸水,立即置于磁力搅拌器上搅拌 2 min,以快速滤纸过滤,用热水将滤纸上的树脂与残渣洗涤 2～3 次(每次洗涤液不超过 15 mL),滤液及洗液收集于预先盛有 2 g 树脂及一根磁力搅拌棒的 150 mL 烧杯中,保存滤纸上的树脂以备再生。

将烧杯再置于磁力搅拌器上搅拌 3 min,取下,以快速滤纸过滤于 300 mL 烧杯中,用热水倾泻洗涤 4～5 次(尽量不把树脂倾出)。保存树脂供下次分析时第一次交换用。向溶液中加入 7~8 滴 1‰酚酞指示剂溶液，用 0.05 mol·L^{-1}氢氧化钠标准滴定溶液滴定至微红色。

三氧化硫的质量分数按下式计算：

$$w_{SO_3} = \frac{T_{SO_3} \times V}{m_s \times 1000} \times 100\%$$

式中：T_{SO_3}——氢氧化钠标准滴定溶液对三氧化硫的滴定度，mg·mL^{-1}；

m_s——称取试样的质量，g；

V——滴定时消耗氢氧化钠标准滴定溶液的体积，mL。

注意事项：

①本方法适用于以 $CaSO_4·2H_2O$ 为混合材的水泥 SO_3 则定。当水泥中掺加硬石膏 ($CaSO_4$)或混合石膏($CaSO_4·2H_2O + CaSO_4$)时，由于 $CaSO_4$ 与 $CaSO_4·2H_2O$ 的溶解速度有很大差别，因此测定时树脂的用量应加大为 5 g 且搅拌时间也应延长至 10 min，其他测定方法相同，仍可得到满意的结果。

②若掺入含有氟、磷、氯的石膏或矿化剂后，不能用此法。因经交换后产生相应的酸，消耗氢氧化钠，使结果偏高。

③第一次交换体积在 50 mL 为宜。体积不可太大，搅拌时间也不宜过长。否则增加了 C_3S，C_2S 水化作用，析出较多的 $Ca(OH)_2$ 及硅酸，前者使第二次交换时树脂消耗增大，而后者则使滴定终点拖长。但体积太小影响扩散速度降低交换效率，时间太短，溶解不完全则使结果偏低。因此第一次交换应严格控制体积、树脂用量、搅拌时间、洗涤体积、次数等，这是此法操作的关键所在。

④第二次交换搅拌不得少于 2 min，否则作用不完全，时间长了对测定结果无影响。

五、数据记录与处理

序号	1	2	3
称量瓶＋水泥熟料质量(倾倒前)/g			
称量瓶＋水泥熟料质量(倾倒后)/g			
水泥熟料质量/g			
苯甲酸的初读数/mL			
苯甲酸的终读数/mL			
苯甲酸消耗的体积/mL			
$f-CaO/\%$			
$f-CaO$ 的平均值/%			

1. 离子交换树脂使用前为什么要进行处理,处理的方法是什么?
2. 磁力搅拌器的转速在实验过程应如何调整控制?

实验七 EDTA 标准溶液的配制与标定

一、实验目的

1. 掌握 EDTA 标准溶液的配制和标定
2. 掌握铬黑 T 金属指示剂的使用方法

二、实验原理

乙二胺四乙酸二钠盐($Na_2H_2Y \cdot 2H_2O$,习惯上称 EDTA)是有机配合剂,能与大多数金属离子形成稳定的 1∶1 型的螯合物,计量关系简单,故常用作配位滴定的标准溶液。

EDTA 标准溶液通常采用间接法配制。标定 EDTA 溶液的基准物质常用的有纯金属 Zn、Cu、金属氧化物 ZnO 以及某些盐类 $CaCO_3$、$MgSO_4 \cdot 7H_2O$ 等。通常采用纯金属锌作基准物质,先把金属锌溶解成 Zn 标准溶液,以铬黑 T(EBT)作指示剂,在 pH=10 的 NH_3-NH_4Cl 缓冲溶液中标定 EDTA,铬黑 T 与 Zn^{2+} 形成比较稳定的酒红色螯合物($ZnIn^-$),而 EDTA 与 Zn^{2+} 能形成更为稳定的无色螯合物(ZnY^{2-})。因此,滴定至终点时 EBT 便被 EDTA 从 $ZnIn^-$ 中置换出来,溶液由酒红色变为纯蓝色。反应如下:

滴定前:$Zn^{2+} + In^{3-} \Longrightarrow ZnIn^-$(酒红色)

滴定中:$Zn^{2+} + Y^{4-} \Longrightarrow ZnY^{2-}$

终点时:$ZnIn^- + Y^{4-} \Longrightarrow ZnY^{2-} + In^{3-}$(纯蓝色)

三、仪器及试剂

仪器:分析天平,50 mL 酸式滴定管,25 mL 移液管,250 mL 锥形瓶,10 mL 量筒,100.00 mL 烧杯,250 mL 容量瓶,表面皿,称量瓶,细口瓶。

试剂:乙二胺四乙酸二钠($Na_2H_2Y \cdot 2H_2O$)、NH_3-NH_4Cl 缓冲溶液(pH=10)、锌片、1∶1 HCl 溶液、1∶1 氨水、铬黑 T 指示剂。

四、操作步骤

1. 0.01 mol·L^{-1} EDTA 溶液的配制

称取乙二胺四乙酸二钠($Na_2H_2Y·2H_2O$)1.9 g,溶解于 150~200 mL 温水中,必要时过滤,稀释至 500 mL,摇匀,保存于细口瓶中。

2. 0.01 mol·L^{-1} Zn 标准溶液的配制

准确称取纯锌片 0.15~0.20 g,置于小烧杯中,盖上表面皿,从烧杯嘴处滴加 5 mL 1:1 HCl 溶液,必要时可加热,至锌完全溶解。然后吹洗表面皿,定量转移到 250 mL 容量瓶中,加水稀释至刻度,摇匀。计算 Zn 标准溶液准确浓度。

3. EDTA 溶液的标定

用移液管吸取 Zn 标准溶液 25.00 mL 置于 250 mL 锥形瓶中,滴加 1:1 氨水直至开始出现 $Zn(OH)_2$ 白色沉淀,再加入 10 mL pH=10 的 NH_3-NH_4Cl 缓冲溶液,加入少许(0.1 g)铬黑 T 指示剂,用 EDTA 标准溶液滴定至溶液由酒红色变为纯蓝色,即达终点。记录消耗的 EDTA 标准溶液的体积,平行测定 3 次,体积相差不得超过 0.04 mL。计算 EDTA 标准溶液的准确浓度。

五、数据记录与处理

序号	1	2	3
锌片质量 / g			
Zn 溶液体积 / mL	25.00	25.00	25.00
$V(EDTA)_1$ / mL			
$V(EDTA)_2$ / mL			
$V(EDTA)$ / mL			
$c(EDTA)$ / mol·L^{-1}			
$\overline{c}(EDTA)$ / mol·L^{-1}			

EDTA 标准溶液的准确浓度的计算公式为:

$$c(EDTA) = \frac{m(Zn) \times 25 \times 1\,000}{M(Zn) \times V(EDTA) \times 250}$$

思考题

1. EDTA 溶液的标定过程中,为什么要加入 1:1 氨水?若 1:1 氨水滴加过量怎样处理?

2. EDTA 溶液标定过程中,如何控制滴定时的酸度?

实验八　水的总硬度及钙、镁含量测定

一、实验目的

1. 掌握 EDTA 法测定水硬度的原理和方法
2. 掌握金属指示剂的变色原理及滴定终点的判断

二、实验原理

水的总硬度指水中 Ca^{2+}、Mg^{2+} 的总量,硬度的大小通过将水中 Ca^{2+}、Mg^{2+} 的总量折合成 CaO 或 $CaCO_3$ 来计算。水硬度的表示很多,我国目前最普遍使用的是德国度(°),即每升水中含 1 mg CaO 定为 1 度,每升水含 10 mg CaO 称为一个德国度(°)。我国《生活饮用水卫生标准》以 1 升(L)水中含有 $CaCO_3$ 的质量表示硬度(mg/L),其规定生活饮用水总硬度不超过 450 mg/L,约 25°。水的硬度测定具有非常重要的意义。

Ca^{2+}、Mg^{2+} 总量的测定(pH=10):用 $NH_3 - NH_4Cl$ 缓冲溶液调节溶液的 pH=10,在此条件下,Ca^{2+}、Mg^{2+} 均可被 EDTA 准确滴定。加入铬黑 T 指示剂,用 EDTA 标准溶液滴定。在滴定中,将有四种配合物生成,它们的稳定性次序为:CaY > MgY > MgIn > CaIn (略去电荷)。因此,加入的铬黑 T 首先与 Mg^{2+} 结合,生成红色的配合物 MgIn,当滴入 EDTA 时,首先与之结合的是 Ca^{2+},其次是游离态的 Mg^{2+},最后,EDTA 夺取与铬黑 T 结合的 Mg^{2+},使指示剂游离出来,溶液的颜色由红色变为蓝色,到达滴定终点。根据 EDTA 标准溶液的浓度和用量可以计算出 Ca^{2+}、Mg^{2+} 的总量。

Ca^{2+} 含量的测定(pH=12):调节待测水样的 pH=12,将 Mg^{2+} 转化为 $Mg(OH)_2$ 沉淀,使其不干扰 Ca^{2+} 的测定。加入少量的钙指示剂,溶液中的部分 Ca^{2+} 立即与之反应生成红色配合物,使溶液呈红色。当滴加 EDTA 标准溶液时,首先与游离的 Ca^{2+} 结合,再夺取与指示剂结合的 Ca^{2+},使指示剂游离出来,溶液的颜色由红色变为蓝色,到达滴定终点。可测得 Ca^{2+} 的含量,根据 Ca^{2+}、Mg^{2+} 的总量的测定,就可算出 Mg^{2+} 的含量。

测定时,少量的 Fe^{3+}、Al^{3+}、Mn^{2+} 的等离子有干扰,可加入 1～3 mL 1∶2 三乙醇胺水遮掩。

三、仪器及试剂

仪器:50 mL 酸式滴定管、50 mL 移液管,250 mL 锥形瓶,10 mL 量筒。

试剂:0.01 mol·L^{-1} 的 EDTA 标准溶液、$NH_3 - NH_4Cl$ 缓冲溶液(pH=10)、铬黑 T 指示剂、10% NaOH 溶液、钙指示剂。

四、操作步骤

1. Ca^{2+}、Mg^{2+} 总量的测定

用移液管移取水样 50.00 mL 于 250 mL 三角瓶中,加 5 mL pH=10 的 NH_3-NH_4Cl 缓冲溶液,再加少许(约 0.1 g)铬黑 T 混合指示剂,用 EDTA 标准溶液滴定(要用力摇动,近终点时要慢滴多摇)至红色变为纯蓝色。记录 EDTA 标准溶液用量 V_1。平行测定 3 次,体积相差不得超过 0.04 mL。

2. Ca^{2+} 含量的测定

用移液管移取 50.00 mL 自来水于 250 mL 锥形瓶中,加入 5 mL 10% NaOH 溶液摇匀,加入少许(约 0.1 g)钙指示剂,用 EDTA 标准溶液滴定(注意要慢滴并用力摇)至红色变为纯蓝色。记录 EDTA 标准溶液用量 V_2。平行测定 3 次,体积相差不得超过 0.04 mL。

五、数据记录与处理

1. Ca^{2+}、Mg^{2+} 总量的测定(总硬度的测定)

序号	1	2	3
EDTA 标准溶液的浓度 $c(EDTA)/(mol \cdot L^{-1})$			
水样体积/ mL			
EDTA 初读数/ mL			
EDTA 终读数/ mL			
EDTA 标准溶液用量 V_1/ mL			
水的总硬度 /(°)			
水的总硬度平均值/(°)			

2. Ca^{2+} 含量的测定

序号	1	2	3
EDTA 标准溶液的浓度 $c(EDTA)/(mol \cdot L^{-1})$			
水样体积/ mL			
EDTA 初读数/ mL			
EDTA 终读数/ mL			
EDTA 标准溶液用量 V_2/ mL			
Ca^{2+} 含量 $\rho(Ca)/(mg \cdot L^{-1})$			
$\rho(Ca)$ 平均值 /$(mg \cdot L^{-1})$			
Mg^{2+} 含量 $\rho(Mg)/(mg \cdot L^{-1})$			
$\rho(Mg)$ 平均值 /$(mg \cdot L^{-1})$			

水的总硬度及 Ca^{2+}、Mg^{2+} 含量测定：

$$水的总硬度(°) = \frac{c(EDTA) \times V_1 \times M(CaO) \times 1\,000}{50.00 \times 10}$$

$$\rho(Ca) = \frac{c(EDTA) \times V_2 \times M(Ca) \times 1\,000}{50.00}$$

$$\rho(Mg) = \frac{c(EDTA) \times (V_1 - V_2) \times M(Mg) \times 1\,000}{50.00}$$

思考题

1. 能否用 EDTA 标准溶液滴定法直接测定水样中的 Mg^{2+} 含量？
2. 为什么滴定 Ca^{2+}、Mg^{2+} 总量时要控制溶液 pH=10？滴定 Ca^{2+} 时要控制 pH=12？

实验九　高锰酸钾标准溶液配制与标定

一、实验目的

1. 掌握 $KMnO_4$ 标准溶液的配制与标定
2. 熟悉自身指示剂的特点和终点判断的方法

二、实验原理

市售 $KMnO_4$ 中常含有少量二氧化锰等杂质，且 $KMnO_4$ 易与水中有机物、空气中尘埃等还原性物质反应，其产物促使 $KMnO_4$ 分解。光线也促进其自身分解，因此，$KMnO_4$ 标准溶液不能用直接法配制，只能配制成粗略浓度，经过煮沸、静置、过滤处理后，用基准物标定出准确浓度。长期贮存的 $KMnO_4$ 标准溶液，应保存在棕色试剂瓶中，并定期进行标定。

标定 $KMnO_4$ 溶液的基准物有 $(NH_4)_2Fe(SO_4)_2 \cdot 6H_2O$、$As_2O_3$、$Na_2C_2O_4$、$FeSO_4 \cdot 7H_2O$、$H_2C_2O_4 \cdot 2H_2O$ 和纯铁丝等。由于 $Na_2C_2O_4$ 易提纯，性质稳定且不含结晶水，因此，是标定 $KMnO_4$ 溶液最常用的基准物。在酸性介质中，$Na_2C_2O_4$ 与 $KMnO_4$ 发生下列反应：

$$2MnO_4^- + 5C_2O_4^{2-} + 16H^+ = 2Mn^{2+} + 10CO_2 \uparrow + 8H_2O$$

滴定反应要在高温、酸度介质中进行。该反应在室温下进行较慢，需将溶液加热到 75～85 ℃ 并趁热滴定，但温度又不能过高，否则 $H_2C_2O_4$ 会发生分解。酸度控制在 0.5～1.0 mol/L 范围内，以避免产生 MnO_2 沉淀。

该反应为自动催化反应，反应中生成的 Mn^{2+} 离子具有催化作用，因此，滴定开始时的速度要慢且要逐滴加入，否则会导致酸性热溶液中 $KMnO_4$ 分解。

$KMnO_4$ 为自身指示剂，当反应到达化学计量点时，微过量的 $KMnO_4$ 使溶液呈稳定的粉红色且半分钟不褪色即为终点。

三、仪器与试剂

仪器:分析天平、1 L 烧杯、微孔玻璃漏斗、50 mL 酸式滴定管、250 mL 锥形瓶、10.50 mL 量筒、棕色试剂瓶、称量瓶、表面皿、洗瓶、玻璃棒、电炉等。

试剂:固体 $KMnO_4$、固体 $Na_2C_2O_4$、3.0 mol·L^{-1} 的 H_2SO_4 溶液。

四、操作步骤

1. 0.02 mol·L^{-1} 的 $KMnO_4$ 溶液的配制

称取约 1.6 g $KMnO_4$ 于 1 L 烧杯,加入 500 mL 蒸馏水使之溶解,盖上表面皿,在电炉上加热至沸腾并保持微沸状态 1 h;冷却后用微孔玻璃漏斗过滤,滤液贮存于清洁带塞的棕色瓶中。最好将溶液于室温下静置 2～3 天后过滤备用。

2. $KMnO_4$ 标准溶液浓度的标定

准确称取 0.15～0.20 g(精确 0.1 mg)已 110 ℃ 烘干的 $Na_2C_2O_4$ 三份,分别放于洁净的 250 mL 锥形瓶中,加入 40 mL 蒸馏水和 10 mL 3.0 mol·L^{-1} 的 H_2SO_4 溶液,使草酸钠充分溶解,慢慢加热,直到有蒸汽冒出(75～85 ℃)。趁热用 $KMnO_4$ 标准溶液滴定,开始时,速度要慢,滴入第一滴溶液后,不断摇动锥形瓶,使溶液充分混合反应,当紫红色褪去后再滴入第二滴。直至溶液粉红色且半分钟不褪色即为终点,注意滴定结束时温度不应低于 60 ℃。记录消耗 $KMnO_4$ 溶液的体积。平行测定 3 次。

五、数据记录与处理

序号	1	2	3
草酸钠＋称量瓶质量/g			
倒出后草酸钠＋称量瓶质量/g			
草酸钠质量 m/g			
$KMnO_4$ 初读数/mL			
$KMnO_4$ 终读数/mL			
$V(KMnO_4)$/mL			
$c(KMnO_4)$/(mol·L^{-1})			
$c(KMnO_4)$ 平均值/(mol·L^{-1})			
相对平均偏差/(%)			

$KMnO_4$ 标准溶液浓度的计算公式:

$$c(KMnO_4)=\frac{2m(Na_2C_2O_4)\times 1000}{5M(Na_2C_2O_4)\times V(KMnO_4)}$$

思考题

1. $KMnO_4$ 溶液滴定 $Na_2C_2O_4$ 反应中,酸度如何控制?能否用 HCl 或 HNO_3?为什么?
2. $KMnO_4$ 标准溶液标定中用什么做指示剂?如何指示终点到达?
3. 装有 $KMnO_4$ 酸式滴定管上常有不易洗去的棕色物质,是什么?怎样洗涤?

实验十 双氧水中过氧化氢含量测定

一、实验目的

掌握 $KMnO_4$ 法测定过氧化氢含量的原理和方法

二、实验原理

市售的双氧水一般为 30% 或 3% 的 H_2O_2 水溶液,H_2O_2 既可作为氧化剂也可作为还原剂。室温条件下,H_2O_2 在酸性溶液中能被 $KMnO_4$ 定量氧化而生成氧气和水,其反应如下:

$$5H_2O_2 + 2MnO_4^- + 6H^+ = 2Mn^{2+} + 5O_2\uparrow + 8H_2O$$

开始反应时速度慢,生产 Mn^{2+} 后,由于 Mn^{2+} 的催化作用,反应速度加快。为加快反应初期的速度,常在溶液中加入催化剂 $MnSO_4$。反应化学计量点由微过量的 $KMnO_4$ 本身的颜色指示。根据 $KMnO_4$ 标准溶液的浓度和用量,即可计算溶液中 H_2O_2 含量。

三、仪器与试剂

仪器:50 mL 酸式滴定管、250 mL 锥形瓶、10 mL 量筒、1 mL 吸量管、250 mL 容量瓶、25 mL 移液管等

试剂:H_2O_2 试样(30% H_2O_2 水溶液)、0.02 mol·L^{-1} 的 $KMnO_4$ 标准溶液、3.0 mol·L^{-1} 的 H_2SO_4、1.0 mol·L^{-1} 的 $MnSO_4$

四、操作步骤

① 用吸量管准确移取 1.00 mL H_2O_2 试样于 250 mL 容量瓶中,加水稀释至刻度,摇匀。

② 吸取上述稀释液 25.00 mL 于 250 mL 锥形瓶中,加入 3.0 mol·L^{-1} 的 H_2SO_4 溶液 5 mL 和 1.0 mol·L^{-1} 的 $MnSO_4$ 2~3 滴,用 0.02 mol·L^{-1} 的 $KMnO_4$ 标准溶液滴定(开始时要慢),直至出现微红色且 30 s 内不褪色,即为终点。记录所消耗 $KMnO_4$ 标准溶液的体积。平行测定 3 次。

五、数据记录与处理

序号	1	2	3
H_2O_2 试样体积 / mL			
H_2O_2 试样稀释后体积 / mL			
取用稀释后 H_2O_2 试样体积 / mL			
$KMnO_4$ 初读数 / mL			
$KMnO_4$ 终读数 / mL			
$V(KMnO_4)$ / mL			
$c(KMnO_4)$ / (mol·L^{-1})			
H_2O_2 试样中 $\rho(H_2O_2)$ / (g·L^{-1})			
$\rho(H_2O_2)$ 平均值 / (g·L^{-1})			
相对平均偏差			

试样中 H_2O_2 质量体积分数计算公式：

$$\rho(H_2O_2) = \frac{5c(KMnO_4) \times V(KMnO_4) \times M(H_2O_2) \times 250.00}{2 \times 1000 \times 1.00 \times 25.00}$$

1.工业产品的 H_2O_2 样品，能否使用此方法进行测定？为什么？若不能，应采用什么方法进行测定？

2.H_2O_2 测定过程中应注意哪些反应条件？反应过程中采用什么方式加速反应速率？

实验十一　碘和硫代硫酸钠标准溶液的配制与标定

一、实验目的

1.掌握 I_2 和 $Na_2S_2O_3$ 标准溶液的配制方法

2.掌握标定 I_2 和 $Na_2S_2O_3$ 标准溶液的原理和方法

3.了解淀粉指示剂的作用原理，掌握其正确使用方法

二、实验原理

I_2 和 $Na_2S_2O_3$ 均不是基准物质，所以 I_2 和 $Na_2S_2O_3$ 的标准溶液要用间接法配制。它们的溶液不稳定，过一段时间必须重新标定。$Na_2S_2O_3$ 溶液的标定一般采用 $K_2Cr_2O_7$ 作基准

物质,加入过量的 KI,在弱酸条件下,$K_2Cr_2O_7$ 将定量氧化 I^- 为 I_2,反应如下:

$$6I^- + Cr_2O_7^{2-} + 14H^+ \rightleftharpoons 3I_2 + 2Cr^{3+} + H_2O$$

生成的 I_2 再以淀粉为指示剂,用 $Na_2S_2O_3$ 溶液滴定,反应如下:

$$I_2 + 2S_2O_3^{2-} \rightleftharpoons 2I^- + S_4O_6^{2-}$$

根据上述反应 $K_2Cr_2O_7$ 与 $Na_2S_2O_3$ 的物质的量之比为 1∶6。根据 $K_2Cr_2O_7$ 的质量和所消耗的 $Na_2S_2O_3$ 体积,可以算出 $Na_2S_2O_3$ 溶液的准确浓度。

I_2 的溶液的标定,可以通过与已知准确浓度的 $Na_2S_2O_3$ 溶液进行比较标定,求出二者的体积比,进而得到 I_2 的溶液的准确浓度。

三、仪器和试剂

仪器:分析天平、50 mL 碱式滴定管、250 mL 锥形瓶、250 mL 碘量瓶、25 mL 移液管、2 mL 吸量管、10 mL 吸量管、50 mL 量筒、250 mL 烧杯、研钵、棕色试剂瓶等。

试剂:$Na_2S_2O_3 \cdot 5H_2O$、固体 I_2、固体 $K_2Cr_2O_7$、固体 Na_2CO_3、KI、2 mol·L^{-1} HCl 溶液、0.5% 淀粉溶液。

四、操作步骤

(一)$Na_2S_2O_3$ 和 I_2 溶液的配制

1. 0.1 mol·L^{-1} $Na_2S_2O_3$ 溶液的配制

称取 $Na_2S_2O_3 \cdot 5H_2O$ 约 6.2 g 于 250 mL 烧杯中,加入刚煮沸并已冷却的蒸馏水使其溶解,再加入固体 Na_2CO_3 0.05 g,稀释至 250 mL,混匀,倒入棕色试剂瓶中,暗处放置 1~2 周后标定。

2. 0.05 mol·L^{-1} I_2 溶液的配制

称取约 3.2 g 已研细的 I_2 于 100 mL 烧杯中,称取加入 6 g KI,分成等量的几份,每份加入烧杯中后,与 I_2 充分混匀,加少量水搅拌,将溶解的液体转移至另一烧杯中,直至 I_2 全部溶解,加蒸馏水稀释到 250 mL,混匀,放入棕色试剂瓶中,暗处保存,待标定。

(二)$Na_2S_2O_3$ 和 I_2 溶液的标定

1. $Na_2S_2O_3$ 标准溶液的标定

准确称取已烘干的 $K_2Cr_2O_7$ 0.12~0.15 g(准确 0.1 mg)3 份,分别置于已编号的 250 mL 碘量瓶中,加入 10~20 mL 蒸馏水使之溶解,再加入 2 g KI、10 mL 2 mol·L^{-1} 的 HCl 溶液,盖上盖子充分混匀。暗处放置 5 min(使 $K_2Cr_2O_7$ 反应完全),加 50 mL 蒸馏水稀释,立即用 $Na_2S_2O_3$ 溶液滴至浅黄色时,加入 2 mL 0.5% 淀粉指示剂,继续滴定至蓝色刚好消失而出现 Cr^{3+} 的绿色为终点,记录所消耗的 $Na_2S_2O_3$ 溶液的体积 V_1 mL。

2. I_2 标准溶液的标定

用移液管吸取 I_2 溶液 25.00 mL 于 250 mL 锥形瓶中,加入 50 mL 蒸馏水。立即用

$Na_2S_2O_3$ 标准溶液滴定至浅黄色时,加入 2 mL 0.5% 淀粉指示剂,继续滴定至蓝色刚好消失为终点,记录所消耗的 $Na_2S_2O_3$ 溶液的体积 V_2 mL,平行测定 3 次。

五、数据记录与处理

序号	1	2	3
$K_2Cr_2O_7$ + 称量瓶质量/ g			
倒出后 $K_2Cr_2O_7$ + 称量瓶质量/ g			
$K_2Cr_2O_7$ 质量 m / g			
$Na_2S_2O_3$ 初读数/ mL			
$Na_2S_2O_3$ 终读数/ mL			
$Na_2S_2O_3$ 体积 V_1/ mL			
$c(Na_2S_2O_3)$ / (mol·L^{-1})			
$c(Na_2S_2O_3)$ 平均值/ (mol·L^{-1})			
I_2 标准溶液体积 $V(I_2)$/ mL			
$Na_2S_2O_3$ 初读数/ mL			
$Na_2S_2O_3$ 终读数/ mL			
$Na_2S_2O_3$ 体积 V_2/ mL			
$c(I_2)$ / (mol·L^{-1})			
$c(I_2)$ 平均值/ (mol·L^{-1})			

I_2 和 $Na_2S_2O_3$ 溶液的准确浓度计算公式:

$$c(Na_2S_2O_3) = \frac{6m(K_2Cr_2O_7)}{M(K_2Cr_2O_7) \times \frac{V(Na_2S_2O_3)}{1000}}$$

$$c(I_2) = \frac{c(Na_2S_2O_3) \times V(Na_2S_2O_3)}{2V(I_2)}$$

思考题

1. $Na_2S_2O_3$ 溶液的配制时,为什么要使用刚煮沸并已冷却的蒸馏水溶解? 配好后可以立即使用吗? 为什么?

2. I_2 溶液的配制时,为什么要加入 KI?

3. $Na_2S_2O_3$ 溶液标定时,为什么在用 $Na_2S_2O_3$ 溶液滴定前要加 50 mL 蒸馏水? 是否可以提前加入?

4. I_2 溶液的配制时,为什么在溶液出现浅黄色时加入淀粉指示剂?

实验十二　维生素C含量测定

一、实验目的

1. 掌握直接碘量法测维生素C含量的原理和方法
2. 掌握碘量法操作技术

二、实验原理

维生素C又名抗坏血酸,由于其烯二醇结构而具有还原性,能被I_2定量地氧化成二酮基,反应如下：

$$\text{C-C=C-C-CH} + I_2 \rightleftharpoons \text{C-C-C-C-CH} + 2HI$$

因此,可以用I_2标准溶液滴定维生素C,直接测定其含量。

由于维生素C还原性很强,极易被空气氧化,尤其是在碱性介质中。所以测定时加入醋酸,使溶液呈弱酸性,从而减少副反应的发生。

三、仪器和试剂

仪器：分析天平,50 mL酸式滴定管,250 mL锥形瓶,25 mL移液管,100 mL量筒。

试剂：$0.01\ mol\cdot L^{-1}\ I_2$标准溶液；$6\ mol\cdot L^{-1}$醋酸；0.5%淀粉溶液；维生素C试样。

四、操作步骤

准确称取维生素C试样0.2 g于250 mL锥形瓶中,加入新煮沸并冷却的蒸馏水100 mL和$6\ mol\cdot L^{-1}$醋酸溶液10 mL,使其充分溶解。加入0.5%淀粉指示剂2 mL。立即用I_2标准溶液滴定,至溶液呈稳定蓝色,记录所消耗的I_2标准溶液体积。平行测定3次。根据I_2标准溶液浓度和所消耗体积,计算维生素C含量。

五、数据记录与处理

序号	1	2	3
维生素C质量 m/g			
I_2标准溶液初读数/mL			
I_2标准溶液终读数/mL			

续表

序号	1	2	3
I_2 标准溶液体积 $V(I_2)$/mL			
维生素 C 含量 $w(VC)$/(%)			
$w(VC)$ 平均值/(%)			
相对平均偏差			

维生素 C 的含量测定计算公式为：

$$w(VC) = \frac{c(I_2) \times V(I_2) \times M(VC)}{m(VC) \times 1000} \times 100\%$$

1. 维生素 C 试样溶解时为什么要用新煮沸并且冷却的水？
2. 维生素 C 含量测定时，为什么加入醋酸？

实验十三　葡萄糖含量测定

一、实验目的

1. 掌握用间接碘量法测定葡萄糖含量的原理和方法
2. 掌握剩余碘量法的滴定操作技术

二、实验原理

I_2 与 NaOH 溶液作用生成 NaIO，葡萄糖可以被 NaIO 定量氧化为葡萄糖酸，而未反应的 NaIO 转变为 I_2 析出，以淀粉为指示剂，用 $Na_2S_2O_3$ 标准溶液滴定析出的 I_2，即可测定葡萄糖含量。有关反应如下：

I_2 与 NaOH 反应：

$$I_2 + 2NaOH = NaIO + NaI + H_2O$$

$C_6H_{12}O_6$ 与 NaIO 定量作用：

$$C_6H_{12}O_6 + NaOH = C_6H_{12}O_7 + NaI$$

总反应：

$$C_6H_{12}O_6 + I_2 + 2NaOH = C_6H_{12}O_7 + 2NaI + H_2O$$

未反应的 NaIO 在碱性条件下发生歧化反应：

$$3NaIO = NaIO_3 + 2NaI$$

$NaIO_3$ 与 $NaIO$ 在酸性条件下反应：

$$NaIO_3 + 5NaI + 6HCl = 3I_2 + 6NaCl + 3H_2O$$

析出的 I_2 用 $Na_2S_2O_3$ 标准溶液滴定：

$$I_2 + 2Na_2S_2O_3 = Na_2S_4O_6 + 2NaI$$

由上述反应可知，$n(I_2) = n(C_6H_{12}O_6) + 1/2\ n(Na_2S_2O_3)$，即一定量的 I_2 定量氧化了葡萄糖，剩余的 I_2 被 $Na_2S_2O_3$ 标准溶液滴定，因此，由 I_2 及 $Na_2S_2O_3$ 用量便可求出葡萄糖的含量。

三、仪器和试剂

仪器：250 mL 碘量瓶，25 mL 移液管，2 mL 吸量管、100 mL 容量瓶，50 mL 酸式滴定管。

试剂：$0.05\ mol·L^{-1}\ I_2$ 标准溶液、$0.1\ mol·L^{-1}\ Na_2S_2O_3$ 标准溶液、$0.1\ mol·L^{-1}$ NaOH 溶液、$6\ mol·L^{-1}$ HCl 溶液、5％葡萄糖注射液、0.5％淀粉溶液。

四、操作步骤

①将5％葡萄糖注射液准确稀释100倍作为待测葡萄糖溶液。

②用移液管移取待测葡萄糖溶液 25 mL 于 250 mL 碘量瓶中，用移液管移取 25 mL $0.05\ mol·L^{-1}\ I_2$ 标准溶液加入碘量瓶中。在不断摇动下，慢慢滴加 $0.1\ mol·L^{-1}$ NaOH 溶液。直至溶液呈淡黄色，盖上碘量瓶塞，暗处放置 10～15 min，使反应完全。加 2 mL $6\ mol·L^{-1}$ HCl 溶液，立即用 $0.1\ mol·L^{-1}\ Na_2S_2O_3$ 标准溶液滴定至浅黄色时，加 2 mL 淀粉指示剂，继续滴定至蓝色恰好消失，即为终点。记录所消耗的 $Na_2S_2O_3$ 标准溶液的体积。平行测定 3 次。

五、数据记录与处理

序号	1	2	3
待测葡萄糖样品体积 / mL			
I_2 标准溶液体积 $V(I_2)$ / mL			
I_2 标准溶液浓度 $c(I_2)$ / $mol·L^{-1}$			
$Na_2S_2O_3$ 标准溶液初读数 / mL			
$Na_2S_2O_3$ 标准溶液终读数 / mL			
$Na_2S_2O_3$ 标准溶液体积 $V(Na_2S_2O_3)$ / mL			
$Na_2S_2O_3$ 标准溶液浓度 $c(Na_2S_2O_3)$ / $(mol·L^{-1})$			
葡萄糖含量 $\rho(C_6H_{12}O_6)$ / $(g·L^{-1})$			
$\rho(C_6H_{12}O_6)$ 平均值 / $(g·L^{-1})$			
相对平均偏差／（％）			

葡萄糖的含量计算公式为：

$$\rho(C_6H_{12}O_6) = \frac{[c(I_2)V(I_2) - \frac{1}{2}c(Na_2S_2O_3)V(Na_2S_2O_3)] \times M(C_6H_{12}O_6)}{25.00}$$

1. 碘量法主要误差来源是什么？如何避免误差产生？
2. 葡萄糖测定过程中，如果 NaOH 滴加过快会对实验有什么影响？

实验十四　重铬酸钾法测定亚铁盐中铁的含量

一、实验目的

1. 掌握直接法配制标准溶液的方法
2. 掌握重铬酸钾法测定亚铁含量的原理和方法
3. 掌握二苯胺磺酸钠指示剂使用的原理

二、实验原理

重铬酸钾法是以重铬酸钾为氧化剂的氧化还原滴定法。$K_2Cr_2O_7$ 在酸性溶液中与还原剂硫酸亚铁反应，从而测定硫酸亚铁样品中 Fe^{2+} 的含量，反应如下：

$$6Fe^{2+} + Cr_2O_7^{2-} + 14H^+ =\!=\!= 6Fe^{3+} + 2Cr^{3+} + 7H_2O$$

测定时，常选用二苯胺磺酸钠作指示剂，终点时溶液由 Cr^{3+} 的绿色变为紫色。为了减少实验误差，要在滴定前加入 H_3PO_4，使其与 Fe^{3+} 生成稳定的配合物 $Fe(HPO_4)_2^{-}$，消除 Fe^{3+} 干扰，利于终点观察。

三、仪器和试剂

仪器：分析天平、250 mL 烧杯、250 mL 锥形瓶、250 mL 容量瓶、25 mL 移液管、50 mL 酸式滴定管、玻璃棒。

试剂：重铬酸钾（AR），3 mol·L^{-1} 的 H_2SO_4 溶液、85% 的 H_3PO_4 溶液、0.2% 二苯胺磺酸钠、硫酸亚铁样品。

四、操作步骤

1. 0.02 mol·L^{-1} 重铬酸钾标准溶液的配制

用差减法称取以烘干的 $K_2Cr_2O_7$ 约 1.3 g（准确至 0.1 mg），置于 250 mL 烧杯中，加少量蒸馏水溶解后定量转入 250 mL 容量瓶中,定容,摇匀备用。

2. 亚铁盐中铁含量的测定

用差减法称取硫酸亚铁样品 0.7~0.9 g(准确至 0.1 mg),置于 250 mL 锥形瓶中,加入蒸馏水 100 mL,3 mol·L⁻¹ H$_2$SO$_4$ 20 mL,再加二苯胺磺酸钠指示剂 6～8 滴(加指示剂前后溶液均为无色,需特别注意),摇匀。立即用重铬酸钾标准溶液滴定至溶液出现较深绿色时,加入 85% H$_3$PO$_4$ 5.0 mL,继续滴定至溶液呈紫色或紫蓝色即为终点。记录消耗的重铬酸钾标准溶液的体积。平行测定 3 次。计算亚铁盐中铁的含量。

五、数据记录与处理

序号	1	2	3
重铬酸钾＋称量瓶质量/g			
倾倒后重铬酸钾＋称量瓶质量/g			
重铬酸钾质量 $m(K_2Cr_2O_7)$/g			
重铬酸钾标准溶液浓度 $c(K_2Cr_2O_7)$/(mol·L⁻¹)			
硫酸亚铁＋称量瓶质量/g			
倾倒后硫酸亚铁＋称量瓶质量/g			
硫酸亚铁质量 m(试样)/g			
$K_2Cr_2O_7$ 初读数/mL			
$K_2Cr_2O_7$ 终读数/mL			
$K_2Cr_2O_7$ 溶液体积 $V(K_2Cr_2O_7)$/mL			
硫酸亚铁样品中铁的质量分数 $w(Fe^{2+})$/(%)			
$w(Fe^{2+})$ 平均值/(%)			
相对平均偏差/(%)			

重铬酸钾标准溶液浓度和试样中铁含量的计算公式:

$$c(K_2Cr_2O_7) = \frac{m(K_2Cr_2O_7)}{M(K_2Cr_2O_7) \times V(K_2Cr_2O_7)}$$

$$w(Fe) = \frac{6c(K_2Cr_2O_7) \times V(K_2Cr_2O_7) \times M(Fe)}{m_{II} \times 1000} \times 100\%$$

思考题

1. 亚铁盐中铁含量测定时为什么要加硫酸?
2. 如果用 KMnO$_4$ 法测定亚铁盐中铁含量的操作步骤,是否外加指示剂?

实验十五　重铬酸钾法测定三氧化二铁的含量

一、实验目的

1. 掌握直接法配制标准溶液的方法
2. 掌握重铬酸钾铝还原法测定三氧化二铁的含量的方法

二、实验原理

样品以 H_3PO_4 溶解后,以铝丝还原

$$3Fe^{3+} + Al = Al^{3+} + 3Fe^{2+}$$

过量的铝丝,在酸性溶液中溶解,生成三氯化铝

$$2Al + 6HCl = 2AlCl_3 + 3H_2$$

此法过量还原剂的处理问题,简单易行,不使用汞盐防止了对环境的污染,因此许多工厂化验室都采用此法。

三、试剂

① 磷酸(密度 1.70 g/cm³)。
② 高锰酸钾溶液 10%:10 g 高锰酸钾溶于 100 mL 水中。
③ 盐酸(密度 1.19 g/cm³)。
④ 0.5%二苯胺磺酸钠指示剂,将 0.5 g 二苯胺磺酸钠溶于 100 mL 水中。
⑤ 铝丝。
⑥ 0.005 218 g mol/L 重铬酸钾标准溶液。

四、操作步骤

1. 0.005 218 g mol/L 重铬酸钾标准溶液的配制

准确称取已在 110~130 ℃ 烘干的基准的重铬酸钾 1.535 0 g 置于 250 mL 烧杯中,加水溶解移入 1 000 mL 容量瓶中,稀释至刻度摇匀。

2. 分析方法

称取 0.500 0 g 水泥生料试样,置于 250 mL 锥形瓶中,加 2~3 mL 10%$KMnO_4$,溶液加 5 mL 磷酸(密度 1.70),于电炉上微沸 5 min 左右,取下稍冷加入 10 mL 浓盐酸,加热至沸。取下立即加一段铝丝(约 0.13 g),摇动锥形瓶使铝丝全部溶解,此时溶液应为无色。立即以流水冷却,将溶液稀释至 150 mL 左右,加 1~2 滴 0.5%二苯胺磺酸钠后以 0.005 218 mol/L 的重铬酸钾标准溶液滴定至紫红色。

三氧化二铁的含量按下式计算

$$w_{Fe_2O_3} = \frac{c(\frac{1}{6}K_2Cr_2O_7)V(K_2Cr_2O_7)M(\frac{1}{2}Fe_2O_3)}{m_s \times 1000} \times 100\%$$

式中：$c(\frac{1}{6}K_2Cr_2O_7)$——$\frac{1}{6}K_2Cr_2O_7$ 标准溶液的浓度，mol/L；

V——滴定消耗 $K_2Cr_2O_7$ 标准溶液的体积，mL；

m_s——称取生料样品的质量，g。

注意事项：

①加盐酸后加热不可时间太长，否则硅以冻胶出现，铝丝不易溶解，溶解还远不完全，实验无法进行。

②跟据生料含铁量的测定实验，铝丝约 0.13 g 即可，但需一次加入。

③H_3PO_4 与铝丝中可能有铁，应做空白。

五、数据记录与处理

序号	1	2	3
重铬酸钾＋称量瓶质量/g			
倾倒后重铬酸钾＋称量瓶质量/g			
重铬酸钾质量 $m(K_2Cr_2O_7)$/g			
重铬酸钾标准溶液浓度 $c(K_2Cr_2O_7)$/(mol·L^{-1})			
水泥生料＋称量瓶质量/g			
水泥生料＋称量瓶质量/g			
水泥生料质量 m(试样)/g			
$K_2Cr_2O_7$ 初读数/mL			
$K_2Cr_2O_7$ 终读数/mL			
$K_2Cr_2O_7$ 溶液体积 $V(K_2Cr_2O_7)$/mL			
$w(Fe_2O_3)/(\%)$			
$w(Fe_2O_3)$ 平均值/(%)			
相对平均偏差/(%)			

1. 重铬酸钾标准溶液为什么可以用直接法配制？

2. 用重铬酸钾标准溶液滴定 Fe^{2+} 时，加入磷酸的作用是什么？

实验十六 水中化学耗氧量COD测定

一、实验目的

1. 掌握水中COD的测定原理和方法
2. 掌握硫酸亚铁铵标准溶液的配制和标定方法

二、实验原理

化学耗氧量COD是衡量水中还原性物质污染程度的重要综合性指标,它是指水体中还原性物质被氧化所消耗的氧化剂的量,通常以相当的氧量(mg/L)来表示。水中COD可以用重铬酸钾法测定。在强酸性条件下,以银盐作催化剂,一定量的$K_2Cr_2O_7$将有机物及还原性物质氧化;过量的$K_2Cr_2O_7$以试亚铁灵为指示剂,用硫酸亚铁铵标准溶液回滴。根据消耗的硫酸亚铁铵的量计算水的化学需氧量。化学需氧量以每升水相当于消耗氧的质量表示(mg/L)。

三、仪器和试剂

仪器:250 mL磨口锥形瓶、50 mL酸式滴定管、10 mL吸量管、20 mL移液管、500 mL容量瓶、250 mL锥形瓶、回流冷凝管、电炉、玻璃珠、洗瓶。

试剂:0.04 mol·L^{-1} $K_2Cr_2O_7$标准溶液,0.1 mol·L^{-1}硫酸亚铁铵标准溶液,试亚铁灵指示剂(1.485 g邻菲啰啉$C_{12}H_8N_2O$和0.695 g硫酸亚铁$FeSO_4·7H_2O$溶于蒸馏水,稀释至100 mL),硫酸-硫酸银溶液(500 mL浓硫酸中加入5 g硫酸银),硫酸汞。

四、操作步骤

1. 硫酸亚铁铵标准溶液的标定

准确移取10.00 mL $K_2Cr_2O_7$标准溶液于250 mL锥形瓶中,加水稀释至110 mL,缓慢加入30 mL浓硫酸,混匀。冷却后加3滴试亚铁灵指示剂,用硫酸亚铁铵标准溶液滴定,溶液颜色由黄色经蓝绿色至红褐色即为终点。记录所消耗的硫酸亚铁铵标准溶液体积。平行测定3次。计算硫酸亚铁铵溶液的浓度。

2. 水中COD测定

①取20.00 mL水样(或适量水样稀释至20.00 mL)置于250 mL磨口的回流锥形瓶中,用吸量管加入10.00 mL $K_2Cr_2O_7$标准溶液,再加数粒玻璃珠,连接磨口回流冷凝管,从冷凝管上口慢慢地加入30 mL硫酸-硫酸银溶液,轻轻摇动锥形瓶使溶液混匀,加热回流2 h(自开始沸腾时计时)。比较清洁的水加热回流时间可以缩短。若水样中氯离子含量超过

30 mg/L 时,应先将 0.4 g 硫酸汞加入回流锥形瓶中,再加 20.00 mL 水样,以消除氯化物干扰。

②溶液冷却后用 90 mL 蒸馏水冲洗冷凝管内壁,取下锥形瓶。溶液总体积不得少于 140 mL,否则酸度太大,终点变色不明显。

③溶液冷却后加 3 滴试亚铁灵指示剂,用硫酸亚铁铵标准溶液滴定至红褐色即为终点。记录所消耗的硫酸亚铁铵标准溶液体积 V_1。

④测定水样同时,用 20.00 mL 蒸馏水作空白实验,记录空白实验时所消耗的硫酸亚铁铵标准溶液体积 V_0。

五、数据记录与处理

序号	1	2	3
$K_2Cr_2O_7$ 标准溶液体积/mL			
$(NH_4)_2Fe(SO_4)_2$ 标准溶液终读数/mL			
$(NH_4)_2Fe(SO_4)_2$ 标准溶液初读数/mL			
$(NH_4)_2Fe(SO_4)_2$ 标准溶液体积 $V(Fe^{2+})$/mL			
$(NH_4)_2Fe(SO_4)_2$ 标准溶液浓度 $c(Fe^{2+})$/(mol·L^{-1})			
$c(Fe^{2+})$ 平均值/(mol·L^{-1})			
相对平均偏差/(%)			
水样体积/mL			
加入 $K_2Cr_2O_7$ 标准溶液体积/mL			
水样 $(NH_4)_2Fe(SO_4)_2$ 标准溶液终读数/mL			
水样 $(NH_4)_2Fe(SO_4)_2$ 标准溶液初读数/mL			
水样 $(NH_4)_2Fe(SO_4)_2$ 标准溶液体积 V_1/mL			
空白实验 $(NH_4)_2Fe(SO_4)_2$ 标准溶液终读数/mL			
空白实验 $(NH_4)_2Fe(SO_4)_2$ 标准溶液初读数/mL			
空白实验 $(NH_4)_2Fe(SO_4)_2$ 标准溶液体积 V_0/mL			
水样化学需氧量 COD/(mg·L^{-1})			

化学耗氧量计算公式如下:

$$COD_{Cr}(O_2 \text{ mg/L}) = \frac{c(Fe^{3+}) \times (V_0 - V_1) \times 8 \times 1000}{V_{水样}}$$

思考题

1. 哪些因素影响 COD 的测定结果?
2. COD 计算公式中没用到 $K_2Cr_2O_7$ 标准溶液的浓度,为什么?

实验十七 海水中氯化物含量的测定

一、实验目的

1. 掌握 $AgNO_3$ 的配制和标定
2. 掌握莫尔法测定水中氯化物含量的原理和方法

二、实验原理

硝酸银滴定(又称莫尔法)是测定可溶性氯化物中氯含量常用的方法。此法是在中性或弱碱性溶液中,以铬酸钾(K_2CrO_4)为指示剂,用硝酸银标准溶液滴定氯化物时,由于氯化银沉淀比铬酸银(Ag_2CrO_4)沉淀的溶解度小,溶液中首先析出白色氯化银沉淀,当氯化银定量沉淀后,过量一滴 $AgNO_3$ 溶液即与 CrO_4^{2-} 生成砖红色 Ag_2CrO_4 沉淀,指示终点到达。主要反应如下:

$$Ag^+ + Cl^- == AgCl（白色）\downarrow \qquad K_{sp} = 1.77 \times 10^{-10}$$

$$2Ag^+ + CrO_4^{2-} == Ag_2CrO_4（砖红色）\downarrow \qquad K_{sp} = 1.1 \times 10^{-12}$$

海水中大约含氯 1.9%,溴 0.006 5%,碘 6×10^{-6},所以在滴定 Cl^- 时,Br^- 和 I^- 也同时被滴定,但是因为其含量极少,故对测定结果影响不大。

三、仪器与试剂

仪器:分析天平、50 mL 量筒、250 mL 锥形瓶、50 mL 酸式滴定管、100 mL 容量瓶、20 和 25 mL 移液管。

试剂:硝酸银、氯化钠、5% K_2CrO_4。

四、操作步骤

1. 0.1 mol·L^{-1} $AgNO_3$ 的配制和标定

①称取 $AgNO_3$ 1.7 g,用不含 Cl^- 的蒸馏水溶解后,稀释到 100 mL。

②准确称量已 500~600 ℃干燥的氯化钠 0.15~0.20 g(准确 0.1 mg)3 份,分别置于 250 mL 锥形瓶中,加蒸馏水 25 mL,加入 1 mL 5% K_2CrO_4 溶液,在不断摇动下用硝酸银标准溶液滴定,至砖红色沉淀刚刚出现,即为终点。记录 $AgNO_3$ 溶液的用量,计算 $AgNO_3$ 的浓度。

2. 海水中氯化物含量的测定

①用移液管移取 20.00 mL 海水于 100 mL 容量瓶中,用蒸馏水稀释至刻度,摇匀。

②准确量取上述稀释后的海水 25.00 mL 于 250 mL 锥形瓶中,加入 25 mL 蒸馏水和

1 mL 5％ K_2CrO_4 溶液，在不断摇动下用硝酸银标准溶液滴定，至砖红色沉淀刚刚出现，即为终点。记录 $AgNO_3$ 标准溶液的用量，平行测定 3 次。计算海水中氯化物的含量。

五、数据记录与分析

序号	1	2	3
NaCl＋称量瓶质量/ g			
倒出后 NaCl＋称量瓶质量/ g			
NaCl 质量 m / g			
$AgNO_3$ 初读数 / mL			
$AgNO_3$ 终读数 / mL			
$V(AgNO_3)$ / mL			
$c(AgNO_3)$ / (mol·L^{-1})			
$c(AgNO_3)$ 平均值/ (mol·L^{-1})			
试样体积/ mL			
氯离子测定中 $AgNO_3$ 初读数 / mL			
氯离子测定中 $AgNO_3$ 终读数 / mL			
氯离子测定中消耗 $AgNO_3$ 体积 / mL			
Cl$^-$ 含量 $\rho(Cl^-)$ / (g·L^{-1})			
$\rho(Cl^-)$ 平均值/ (g·L^{-1})			
相对平均偏差/ (％)			

$AgNO_3$ 标准溶液浓度及水中氯离子含量的计算公式：

$$c(AgNO_3)=\frac{m(NaCl)\times 1000}{M(NaCl)\times V(AgNO_3)}$$

思考题

1. 指示剂 K_2CrO_4 用量对氯离子的测定结果有何影响？

2. $AgNO_3$ 标准溶液滴定过程中，为什么要剧烈摇动？

3. 莫尔法的适用范围是什么？在测定水中氯离子含量时，能不能用 NaCl 标准溶液直接滴定 Ag^+，为什么？

第三单元　光度分析技术

▶ **知识导入**

分光光度法是利用吸收光谱曲线进行物质定性与定量的分析方法。该方法应用广泛、灵敏度高、选择性好、准确度高、适用浓度范围广、分析成本低、操作简便、快速,因此,目前仍广泛地应用于水产、化工、冶金、地质、医学、食品、制药等部门及环境监测系统。单在水质分析中的应用就很广,用于金属元素微量组分的测定。通过以下实验,掌握分光光度法的测定技术。

实验一　有色溶液吸收曲线的测定

一、实验目的

1. 熟悉 721 型分光光度计的使用方法
2. 掌握有色溶液光的吸收曲线的制作方法

二、实验原理

有色溶液对可见光范围内不同波长的光有不同程度的吸收,通过测定在不同波长下有色溶液的吸光度值,可以找到该物质的最大吸收波长。以波长为横坐标,以吸光度为纵坐标绘制光的吸收曲线。

三、仪器与试剂

仪器:721 型分光光度计、比色皿、1 L 容量瓶。
试剂:$KMnO_4$。

四、操作步骤

1. 标准溶液的制备

准确称取基准物 $KMnO_4$ 0.125 0 g,在小烧杯中溶解后全部转入 1 L 容量瓶中,用蒸馏水稀释到刻度,摇匀,每毫升含 $KMnO_4$ 为 0.125 0 mg。

2. 吸收曲线的绘制

精密吸取上述 $KMnO_4$ 标准溶液 20 mL 于 50 mL 容量瓶中,加蒸馏水至标线,摇匀,以蒸馏水为空白,依次选择 440、450、460、470、480、490、500、510、520、525、530、535、540、545、550、560、580、600、620、640、660、680、700 nm 波长为测定点,依次测出的各点的吸光度 A。

以测定波长 λ 为横坐标,以相应测出的吸光度 A 为纵坐标,绘制 $KMnO_4$ 溶液的 λ-A 吸收曲线;从吸收曲线处找出最大吸收波长 $λ_{max}$。

五、数据记录与处理

λ/nm	440	450	460	470	480	490	500	510	520	525	530	535
A												
λ/nm	540	545	550	560	580	600	620	640	660	680	700	
A												

作 $KMnO_4$ 溶液的吸收曲线。

1. 比色皿使用的过程中有哪些注意事项?
2. 在坐标纸上绘制吸收曲线有哪些注意事项?

实验二　钼酸铵法测定水中的磷

一、实验目的

1. 掌握 721 型分光光度计的使用
2. 掌握磷钼蓝分光光度法测定磷的原理和方法

二、实验原理

微量磷的测定一般采用钼酸铵分光光度法,其原理是,在中性条件下用过硫酸钾(或硝酸-高氯酸)使试样消解,将所含磷全部氧化为正磷酸盐。在酸性介质中,正磷酸盐与钼酸铵反应,在锑盐存在下生成磷钼杂多酸。

$$PO_4^{3-} + 12MoO_4^{2-} + 27H^+ = H_3P(Mo_3O_{10})_4 + 12H_2O$$

此黄色化合物可被还原剂还原,生成蓝色的络合物磷钼蓝。可在最大吸收波长 700 nm 处以零浓度溶液为参比,测量吸光度,计算可得水中总磷含量。磷的含量为 0.05~2.0 μg/mL 时,符合朗伯-比耳定律。最常用的还原剂 $SnCl_2$ 和抗坏血酸。其中抗坏血酸作为还原剂的优点是反应灵敏度高,稳定性好,反应要求的酸度范围宽。

本法测定过程中,不受 Fe^{3+} 离子干扰,但是 SiO_3^{2-} 会干扰磷的测定,它也与钼酸铵生成黄色钼硅酸 $H_8[Si(Mo_2O_7)_6]$,并被还原为硅钼蓝。可加酒石酸来控制 MoO_4^{2-} 的浓度,使它不与 SiO_3^{2-} 发生反应,以避免干扰。

三、仪器与试剂

仪器：721型分光光度计、比色皿、50 mL比色管、10 mL吸量管等。

试剂：50 g/L过硫酸钾溶液，30％、50％、1 mol/L H_2SO_4，1 mol/L、6 mol/L NaOH，10 g/L酚酞，95％乙醇溶液，100 g/L维生素C溶液。

钼酸盐溶液：溶解13 g钼酸铵于100 mL水中。溶解0.35 g酒石酸锑钾于100 mL水中。在不断搅拌下将钼酸铵溶液慢慢加到300 mL 50％ H_2SO_4 中，再加入酒石酸锑钾溶液混匀，棕色瓶贮存。

磷标准贮备液：称取0.219 7 g经110 ℃干燥2小时，并在干燥器中冷却的磷酸二氢钾，用水溶解后转移至1 000 mL容量瓶中，稀释到大约800 mL时，再加5 mL 50％ H_2SO_4，用水稀释到刻度并混匀。

磷标准工作液：吸取10.00 mL磷标准贮备液于250 mL容量瓶中，用水稀释到刻度并混匀。1.00 mL此溶液含2.0 μg磷。使用当天配制。

四、操作步骤

1. 水样预处理

取适量水样（含磷不超过30 μg）于250 mL锥形瓶中，加水至50 mL，加1 mL 30％ H_2SO_4 溶液，5 mL 50 g/L过硫酸钾，加入数粒玻璃珠。加热至沸，保持微沸30～40 min，至体积约为10 mL时停止加热。冷却后加2滴酚酞指示剂，一边摇动一边滴加氢氧化钠溶液至溶液呈微红色，再滴加1 mol/L H_2SO_4 溶液使红色刚好褪去。

2. 标准曲线的制作及磷含量的测定

取8支25 mL比色管，分别加入0.00、0.50、1.00、3.00、5.00、10.00、15.00 mL磷标准工作溶液、样品，再分别加入1 mL抗坏血酸溶液和2 mL钼酸铵溶液，稀释到25 mL，充分混合均匀。显色后，在721型分光光度计下，以空白溶液为参比溶液，用3 cm比色皿，选择700 nm波长测量吸光度，绘制标准曲线。计算样品中磷的含量。

四、数据记录与处理

编号	1	2	3	4	5	6	7	8
磷标准液/mL	0.00	0.50	1.00	3.00	5.00	10.00	15.00	
磷含量/μg	0.00	1.0	2.0	6.0	10.0	20.0	30.0	
水样/mL								
吸光度 A								

①作标准曲线图。

②从标准曲线上查出磷的含量,除以水样的体积,即得水中磷的含量 $\rho(P)$ = _____ mg·L^{-1}。

思考题

1. 测定水中含磷量时,加过硫酸钾处理水样与不处理水样结果是否相同?
2. 测定吸光度时,根据什么原则选择比色皿的规格?

实验三　邻二氮菲法测定水中的铁

一、实验目的

1. 掌握 721 型分光光度计的使用
2. 掌握利用吸收曲线求最大吸收波长 λ_{max}
3. 掌握邻二氮菲分光光度法测定铁的原理和方法

二、实验原理

邻二氮菲分光光度法是测定微量铁的通用方法,此方法准确度高,重现性好。在 pH = 2~9 的溶液中,邻二氮菲和 Fe^{2+} 结合生成红色配合物,反应如下:

该配合物的 $lgK=21.3$,最大吸收波长为 510 nm,相应的摩尔吸光系数 ε_{510} = $1.1×10^4$ L/(mol·cm)。如果溶液中存在 Fe^{3+},在加入邻二氮菲之前,应先用盐酸羟胺($NH_2OH·HCl$)将 Fe^{3+} 还原为 Fe^{2+},其反应式如下:

$$2Fe^{3+} + 2NH_2OH·HCl \longrightarrow 2Fe^{2+} + N_2 + H_2O + 4H^+ + 2Cl^-$$

否则,Fe^{3+} 能与邻二氮菲生成 3:1 配合物,呈淡蓝色,$lgK=14.1$。

测定时,控制溶液 pH ≈ 5.0,使显色反应进行完全。酸度高,反应进行较慢;酸度太低,则离子易水解影响溶液显色。

本方法的选择性很高,相当于含铁量 40 倍的 Sn^{2+}、Al^{3+}、Ca^{2+}、Mg^{2+}、Zn^{2+}、SiO_3^{2-};20 倍的 Cr^{3+}、Mn^{2+}、VO_3^-、PO_4^{3-};5 倍的 Co^{2+}、Ni^{2+}、Cu^{2+} 等离子均不干扰测定。

三、仪器与试剂

仪器:721 型分光光度计、比色皿、比色管、100 mL 容量瓶、50 mL 容量瓶、10 mL 吸量管、5 mL 吸量管、2 mL 吸量管、1 mL 吸量管、洗耳球。

试剂:

①100 $\mu g \cdot mL^{-1}$ 铁标准溶液:准确称取 0.8634g 铁盐 $NH_4Fe(SO_4)_2 \cdot 12H_2O$(A.R),置于烧杯中,加入 20 mL 6 $mol \cdot L^{-1}$ 的 HCl 溶液和少量水,溶解后,定量转移至 1 000 mL 容量瓶中,加水稀释至刻度,充分摇匀,得 100 $\mu g \cdot mL^{-1}$ 储备液。

②10 $\mu g \cdot mL^{-1}$ 铁标准溶液:用移液管吸取上述 100 $\mu g \cdot mL^{-1}$ 铁标准溶液 10.00 mL,置于 100 mL 容量瓶中,加入 2.0 mL 6 $mol \cdot L^{-1}$ 的 HCl 溶液,用水稀释至刻度,充分摇匀。

③10%盐酸羟胺(新鲜配制)。

④0.15%邻二氮菲溶液(新鲜配制)。

⑤1 $mol \cdot L^{-1}$ NaAc。

四、操作步骤

1. 吸收曲线的制作

用吸量管吸取 6.0 mL 铁标准溶液(10 $\mu g \cdot mL^{-1}$),放入 50 mL 容量瓶中,加入 1 mL 10%盐酸羟胺溶液,2 mL 0.15%邻二氮菲溶液和 5 mL HAc-NaAc 缓冲溶液,加水稀释至刻度,充分摇匀,放置 10 min。在 721 型分光光度计上,用 1 cm 比色皿,以试剂空白为参比溶液,选择 450~560 nm 波长,每隔 10 nm 测一次吸光度,其中 500~520 nm,每隔 5 nm 测定一次吸光度。以所得吸光度 A 为纵坐标,以相应波长 λ 为横坐标,在坐标纸上绘制 A 与 λ 的吸收曲线。从吸收曲线上选择测定 Fe 的适宜波长,一般选用最大吸收波长 λ_{max} 为测定波长。

2. 标准曲线的绘制

用吸量管分别移取铁标准溶液(10 $\mu g \cdot mL^{-1}$)0.0、2.0、4.0、6.0、8.0、10.0 mL 分别放入 6 个 50 mL 容量瓶中,分别依次加入 1 mL 10%的盐酸羟胺溶液,摇匀;加入 5 mL 1 $mol \cdot L^{-1}$ 的 NaAc 溶液及 2.0 mL 0.15%的邻二氮菲溶液,加蒸馏水稀释至刻度,充分摇匀,放置 10~15 min。在最大吸收波长 λ_{max} 下,用 1 cm 比色皿,以试剂空白为参比溶液,测量各溶液的吸光度。在坐标纸上,以 50 mL 溶液中的含铁量为横坐标,相应的吸光度 A 为纵坐标,绘制标准曲线。

3. 铁含量的测定

准确移取试样 5 mL,放入 50 mL 容量瓶中,按步骤 2 显色,在最大吸收波长 λ_{max} 下,用

1 cm 比色皿,以试剂空白为参比溶液,测量其吸光度。依据试液的 A 值,从标准曲线上即可查得其浓度,最后计算出原试液中含铁量(以 $\mu g \cdot mL^{-1}$ 表示)。

五、数据记录与处理

1. 吸收曲线绘制与 λ_{max} 确定

λ/nm	450	460	470	480	490	500	505	510	515	520	530	540	550	560
A														

① 作吸收曲线图。

② 确定最大吸收波长 $\lambda_{max}=$ _____ nm。

2. 标准曲线制作与铁含量的测定

序号	1	2	3	4	5	6
V_{Fe}/mL						
$c_{Fe}/(\mu g \cdot mL^{-1})$						
吸光度/A						

① 作标准曲线图。

② 从标准曲线上查得容量瓶中 $\rho(Fe^{2+})=$ _____ $\mu g \cdot mL^{-1}$。

③ 根据公式:$\rho_{II}=\dfrac{50.00}{5.00}\times\rho(Fe^{2+})$,计算试样中 $\rho(Fe^{2+})=$ _____ $\mu g \cdot mL^{-1}$。

思考题

1. 测定铁时,在加入邻二氮菲显色前,为什么要加入盐酸羟胺?
2. 影响邻二氮菲与 Fe^{2+} 显色反应的主要因素有哪些?

实验四 高碘酸钾分光光度法测定水中的锰

一、实验目的

1. 进一步掌握 721 型分光光度计的使用
2. 掌握高锰酸钾分光光度法测定水中锰的原理和方法

二、实验原理

在中性的焦磷酸钾介质中,室温条件下高碘酸钾可以瞬间将低价锰氧化到紫红色的七价锰,用分光光度法在波长 525 nm 处进行测定。

本方法适用于环境水样和工业废水样中可溶性锰和总锰的测定。对于低色度的清洁水可不经任何处理直接测定。如样品有色但但不太深,可以进行色度校正。严重污染的废水应预先加入硝酸和硫酸加热消解后测定。

三、仪器与试剂

仪器:721 分光光度计、比色管、比色皿、容量瓶

试剂:

①焦磷酸钾-乙酸钠缓冲溶液:称取焦磷酸钾 230 g 和结晶乙酸钠 136 g 溶于热水中,冷却后定容到 1 000 mL。此溶液浓度焦磷酸钾为 0.6 mol·L^{-1},乙酸钠为 1.0 mol·L^{-1}。

②硝酸溶液(1+9、1+1):硝酸(ρ=1.4 g·mL^{-1})与水按 1:9 和 1:1 体积混合。

③20 g·L^{-1} 高碘酸钾溶液:称 2 g 高碘酸钾(KIO_4)溶于 100 mL 1+9 硝酸溶液中。

④锰标准储备液:称取 0.5000 g(准确到 0.0001 g)纯度不低于 99.9% 的电解锰,溶于 1+1 硝酸 10 mL 中,加热溶解后移入 500 mL 容量瓶中,冷却后用水稀释至标线,摇匀。此贮备液每毫升含锰 1.00 mg。

⑤锰标准使用液:准确吸取 10.00 mL 锰标准储备液于 200 mL 容量瓶中,用水稀释至标线,摇匀。此使用液每毫升含锰 50.0 μg。

⑥硫酸溶液(1+1):硫酸(ρ=1.84 g·mL^{-1})与水等体积混合。

⑦氨水溶液(1+5):氨水(ρ=0.90 g·mL^{-1})与水按 1:5 体积混合。

四、操作步骤

1. 采样和样品预处理

用硬质玻璃瓶或聚乙烯瓶采集实验室样品,低价锰容易氧化到四价形成沉淀吸附在瓶壁上,采样后加硝酸调节样品的 pH 值使之在 1~2。

样品采集后,立即在现场用 0.45 μm 滤器过滤并酸化,滤液中测定锰含量为可溶性锰。样品采集后不过滤立即酸化,经消解后测得锰含量为总锰。

严重污染的废水样品应分取 25.00 mL 试置于 100 mL 烧杯中,加入 5 mL 硝酸溶液(1+1)、2 mL 硫酸溶液(1+1),加热直至硫酸冒烟将尽,取下,冷却,滴加 3~4 滴硝酸溶液(1+9)和少量水,加热使盐类溶解,冷却,滴加氨水溶液(1+9)调节酸度至 pH=1~2 后移入 50 mL 容量瓶再进行测定。对于清洁的环境水样可直接测定。

2. 吸收曲线的制作

用吸量管吸取 2.0 mL 锰标准使用液于 50 mL 容量瓶中,加入 10 mL 焦磷酸钾-乙酸钠缓冲溶液、3 mL 20 g·L^{-1} 高碘酸钾溶液,加水稀释至刻度,充分摇匀。放置 10 min。在 721 型分光光度计上,用 1 cm 比色皿,以试剂空白为参比溶液,选择 460~580 nm 波长,每隔

10 nm测一次吸光度,在最大吸收峰附近,每隔 5 nm 测定一次吸光度。以所得吸光度 A 为纵坐标,以相应波长 λ 为横坐标,绘制吸光度 A 与波长 λ 的吸收曲线。从吸收曲线上选择测定锰的适宜波长,一般选用最大吸收波长 λ_{max} 为测定波长。

3. 校准曲线绘制

分别吸取 0、0.50、1.00、1.50、2.00、2.50 mL 锰标准使用液置于 6 只 50 mL 容量瓶中,加入 10 mL 焦磷酸钾-乙酸钠缓冲溶液、3 mL 20 g·L^{-1} 高碘酸钾溶液,用水稀释至刻度,摇匀。放置 10 min 后,用 1 cm 比色皿,以试剂空白为参比溶液,在选择波长处测定吸光度。以所测得吸光度为纵坐标,锰的含量为横坐标绘制标准曲线,并进行相关回归计算。

4. 样品中锰含量的测定

准确移取适量待测样品于 50 mL 容量瓶中,按照绘制标准曲线的步骤显色,测定吸光度。从标准曲线上查出和计算样品中锰的含量。

五、数据记录与处理

序号	1	2	3	4	5	6	7
锰标准使用液的体积 V /mL							
锰的含量/(mg·L^{-1})							
吸光度 A							

① 作标准曲线图。

② 从标准曲线上查得锰的含量,除以水样的体积,即得水样中锰的含量 $\rho(Mn) =$ _____ mg·L^{-1}。

1. 严重污染水样中锰含量测定时,是否可以直接测定?为什么?
2. 水样中常见的金属离子和阴离子会不会对锰含量的测定产生干扰?为什么?

实验五　纳氏试剂法测定水中的氨氮

一、实验目的

1. 进一步掌握 721 型分光光度计的使用
2. 掌握纳氏试剂分光光度法测定水中氨氮的原理和方法

二、实验原理

以游离态的氨或铵离子等形式存在的氨氮可以与纳氏试剂(碘化汞和碘化钾的碱性溶

液)反应生成淡红棕色络合物,选用波长在410～425 nm范围测定吸光度。

本方法的检出限为 0.025 mg·L^{-1},测定上限为 2 mg·L^{-1}。本方法可适用于地表水、地下水、工业废水和生活污水中氨氮含量的测定。水中的悬浮物、余氯、钙镁等金属离子、硫化物和有机物时会产生干扰,含有此类物质时要作适当处理,以消除干扰。显色时加入适量的酒石酸钾钠可消除钙镁等金属离子的干扰。

三、仪器与试剂

仪器:721分光光度计、pH 计、容量瓶、比色皿、氨氮蒸馏装置。

试剂:配制试剂用水应为无氨水。

(1)纳氏试剂

称取 16 g 氢氧化钠,溶于 50 mL 充分冷却至室温。另称取 7 g 碘化钾和 10 g 碘化汞(HgI_2)溶于水,然后将此溶液在搅拌下徐徐注入氢氧化钠溶液中,用水稀释至 100 mL,贮于聚乙烯瓶中,常温避光保存。(注意:纳氏试剂中的汞有毒,使用时要小心,皮肤触碰时要及时清洗。)

(2)酒石酸钾钠溶液

称取 50 g 酒石酸钾钠($KNaC_4H_4O_6·4H_2O$)溶于 100 mL 水中,加热煮沸以除去氨,冷却后定容至 100 mL。

(3)氨氮标准贮备溶液

称取 3.8190 g 经 100 ℃ 干燥过的氯化铵(NH_4Cl)溶于水中,移入 1 000 mL 容量瓶中,稀释至标线。此溶液每毫升含 1.00 mg 氨氮。

(4)氨氮标准工作液溶液

移取 5.00 mL 氨氮标准贮备液于 500 mL 容量瓶中,用水稀释至标线。此溶液每毫升含 0.010 mg 氨氮。临用前配制。

(5)硫代硫酸钠溶液

称取 3.5 g 硫代硫酸钠溶于水中,稀释至 1 000 mL。

(6)硫酸锌溶液(100 g·L^{-1})

(7)1 mol·L^{-1}氢氧化钠溶液

(8)1 mol·L^{-1}盐酸溶液

(9)轻质氧化镁

(10)硼酸溶液(20 g·L^{-1})

四、操作步骤

1. 样品的预处理

(1)除余氯

若样品中存在余氯,可加入适量的硫代硫酸钠溶液去除。每加 0.5 mL 可去除 0.25 mL

余氯。用淀粉-碘化钾试纸检验余氯是否除尽。

(2) 絮凝沉淀法

100 mL 样品中加入 1 mL 硫酸锌溶液和 0.1~0.2 mL 氢氧化钠溶液,调节 pH 值约为 10.5,混匀,放置使之沉淀。取上清液分析。必要时用经水冲洗过的中速滤纸过滤,弃去初滤液 20 mL,也可对絮凝后样品离心处理。

(3) 预蒸馏法

将 50 mL 硼酸溶液移入接收瓶内,确保冷凝管出口在硼酸溶液液面之下。分别取 250 mL 样品,移入烧瓶中,加几滴溴百里酚蓝指示剂,必要时,用氢氧化钠溶液或盐酸溶液调整 pH 值至 6.0(指示剂呈黄色)~7.4(指示剂呈蓝色),加入 0.25 g 轻质氧化镁及数粒玻璃珠,立即连接氮球和冷凝管。加热蒸馏,使馏出液速率约为 10 mL·min^{-1},待馏出液达 200 mL 时,停止蒸馏,加水定容至 250 mL。

2. 标准曲线的绘制

吸取 0.00、0.50、1.00、2.00、4.00、6.00、8.00 和 10.00 mL 氨氮标准工作液于 50 mL 容量瓶中,用水至标线。加入 1.0 mL 酒石酸钾钠溶液,摇匀,再加入 1.0 mL 纳氏试剂,摇匀。放置 10 min 后,在波长 420 nm 下,用 2 cm 比色皿,以空白试剂为参比溶液,测量吸光度。以测得的吸光度为纵坐标,相应的氨氮含量为横坐标,绘制以氨氮含量对吸光度的标准曲线。

3. 水样中氨氮的测定

清洁水样:直接取 50 mL,按照标准曲线绘制步骤测定吸光度。

有悬浮物或色度干扰的水样:取经过预处理的水样 50 mL(若水样中氨氮浓度超过 2 mg·L^{-1},可适当少取水样体积),按照标准曲线绘制步骤测定吸光度。注意:经蒸馏预处理后的水样,必须加一定量氢氧化钠溶液,调节水样至中性,再行测定。

五、数据记录与处理

序号	1	2	3	4	5	6	7
铵标准使用液的体积/mL							
氨氮的含量/(mg·L^{-1})							
吸光度/A							

① 作标准曲线图。

② 从标准曲线上查得氨氮的含量,计算水样中氨氮的含量 ρ(氨氮) = _____ mg·L^{-1}。

1. 水样中氨氮含量测定时,哪些物质会对测定产生干扰?如何消除干扰?

2. 本实验中,配制试剂用水均为为无氨水,如何制备无氨水?

附　录

附录一　国际原子量表

元素符号	名称	原子量	元素符号	名称	原子量	元素符号	名称	原子量
Ac	锕	[227]	Ge	锗	72.61	Pr	镨	140.90765
Ag	银	107.8682	H	氢	1.00794	Pt	铂	195.08
Al	铝	26.98154	He	氦	4.00260	Pu	钚	[244]
Am	镅	[243]	Hf	铪	178.49	Ra	镭	226.0254
Ar	氩	39.948	Hg	汞	200.59	Rb	铷	85.4678
As	砷	74.92159	Ho	钬	164.93032	Re	铼	186.207
At	砹	[210]	I	碘	126.90447	Rh	铑	102.90550
Au	金	196.96654	In	铟	114.82	Rn	氡	[222]
B	硼	10.811	Ir	铱	192.22	Ru	钌	101.07
Ba	钡	137.327	K	钾	39.0983	S	硫	32.066
Be	铍	9.01218	Kr	氪	83.80	Sb	锑	121.75
Bi	铋	208.98037	La	镧	138.9055	Sc	钪	44.95591
Bk	锫	[247]	Li	锂	6.941	Se	硒	78.96
Br	溴	79.904	Lr	铹	[257]	Si	硅	28.0855
C	碳	12.011	Lu	镥	174.967	Sm	钐	150.36
Ca	钙	40.078	Md	钔	[256]	Sn	锡	118.710
Cd	镉	112.411	Mg	镁	24.3050	Sr	锶	87.62
Ce	铈	140.115	Mn	锰	54.9380	Ta	钽	180.9479
Cf	锎	[251]	Mo	钼	95.94	Tb	铽	158.92534
Cl	氯	35.4527	N	氮	14.00674	Tc	锝	98.9062
Cm	锔	[247]	Na	钠	22.98977	Te	碲	127.60
Co	钴	58.93320	Nb	铌	92.90638	Th	钍	232.0381
Cr	铬	51.9961	Nd	钕	144.24	Ti	钛	47.88
Cs	铯	132.90543	Ne	氖	20.1797	Tl	铊	204.3833
Cu	铜	63.546	Ni	镍	58.69	Tm	铥	168.93421
Dy	镝	162.50	No	锘	[254]	U	铀	238.289
Er	铒	167.26	Np	镎	237.0482	V	钒	50.9415
Es	锿	[254]	O	氧	15.9994	W	钨	183.85
Eu	铕	151.965	Os	锇	190.2	Xe	氙	131.29
F	氟	18.99840	P	磷	30.97376	Y	钇	88.90585
Fe	铁	55.847	Pa	镤	231.03588	Yb	镱	173.04
Fm	镄	[257]	Pb	铅	207.2	Zn	锌	65.39
Fr	钫	[223]	Pd	钯	106.42	Zr	锆	91.224
Ga	镓	69.723	Pm	钷	[145]			
Gd	钆	157.25	Po	钋	[~210]			

附录二 一些化合物的相对分子量

化合物分子式	化合物分子量	化合物分子式	化合物分子量
$AgBr$	187.78	$C_6H_5 \cdot COOH$	122.12
$AgCl$	143.32	$C_6H_5 \cdot COONa$	144.10
$AgCN$	133.84	$C_6H_4 \cdot COOH \cdot COOK$ （邻苯二甲酸氢钾）	204.22
Ag_2CrO_4	331.73		
AgI	234.77	$CH_3 \cdot COONa$	82.03
$AgNO_3$	169.87	C_6H_5OH	94.11
$AgSCN$	165.95	$(C_9H_7N)_3H_3(PO_4 \cdot 12MoO_2)$ （磷钼酸喹啉）	2212.74
Al_2O_3	101.96		
$Al_2(SO_4)_2$	342.15	$COOH \cdot CH_2 \cdot COOH$ （丙二酸）	104.06
As_2O_3	197.84		
As_2O_5	229.84	$COOH \cdot CH_2 \cdot COONa$	126.04
$BaCO_3$	197.34	CCl_4	153.81
BaC_2O_4	225.35	CO_2	44.01
$BaCl_2$	208.23	Cr_2O_3	151.99
$BaCl_2 \cdot 2H_2O$	244.26	$Cu(C_2H_3O_2)_2 \cdot 3Cu(AsO_2)_2$	1013.80
$BaCrO_4$	253.32	CuO	79.54
BaO	153.33	Cu_2O	143.09
$Ba(OH)_2$	171.35	$CuSCN$	121.63
$BaSO_4$	233.39	$CuSO_4$	159.61
$CaCO_3$	100.09	$CuSO_4 \cdot 5H_2O$	249.69
CaC_2O_4	128.10	$FeCl_3$	162.21
$CaCl_2$	110.98	$FeCl_3 \cdot 6H_2O$	270.30
$CaCl_2 \cdot H_2O$	129.00	FeO	71.85
CaF_2	78.07	Fe_2O_3	159.69
$Ca(NO_3)_2$	164.09	Fe_3O_4	231.54
CaO	56.08	$FeSO_4 \cdot H_2O$	169.93
$Ca(OH)_2$	74.09	$FeSO_4 \cdot 7H_2O$	278.02
$CaSO_4$	136.14	$Fe_2(SO_4)_3$	399.89
$Ca_3(PO_4)_2$	310.18	$FeSO_4 \cdot (NH_4)_2SO_4 \cdot 6H_2O$	392.14
$Ce(SO_4)_2$	332.24	H_3BO_3	61.83
$Ce(SO_4)_2 \cdot 2(NH_4)_2SO_4 \cdot 2H_2O$	632.54	HBr	80.91
CH_3COOH	60.05	$H_6C_4O_6$（酒石酸）	150.09
CH_3OH	32.04	HCN	27.03
$CH_3 \cdot CO \cdot CH_3$	58.08	H_2CO_3	62.03
$H_2C_2O_4$	90.04	$KSCN$	97.18
$H_2C_2O_4 \cdot 2H_2O$	126.07	K_2SO_4	174.26

续表

化合物分子式	化合物分子量	化合物分子式	化合物分子量
HCOOH	46.03	$MgCO_3$	84.32
HCl	36.46	$MgCl_2$	95.21
$HClO_4$	100.46	$MgNH_4PO_4$	137.33
HF	20.01	MgO	40.31
HI	127.91	$Mg_2P_2O_7$	222.60
HNO_2	47.01	MnO	70.94
HNO_3	63.01	MnO_2	86.94
H_2O	18.02	$Na_2B_4O_7$	201.22
H_2O_2	34.02	$Na_2B_4O_7 \cdot 10H_2O$	381.37
H_3PO_4	98.00	$NaBiO_3$	279.97
H_2S	34.08	NaBr	102.90
H_2SO_3	82.08	NaCN	49.01
H_2SO_4	98.08	Na_2CO_3	105.99
$HgCl_2$	271.50	$Na_2C_2O_4$	134.00
Hg_2Cl_2	427.09	NaCl	58.44
$KAl(SO_4)_2 \cdot 12H_2O$	474.39	NaF	41.99
$KB(C_6H_5)_4$	358.33	$NaHCO_3$	84.01
KBr	119.01	NaH_2PO_4	119.98
$KBrO_3$	167.01	Na_2HPO_4	141.96
KCN	65.12	$Na_2H_2Y \cdot 2H_2O$ (EDTA 二钠盐)	372.26
K_2CO_3	138.21		
KCl	74.56		
$KClO_3$	122.55	NaI	149.89
$KClO_4$	138.55	$NaNO_3$	69.00
K_2CrO_4	194.20	Na_2O	61.98
$K_2Cr_2O_7$	294.19	NaOH	40.01
$KHC_2O_4 \cdot H_2C_2O_4 \cdot 2H_2O$	254.19	Na_3PO_4	163.94
$KHC_2O_4 \cdot H_2O$	146.14	Na_2S	78.05
KI	166.01	$Na_2S \cdot 9H_2O$	240.18
KIO_3	214.00	Na_2SO_3	126.04
$KIO_3 \cdot HIO_3$	389.92	Na_2SO_4	142.04
$KMnO_4$	158.04	$Na_2SO_4 \cdot 10H_2O$	322.20
KNO_2	85.10	$Na_2S_2O_3$	158.11
K_2O	92.20	$Na_2S_2O_3 \cdot 5H_2O$	248.19
KOH	56.11	Na_2SiF_6	188.06
NH_3	17.03	SO_2	64.06
NH_4Cl	53.49	SO_3	80.06
$(NH_4)_2C_2O_4 \cdot H_2O$	142.11	Sb_2O_3	291.50
$NH_3 \cdot H_2O$	35.05	Sb_2S_3	339.70

续表

化合物分子式	化合物分子量	化合物分子式	化合物分子量
$NH_4Fe(SO_4)_2 \cdot 12H_2O$	482.20	SiF_4	104.08
$(NH_4)_2HPO_4$	132.05	SiO_2	60.08
$(NH_4)_3HPO_4 \cdot 12MoO_3$	1876.53	$SnCO_3$	178.72
NH_4SCN	76.12	$SnCl_2$	189.62
$(NH_4)_2SO_4$	132.14	SnO_2	150.71
$NiC_8H_{14}O_4N_4$（丁二酮肟镍）	288.91	TiO_2	79.88
		WO_3	231.83
P_2O_5	141.95	$ZnCl_2$	136.30
$PbCrO_4$	323.18	ZnO	81.39
PbO	223.19	$Zn_2P_2O_7$	304.72
PbO_2	239.19	$ZnSO_4$	161.45
Pb_3O_4	685.57		
$PbSO_4$	303.26		

附录三　我国化学试剂等级区分表

级别	一级品	二级品	三级品	四级品
纯度分类	优级纯	分析纯	化学纯	实验试剂
瓶签颜色	绿色	红色	蓝色	黄色
用途	主要用于精密分析和科学研究	适用于重要分析和一般性研究工作	适用于工厂、学校一般性的分析工作	主要用于一般化学实验，不能用于分析工作
标志	GR	AR	CP	LR

附录四　常用酸碱试剂的密度和浓度

试剂名称	化学式	Mr	密度 $\rho/(g/mL)$	质量分数 $w/\%$	物质的量浓度 $c_B/(mol/L)$
浓硫酸	H_2SO_4	98.08	1.84	96	18
浓盐酸	HCl	36.46	1.19	37	12
浓硝酸	HNO_3	63.01	1.42	70	16
浓磷酸	H_3PO_4	98.00	1.69	85	15
冰醋酸	CH_3COOH	60.05	1.05	99	17
高氯酸	$HClO_4$	100.46	1.67	70	12
浓氢氧化钠	$NaOH$	40.00	1.43	40	14
浓氨水	$NH_3 \cdot H_2O$	17.03	0.90	28	15

附录五　弱酸、弱碱在水溶液中的电离常数表

弱酸	分子式	K_a	pK_a
砷酸	H_3AsO_4	$6.3\times10^{-3}\ (K_{a_1})$ $1.0\times10^{-7}\ (K_{a_2})$ $3.2\times10^{-12}\ (K_{a_3})$	2.20 7.00 11.50
亚砷酸	$HAsO_2$	6.0×10^{-10}	9.22
硼酸	H_3BO_3	5.8×10^{-10}	9.24
焦硼酸	$H_2B_4O_7$	$1.0\times10^{-4}\ (K_{a_1})$ $1.0\times10^{-9}\ (K_{a_2})$	4 9
碳酸	$H_2CO_3\ (CO_2+H_2O)$	$4.2\times10^{-7}\ (K_{a_1})$ $5.6\times10^{-11}\ (K_{a_2})$	6.38 10.25
氢氰酸	HCN	6.2×10^{-10}	9.21
铬酸	H_2CrO_4	$1.8\times10^{-1}\ (K_{a_1})$ $3.2\times10^{-7}\ (K_{a_2})$	0.74 6.50
氢氟酸	HF	6.6×10^{-4}	3.18
亚硝酸	HNO_2	5.1×10^{-4}	3.29
过氧化氢	H_2O_2	1.8×10^{-12}	11.75
磷酸	H_3PO_4	$7.6\times10^{-3}\ (>K_{a_1})$ $6.3\times10^{-3}\ (K_{a_2})$ $4.4\times10^{-13}\ (K_{a_3})$	2.12 7.2 12.36
焦磷酸	$H_4P_2O_7$	$3.0\times10^{-2}\ (K_{a_1})$ $4.4\times10^{-3}\ (K_{a_2})$ $2.5\times10^{-7}\ (K_{a_3})$ $5.6\times10^{-10}\ (K_{a_4})$	1.52 2.36 6.60 9.25
亚磷酸	H_3PO_3	$5.0\times10^{-2}\ (K_{a_1})$ $2.5\times10^{-7}\ (K_{a_2})$	1.30 6.60
氢硫酸	H_2S	$1.3\times10^{-7}\ (K_{a_1})$ $7.1\times10^{-15}\ (K_{a_2})$	6.88 14.15
硫酸	HSO_4^-	$1.0\times10^{-2}\ (K_{a_1})$	1.99
亚硫酸	$H_2SO_3\ (SO_2+H_2O)$	$1.3\times10^{-2}\ (K_{a_1})$ $6.3\times10^{-8}\ (K_{a_2})$	1.90 7.20
偏硅酸	H_2SiO_3	$1.7\times10^{-10}\ (K_{a_1})$ $1.6\times10^{-12}\ (K_{a_2})$	9.77 11.8

续表

弱酸	分子式	K_a	pK_a
甲酸	HCOOH	1.8×10^{-4}	3.74
乙酸	CH_3COOH	1.8×10^{-5}	4.74
抗坏血酸	O=C—C(OH)=C(OH)—CH— 　　└─────O─────┘ —CHOH—CH_2OH	$5.0\times10^{-5}(K_{a_1})$ $1.5\times10^{-10}(K_{a_2})$	4.30 9.82
苯甲酸	C_6H_5COOH	6.2×10^{-5}	4.21
草酸	$H_2C_2O_4$	$5.9\times10^{-2}(K_{a_1})$ $6.4\times10^{-5}(K_{a_2})$	1.22 4.19
乙二胺四乙酸	H_6-$EDTA^{2+}$ H_5-$EDTA^+$ H_4-EDTA H_3-$EDTA^-$ H_2-$EDTA^{2-}$ H-$EDTA^{3-}$	$0.1(K_{a_1})$ $3\times10^{-2}(K_{a_2})$ $1\times10^{-2}(K_{a_3})$ $2.1\times10^{-3}(K_{a_4})$ $6.9\times10^{-7}(K_{a_5})$ $5.5\times10^{-11}(K_{a_6})$	0.9 1.6 2.0 2.67 6.17 10.26
氨水	NH_3	1.8×10^{-5}	4.74
乙二胺	$H_2NHC_2CH_2NH_2$	$8.5\times10^{-5}(K_{b_1})$ $7.1\times10^{-8}(K_{b_2})$	4.07 7.15
吡啶	⟨N⟩	1.7×10^{-5}	8.77

附录六　常用缓冲溶液的配制

序号	溶液名称	配制方法	pH
1	HAc-NaAc	将 8 g NaAc·$3H_2O$ 溶于适量水中,加 134 mL 6.0 mol/mL 的 HAc,然后加水稀释至 500 m	3.6
2	HAc-NaAc	将 20 g NaAc·$3H_2O$ 溶于适量水中,加 134 mL 6.0 mol/mL 的 HAc,然后加水稀释至 500 mL	4.0
3	HAc-NaAc	将 32 g NaAc·$3H_2O$ 溶于适量水中,加 68 mL 6.0 mol/mL 的 HAc,然后加水稀释至 500 mL	4.5
4	HAc-NaAc	将 50 g NaAc·$3H_2O$ 溶于适量水中,加 34 mL 6.0 mol/mL 的 HAc,然后加水稀释至 500 mL	5.0
5	HAc-NaAc	将 100 g NaAc·$3H_2O$ 溶于适量水中,加 13 mL 6.0 mol/mL 的 HAc,然后加水稀释至 500 mL	5.7

续表

序号	溶液名称	配制方法	pH
6	$NH_4Cl - NH_3 \cdot H_2O$	将 60 g NH_4Cl 溶于适量水中,加 1.4 mL 15.0 mol/mL 的 $NH_3 \cdot H_2O$,然后加水稀释至 500 mL	7.5
7	$NH_4Cl - NH_3 \cdot H_2O$	将 40 g NH_4Cl 溶于适量水中,加 8.8 mL 15.0 mol/mL 的 $NH_3 \cdot H_2O$,然后加水稀释至 500 mL	8.5
8	$NH_4Cl - NH_3 \cdot H_2O$	将 35 g NH_4Cl 溶于适量水中,加 24 mL 15.0 mol/mL 的 $NH_3 \cdot H_2O$,然后加水稀释至 500 mL	9.0
9	$NH_4Cl - NH_3 \cdot H_2O$	将 30 g NH_4Cl 溶于适量水中,加 65 mL 15.0 mol/mL 的 $NH_3 \cdot H_2O$,然后加水稀释至 500 mL	9.5
10	$NH_4Cl - NH_3 \cdot H_2O$	将 27 g NH_4Cl 溶于适量水中,加 147 mL 15.0 mol/mL 的 $NH_3 \cdot H_2O$,然后加水稀释至 500 mL	10.0
11	$NH_4Cl - NH_3 \cdot H_2O$	将 9 g NH_4Cl 溶于适量水中,加 175 mL 15.0 mol/mL 的 $NH_3 \cdot H_2O$,然后加水稀释至 500 mL	10.5

附录七 部分金属-EDTA 配位化合物的稳定性常数($lgK_{稳}$)

阳离子	lgK_{MY}	阳离子	lgK_{MY}	阳离子	lgK_{MY}
Na^+	1.66	Ce^{4+}	15.98	Cu^{2+}	18.80
Li^+	2.79	Al^{3+}	16.3	Ga^{2+}	20.3
Ag^+	7.32	Co^{2+}	16.31	Ti^{3+}	21.3
Ba^{2+}	7.86	Pt^{2+}	16.31	Hg^{2+}	21.8
Mg^{2+}	8.69	Cd^{2+}	16.49	Sn^{2+}	22.1
Sr^{2+}	8.73	Zn^{2+}	16.50	Th^{4+}	23.2
Be^{2+}	9.20	Pb^{2+}	18.04	Cr^{3+}	23.4
Ca^{2+}	10.69	Y^{3+}	18.09	Fe^{3+}	25.1
Mn^{2+}	13.87	VO^+	18.1	U^{4+}	25.8
Fe^{2+}	14.33	Ni^{2+}	18.60	Bi^{3+}	27.94
La^{3+}	15.50	VO^{2+}	18.8	Co^{3+}	36.0

附录八　难溶化合物的溶度积常数

序号 (No.)	分子式 (Molecular formula)	K_{sp}	pK_{sp} ($-\lg K_{sp}$)
1	Ag_3AsO_4	1.0×10^{-22}	22
2	$AgBr$	5.0×10^{-13}	12.3
3	$AgBrO_3$	5.50×10^{-5}	4.26
4	$AgCl$	1.8×10^{-10}	9.75
5	$AgCN$	1.2×10^{-16}	15.92
6	Ag_2CO_3	8.1×10^{-12}	11.09
7	$Ag_2C_2O_4$	3.5×10^{-11}	10.46
8	$Ag_2Cr_2O_4$	1.2×10^{-12}	11.92
9	$Ag_2Cr_2O_7$	2.0×10^{-7}	6.7
10	AgI	8.3×10^{-17}	16.08
11	$AgIO_3$	3.1×10^{-8}	7.51
12	$AgOH$	2.0×10^{-8}	7.71
13	Ag_2MoO_4	2.8×10^{-12}	11.55
14	Ag_3PO_4	1.4×10^{-16}	15.84
15	Ag_2S	6.3×10^{-50}	49.2
16	$AgSCN$	1.0×10^{-12}	12
17	Ag_2SO_3	1.5×10^{-14}	13.82
18	Ag_2SO_4	1.4×10^{-5}	4.84
19	Ag_2Se	2.0×10^{-64}	63.7
20	Ag_2SeO_3	1.0×10^{-15}	15
21	Ag_2SeO_4	5.7×10^{-8}	7.25
22	$AgVO_3$	5.0×10^{-7}	6.3
23	Ag_2WO_4	5.5×10^{-12}	11.26
24	$Al(OH)_3$	4.57×10^{-33}	32.34
25	$AlPO_4$	6.3×10^{-19}	18.24
26	Al_2S_3	2.0×10^{-7}	6.7
27	$Au(OH)_3$	5.5×10^{-46}	45.26
28	$AuCl_3$	3.2×10^{-25}	24.5
29	AuI_3	1.0×10^{-46}	46
30	$Ba_3(AsO_4)_2$	8.0×10^{-51}	50.1

续表

序号 (No.)	分子式 (Molecular formula)	K_{sp}	pK_{sp} ($-\lg K_{sp}$)
31	$BaCO_3$	5.1×10^{-9}	8.29
32	BaC_2O_4	1.6×10^{-7}	6.79
33	$BaCrO_4$	1.2×10^{-10}	9.93
34	$Ba_3(PO_4)_2$	3.4×10^{-23}	22.44
35	$BaSO_4$	1.1×10^{-10}	9.96
36	BaS_2O_3	1.6×10^{-5}	4.79
37	$BaSeO_3$	2.7×10^{-7}	6.57
38	$BaSeO_4$	3.5×10^{-8}	7.46
39	$Be(OH)_2$	1.6×10^{-22}	21.8
40	$BiAsO_4$	4.4×10^{-10}	9.36
41	$Bi_2(C_2O_4)_3$	3.98×10^{-36}	35.4
42	$Bi(OH)_3$	4.0×10^{-31}	30.4
43	$BiPO_4$	1.26×10^{-23}	22.9
44	$CaCO_3$	2.8×10^{-9}	8.54
45	$CaC_2O_4 \cdot H_2O$	4.0×10^{-9}	8.4
46	CaF_2	2.7×10^{-11}	10.57
47	$CaMoO_4$	4.17×10^{-8}	7.38
48	$Ca(OH)_2$	5.5×10^{-6}	5.26
49	$Ca_3(PO_4)_2$	2.0×10^{-29}	28.7
50	$CaSO_4$	3.16×10^{-7}	5.04
51	$CaSiO_3$	2.5×10^{-8}	7.6
52	$CaWO_4$	8.7×10^{-9}	8.06
53	$CdCO_3$	5.2×10^{-12}	11.28
54	$CdC_2O_4 \cdot 3H_2O$	9.1×10^{-8}	7.04
55	$Cd_3(PO_4)_2$	2.5×10^{-33}	32.6
56	CdS	8.0×10^{-27}	26.1
57	$CdSe$	6.31×10^{-36}	35.2
58	$CdSeO_3$	1.3×10^{-9}	8.89
59	CeF_3	8.0×10^{-16}	15.1
60	$CePO_4$	1.0×10^{-23}	23
61	$Co_3(AsO_4)_2$	7.6×10^{-29}	28.12

续表

序号 (No.)	分子式 (Molecular formula)	K_{sp}	pK_{sp} ($-\lg K_{sp}$)
62	$CoCO_3$	1.4×10^{-13}	12.84
63	CoC_2O_4	6.3×10^{-8}	7.2
64	$Co(OH)_2$（蓝）	6.31×10^{-15}	14.2
	$Co(OH)_2$（粉红,新沉淀）	1.58×10^{-15}	14.8
	$Co(OH)_2$（粉红,陈化）	2.00×10^{-16}	15.7
65	$CoHPO_4$	2.0×10^{-7}	6.7
66	$Co_3(PO_4)_3$	2.0×10^{-35}	34.7
67	$CrAsO_4$	7.7×10^{-21}	20.11
68	$Cr(OH)_3$	6.3×10^{-31}	30.2
69	$CrPO_4 \cdot 4H_2O$（绿）	2.4×10^{-23}	22.62
	$CrPO_4 \cdot 4H_2O$（紫）	1.0×10^{-17}	17
70	$CuBr$	5.3×10^{-9}	8.28
71	$CuCl$	1.2×10^{-6}	5.92
72	$CuCN$	3.2×10^{-20}	19.49
73	$CuCO_3$	2.34×10^{-10}	9.63
74	CuI	1.1×10^{-12}	11.96
75	$Cu(OH)_2$	4.8×10^{-20}	19.32
76	$Cu_3(PO_4)_2$	1.3×10^{-37}	36.9
77	Cu_2S	2.5×10^{-48}	47.6
78	Cu_2Se	1.58×10^{-61}	60.8
79	CuS	6.3×10^{-36}	35.2
80	$CuSe$	7.94×10^{-49}	48.1
81	$Dy(OH)_3$	1.4×10^{-22}	21.85
82	$Er(OH)_3$	4.1×10^{-24}	23.39
83	$Eu(OH)_3$	8.9×10^{-24}	23.05
84	$FeAsO_4$	5.7×10^{-21}	20.24
85	$FeCO_3$	3.2×10^{-11}	10.5
86	$Fe(OH)_2$	8.0×10^{-16}	15.1
87	$Fe(OH)_3$	4.0×10^{-38}	37.4
88	$FePO_4$	1.3×10^{-22}	21.89
89	FeS	6.3×10^{-18}	17.2
90	$Ga(OH)_3$	7.0×10^{-36}	35.15

续表

序号 (No.)	分子式 (Molecular formula)	K_{sp}	pK_{sp} ($-\lg K_{sp}$)
91	$GaPO_4$	1.0×10^{-21}	21
92	$Gd(OH)_3$	1.8×10^{-23}	22.74
93	$Hf(OH)_4$	4.0×10^{-26}	25.4
94	Hg_2Br_2	5.6×10^{-23}	22.24
95	Hg_2Cl_2	1.3×10^{-18}	17.88
96	HgC_2O_4	1.0×10^{-7}	7
97	Hg_2CO_3	8.9×10^{-17}	16.05
98	$Hg_2(CN)_2$	5.0×10^{-40}	39.3
99	Hg_2CrO_4	2.0×10^{-9}	8.7
100	Hg_2I_2	4.5×10^{-29}	28.35
101	HgI_2	2.82×10^{-29}	28.55
102	$Hg_2(IO_3)_2$	2.0×10^{-14}	13.71
103	$Hg_2(OH)_2$	2.0×10^{-24}	23.7
104	$HgSe$	1.0×10^{-59}	59
105	$HgS(红)$	4.0×10^{-53}	52.4
106	$HgS(黑)$	1.6×10^{-52}	51.8
107	Hg_2WO_4	1.1×10^{-17}	16.96
108	$Ho(OH)_3$	5.0×10^{-23}	22.3
109	$In(OH)_3$	1.3×10^{-37}	36.9
110	$InPO_4$	2.3×10^{-22}	21.63
111	In_2S_3	5.7×10^{-74}	73.24

附录九 标准电极电位表

电极	电极反应	$E^{\ominus}/V$
$Li^+ \mid Li$	$Li^+ + e \rightleftharpoons Li$	-3.045
$Rb^+ \mid Rb$	$Rb^+ + e \rightleftharpoons Rb$	-2.925
$Cs^+ \mid Cs$	$Cs^+ + e \rightleftharpoons Cs$	-2.923
$K^+ \mid K$	$K^+ + e \rightleftharpoons K$	-2.925
$Ra^{2+} \mid Ra$	$Ra^{2+} + 2e \rightleftharpoons Ra$	-2.916
$Ba^{2+} \mid Ba$	$Ba^{2+} + 2e \rightleftharpoons Ba$	-2.906

续表

电极	电极反应	E^0/V
$Ca^{2+}\|Ca$	$Ca^{2+}+2e \Longrightarrow Ca$	-2.866
$Na^+\|Na$	$Na^++e \Longrightarrow Na$	-2.714
$La^{3+}\|La$	$La^{3+}+3e \Longrightarrow La$	-2.522
$Mg^{2+}\|Mg$	$Mg^{2+}+2e \Longrightarrow Mg$	-2.363
$Be^{2+}\|Be$	$Be^{2+}+2e \Longrightarrow Be$	-1.847
$HfO_2, H^+\|Hf$	$HfO_2+4H^++4e \Longrightarrow Hf+2H_2O$	-1.7
$Al^{3+}\|Al$	$Al^{3+}+3e \Longrightarrow Al$	-1.662
$Ti^{2+}\|Ti$	$Ti^{2+}+2e \Longrightarrow Ti$	-1.628
$Zr^{4+}\|Zr$	$Zr^{4+}+4e \Longrightarrow Zr$	-1.529
$V^{2+}\|V$	$V^{2+}+2e \Longrightarrow V$	-1.186
$Mn^{2+}\|Mn$	$Mn^{2+}+2e \Longrightarrow Mn$	-1.180
$WO_4^{2-}\|W$	$WO_4^{2-}+4H_2O+6e \Longrightarrow W+8OH^-$	-1.05
$Se^{2-}\|Se$	$Se+2e \Longrightarrow Se^{2-}$	-0.92
$Zn^{2+}\|Zn$	$Zn^{2+}+2e \Longrightarrow Zn$	-0.7628
$Cr^{3+}\|Cr$	$Cr^{3+}+3e \Longrightarrow Cr$	-0.744
$SbO_2^-\|Sb$	$SbO_2^-+2H_2O+3e \Longrightarrow Sb+4OH^-$	-0.67
$Ga^{3+}\|Ga$	$Ga^{3+}+3e \Longrightarrow Ga$	-0.529
$S^{2-}\|S$	$S+2e \Longrightarrow S^{2-}$	-0.51
$Fe^{2+}\|Fe$	$Fe^{2+}+2e \Longrightarrow Fe$	-0.4402
$Cr^{3+},Cr^{2+}\|Pt$	$Cr^{3+}+e \Longrightarrow Cr^{2+}$	-0.408
$Cd^{2+}\|Cd$	$Cd^{2+}+2e \Longrightarrow Cd$	-0.4029
$Ti^{3+},Ti^{2+}\|Pt$	$Ti^{3+}+e \Longrightarrow Ti^{2+}$	-0.369
$Tl^+\|Tl$	$Tl^++e \Longrightarrow Tl$	-0.3363
$Co^{2+}\|Co$	$Co^{2+}+2e \Longrightarrow Co$	-0.277
$Ni^{2+}\|Ni$	$Ni^{2+}+2e \Longrightarrow Ni$	-0.250
$Mo^{3+}\|Mo$	$Mo^{3+}+3e \Longrightarrow Mo$	-0.20
$Sn^{2+}\|Sn$	$Sn^{2+}+2e \Longrightarrow Sn$	-0.136
$Pb^{2+}\|Pb$	$Pb^{2+}+2e \Longrightarrow Pb$	-0.126

续表

电极	电极反应	E^0/V
$Ti^{4+}, Ti^{3+} \mid Pt$	$Ti^{4+} + e = Ti^{3+}$	-0.04
$D^+ \mid D_2, Pt$	$D^+ + e = \frac{1}{2}D_2$	-0.0034
$H^+ \mid H_2, Pt$	$H^+ + e = \frac{1}{2}H_2$	± 0.000
$Ge^{2+} \mid Ge$	$Ge^{2+} + 2e = Ge$	$+0.01$
$Sn^{4+}, Sn^{2+} \mid Pt$	$Sn^{4+} + 2e = Sn^{2+}$	$+0.15$
$Cu^{2+}, Cu^+ \mid Pt$	$Cu^{2+} + e = Cu^+$	$+0.153$
$Cu^{2+} \mid Cu$	$Cu^{2+} + 2e = Cu$	$+0.337$
$Fe(CN)_6^{4-}, Fe(CN)_6^{3-} \mid Pt$	$Fe(CN)_6^{3-} + e = Fe(CN)_6^{4-}$	$+0.36$
$OH^- \mid O_2, Pt$	$\frac{1}{2}O_2 + H_2O + 2e = 2OH^-$	$+0.401$
$Cu^+ \mid Cu$	$Cu^+ + e = Cu$	$+0.521$
$I^- \mid I_2, Pt$	$I_2 + 2e = 2I^-$	$+0.5355$
$Te^{4+} \mid Te$	$Te^{4+} + 4e = Te$	$+0.56$
$MnO_4^-, MnO_4^{2-} \mid Pt$	$MnO_4^- + e = MnO_4^{2-}$	$+0.564$
$Rh^{2+} \mid Rh$	$Rh^{2+} + 2e = Rh$	$+0.60$
$Fe^{3+}, Fe^{2+} \mid Pt$	$Fe^{3+} + e = Fe$	$+0.771$
$Hg_2^{2+} \mid Hg$	$Hg_2^{2+} + 2e = 2Hg$	$+0.788$
$Ag^+ \mid Ag$	$Ag^+ + e = Ag$	$+0.7991$
$Hg^{2+} \mid Hg$	$Hg^{2+} + 2e = Hg$	$+0.854$
$Hg^{2+}, Hg^+ \mid Pt$	$Hg^{2+} + e = Hg^+$	$+0.91$
$Pd^{2+} \mid Pd$	$Pd^{2+} + 2e = Pd$	$+0.987$
$Br^- \mid Br_2, Pt$	$Br_2 + 2e = 2Br^-$	$+1.0652$
$Pt^{2+} \mid Pt$	$Pt^{2+} + 2e = Pt$	$+1.2$
$Mn^{2+}, H^+ \mid MnO_2, Pt$	$MnO_2 + 4H^+ + 2e = Mn^{2+} + 2H_2O$	$+1.23$
$Tl^{3+}, Tl^+ \mid Pt$	$Tl^{3+} + 2e = Tl^+$	$+1.25$

续表

电极	电极反应	$E^\ominus$/V
$Cr^{3+}, Cr_2O_7^{2-}, H^+ \mid Pt$	$Cr_2O_7^{2-} + 14H^+ + 6e = 2Cr^{3+} + 7H_2O$	+1.33
$Cl^- \mid Cl_2, Pt$	$Cl_2 + 2e = 2Cl^-$	+1.3595
$Pb^{2+}, H^+ \mid PbO_2, Pt$	$PbO_2 + 4H^+ + 2e = Pb^{2+} + 2H_2O$	+1.455
$Au^{3+} \mid Au$	$Au^{3+} + 3e = Au$	+1.498
$MnO_4^-, H^+ \mid MnO_2, Pt$	$MnO_4^- + 4H^+ + 3e = MnO_2 + 2H_2O$	+1.695
$Ce^{4+}, Ce^{3+} \mid Pt$	$Ce^{4+} + 2e = Ce^{3+}$	+1.61
$Au^+ \mid Au$	$Au^+ + e = Au$	+1.691
$H^- \mid H_2, Pt$	$H_2 + 2e = 2H^-$	+2.2
$F^- \mid F_2, Pt$	$F_2 + 2e = 2F^-$	+2.87